Química general

6ª edición

José Luis Navarro Bordonaba, PhD

© José Luis Navarro Bordonaba, 2024. Cuarta edición.

Todos los derechos reservados. Esta publicación no puede ser reproducida, ni en todo ni en parte, en ninguna forma ni por ningún medio sin el permiso previo por escrito de su autor.

Índice

1 Materia 1
   1.1 Materia y antimateria 1
   1.2 Sistema y fase 1
   1.3 Química 2
   1.4 Unidades estructurales de la materia 2
   1.5 Propiedades de la materia 3
      1.5.1 Propiedades generales 3
      1.5.2 Propiedades específicas 3
         1.5.2.1 Propiedades físicas 4
         1.5.2.2 Propiedades químicas 4
   1.6 Transformaciones de la materia 5
   1.7 Sustancias químicas 6
   1.8 Mezclas 6
   1.9 Fórmulas químicas 8
   1.10 Masa atómica 10
      1.10.1 Dalton 10
      1.10.2 Masa atómica de un elemento 11
      1.10.3 Masa atómica promedio de un elemento 11
      1.10.4 Masa atómica relativa de un elemento 11
   1.11 Masa molecular 12
      1.11.1 Masa molecular 12
      1.11.2 Masa molecular relativa 12
   1.12 Número de *Avogrado* 13
   1.13 *Mol* 13
   1.14 Masa molar 14
   1.15 Masa equivalente 15
   1.16 Volumen molar 16
   1.17 Cálculos en Química 16
      1.17.1 Factor de conversión 16
   1.18 Teoría cinético molecular de la materia 17
2 Estados de agregación de la materia 19
   2.1 Estado sólido 20
      2.1.1 Clasificación de las sustancias químicas sólidas según su estructura 20
      2.1.2 Propiedades fisicoquímicas de las sustancias químicas sólidas 21
   2.2 Estado líquido 21
   2.3 Estado gaseoso 22
      2.3.1 Ecuación de estado de un gas ideal 22
      2.3.2 Ley de *Boyle-Mariotte* 23
      2.3.3 Ley de *Gay Lussac* 23
      2.3.4 Ley de *Charles* 24
      2.3.5 Ecuación general de un gas ideal 25
      2.3.6 Ley de *Graham* 26
      2.3.7 Ley de las presiones parciales. Ley de Dalton 27
      2.3.8 Volumen molar 27
      2.3.9 Gas real 28

   2.3.9.1 Modelo de *Van der Waals*..28
  2.3.10 Gas ideal vs Gas real..29
  2.3.11 Fugacidad..29
 2.4 Cambio del estado de agregación de la materia..30
  2.4.1 Diagrama de fases o diagrama de estado..31
  2.4.2 Regla de las fases de *Gibbs*...32
3 Modelo atómico..33
 3.1 Modelo atómico de *Demócrito* (400 a. c.)..33
 3.2 Modelo atómico de *Dalton* (1803)...33
 3.3 Modelo atómico de *Thomson* (1904)...34
 3.4 Modelo atómico de *Rutherford* (1911)..34
 3.5 Modelo atómico de *Bohr* (1913)...35
 3.6 Modelo del átomo cúbico de *Lewis* (1916)..35
 3.7 Modelo atómico de *Sommerfeld* (1916)..36
 3.8 Modelo atómico de *Schrödinger* (1926)..36
 3.9 Modelo atómico de *Chadwick* (1932)..37
 3.10 Modelo estándar de la física de partículas...38
 3.11 Partículas subatómicas...39
  3.11.1 Protón..39
  3.11.2 Neutrón..40
  3.11.3 Electrón..40
 3.12 Cálculo del número de protones, neutrones y electrones...............................41
 3.13 Isótopos...42
  3.13.1 Nomenclatura...42
  3.13.2 Clasificación...42
 3.14 Energía de enlace nuclear..43
 3.15 Orbital atómico...44
  3.15.1 Números cuánticos..45
  3.15.2 Tipos de orbitales..46
  3.15.3 Niveles de energía de los orbitales atómicos...47
  3.15.4 Disposición de los electrones en los átomos..48
  3.15.5 Notación orbital..49
 3.16 Representación de la configuración electrónica..49
4 Tabla periódica de los elementos..51
 4.1 Elementos en los grupos 1 - 2 y 13 - 18 de la tabla periódica..........................52
 4.2 Elementos de los grupos 3 – 12 (metales de transición) de la tabla periódica.......54
 4.3 Configuración de gas noble..55
 4.4 Propiedades periódicas...55
  4.4.1 Radio atómico..56
  4.4.2 Radio iónico...58
  4.4.3 Energía de ionización..59
  4.4.4 Afinidad electrónica...60
  4.4.5 Electronegatividad...61
 4.5 Variación de las propiedades periódicas...62
 4.6 Estado de oxidación. Número de oxidación..63
5 Nomenclatura química inorgánica...67
 5.1 Formulación...67
 5.2 Clasificación de las sustancias químicas inorgánicas......................................68
  5.2.1 Elementos químicos o sustancias químicas simples..............................68

- 5.2.2 Compuestos químicos..68
- 5.3 Electronegatividad..69
- 5.4 Valencia química y números de oxidación.......................................70
- 5.5 Nomenclatura química..71
    - 5.5.1 Nomenclatura de adición..73
    - 5.5.2 Nomenclatura de composición o estequiométrica..................73
    - 5.5.3 Nomenclatura de sustitución...75
    - 5.5.4 Nomenclatura de hidrógeno..75
    - 5.5.5 Nomenclatura tradicional..75
- 5.6 Nomenclatura de las sustancias químicas simples.........................77
- 5.7 Nomenclatura de los compuestos químicos....................................77
- 5.8 Nomenclatura de los hidruros..78
    - 5.8.1 Nomenclatura de los hidruros metálicos................................78
    - 5.8.2 Nomenclatura de los hidruros no metálicos. Hidruros volátiles.....................79
    - 5.8.3 Haluros de hidrógeno. Hidrácidos..80
- 5.9 Óxidos..82
    - 5.9.1 Óxidos metálicos..82
    - 5.9.2 Óxidos no metálicos...83
- 5.10 Peróxidos...84
- 5.11 Haluros de oxígeno..85
- 5.12 Hidróxidos..85
- 5.13 Compuestos binarios metal-no metal: sales binarias. Sales hidrácidas......86
- 5.14 Compuestos binarios no metal-no metal: sales volátiles...............87
- 5.15 Oxoácidos..88
    - 5.15.1 Oxoácidos simples...88
    - 5.15.2 Oxoácidos polihidratados...91
- 5.16 Oxisales. Sales oxoácidas neutras..92
- 5.17 Oxisales ácidas..94
- 5.18 Nomenclatura de cationes monoatómicos....................................95
- 5.19 Nomenclatura de cationes poliatómicos..95
- 5.20 Nomenclatura de los aniones monoatómicos...............................96
- 5.21 Nomenclatura de los aniones poliatómicos...................................97

6 Enlace químico..99
- 6.1 Longitud de enlace...99
- 6.2 Energía de enlace..100
- 6.3 Energía de disociación de enlace..101
- 6.4 Valencia..101
- 6.5 Enlace iónico..102
    - 6.5.1 Energía reticular...102
    - 6.5.2 Sistemas cristalinos..104
    - 6.5.3 Propiedades de los sólidos iónicos......................................106
- 6.6 Enlace covalente..106
    - 6.6.1 Tipos de enlace covalente..106
        - 6.6.1.1 Polaridad de las moléculas..107
        - 6.6.1.2 Enlace covalente coordinado o dativo........................110
    - 6.6.2 Estructuras de *Lewis*..111
    - 6.6.3 Resonancia...113
    - 6.6.4 Teorías del enlace covalente..114
        - 6.6.4.1 Teoría del octeto de *Lewis*..114

6.6.4.2 Teoría de repulsión de pares de electrones de la capa de valencia (TRPECV)......115
    6.6.4.2.1 Coexistencia de pares de electrones enlazantes y no enlazantes. 118
    6.6.4.2.2 Coexistencia de átomos diferentes y de distinta electronegatividad 119
    6.6.4.2.3 Presencia de enlaces múltiples......119
6.6.5 Teoría del enlace de valencia (TEV)......120
  6.6.5.1 Orbitales moleculares sigma (σ)......121
  6.6.5.2 Orbitales moleculares *pi* (π)......121
6.6.6 Orbitales híbridos......124
  6.6.6.1 Tipos de hibridación......124
    6.6.6.1.1 Hibridación *sp*......125
    6.6.6.1.2 Hibridación sp^2......126
    6.6.6.1.3 Hibridación sp^3......127
    6.6.6.1.4 Hibridación sp^3d......128
    6.6.6.1.5 Hibridación sp^3d^2......129
6.6.7 Geometría molecular e hibridación......130
6.6.8 Teoría de los enlaces moleculares (TOM)......132
  6.6.8.1 Orden de enlace......134
  6.6.8.2 Diagramas de energía de los orbitales moleculares......135
  6.6.8.3 Interacción entre los orbitales moleculares σ_{2s} y σ_{2p}......138
6.7 Enlace metálico......139
  6.7.1 El modelo del gas de electrones......140
  6.7.2 La teoría de las bandas de energía......140
7 Fuerzas intermoleculares......143
  7.1 Fuerzas ión - ión. Fuerzas electrostáticas......144
  7.2 Fuerzas ión – dipolo......145
  7.3 Fuerzas ión – dipolo inducido......145
  7.4 Fuerzas hidrofóbicas......146
  7.5 Fuerzas de *Van der Waals*......147
    7.5.1 Fuerzas dipolo - dipolo entre dipolos permanentes. Fuerzas de *Keeson*.....147
      7.5.1.1 Enlace por puente de hidrógeno......148
    7.5.2 Fuerzas dipolo - dipolo inducido. Fuerzas de *Debye*......150
    7.5.3 Fuerzas dipolo instantáneo - dipolo inducido. Fuerzas de *London*......151
  7.6 Relación entre las fuerzas intermoleculares y las propiedades físicas de las sustancias químicas......152
8 Disolución......155
  8.1 Clasificación de las disoluciones......155
  8.2 Proceso de disolución......156
    8.2.1 Disolución de un soluto sólido en un disolvente líquido......156
    8.2.2 Disolución de un soluto líquido en un disolvente líquido......157
  8.3 Disolución ideal......158
    8.3.1 Ley de *Raoult*......158
  8.4 Disolución real......160
  8.5 Disolución diluida ideal......161
  8.6 Propiedades coligativas de una disolución diluida......161
    8.6.1 Factor *i* de van't Hoff......161
    8.6.2 Descenso de la presión de vapor......162
    8.6.3 Ascenso del punto de ebullición......163

- 8.6.4 Descenso del punto de congelación...164
- 8.6.5 Ósmosis..164
- 8.7 Solubilidad...165
  - 8.7.1 Espontaneidad de la disolución...165
  - 8.7.2 Distribución de un soluto entre dos disolventes inmiscibles. Ley de distribución o reparto de Nernst...166
- 8.8 Concentración...167
  - 8.8.1 Unidades de concentración..167
    - 8.8.1.1 Porcentaje masa-masa (% m/m)...167
    - 8.8.1.2 Porcentaje masa – volumen (% m/v)..168
    - 8.8.1.3 Porcentaje volumen – volumen (% v/v)...168
    - 8.8.1.4 Fracción molar (X)..168
    - 8.8.1.5 Molaridad (M)...170
    - 8.8.1.6 Molalidad (m)..171
    - 8.8.1.7 Normalidad (N)..171
    - 8.8.1.8 Partes por millón (*ppm*)..172
- 8.9 Actividad..172
- 8.10 Valencia..173

9 Reacción química..175
- 9.1 Leyes fundamentales de las reacciones químicas..177
  - 9.1.1 Ley de la conservación de la materia (ley de *Lavoisier*)..........................177
  - 9.1.2 Ley de las proporciones definidas o de la composición constante (ley de *Proust*)..178
  - 9.1.3 Ley de las proporciones múltiples (ley de *Dalton*)....................................178
  - 9.1.4 Ley de las proporciones recíprocas (ley de *Ritcher*).................................179
  - 9.1.5 Ley de volúmenes de combinación (ley de *Gay-Lussac*).........................180
  - 9.1.6 Hipótesis de *Avogrado*...180
- 9.2 Estequiometría..180
  - 9.2.1 Coeficiente estequiométrico...181
  - 9.2.2 Ajuste o balanceo de una ecuación química...183
    - 9.2.2.1 Método de ajuste por tanteo..183
    - 9.2.2.2 Método de ajuste algebraico o aritmético...184
    - 9.2.2.3 Método de ajuste del número de oxidación......................................185
    - 9.2.2.4 Método de ajuste del ión-electrón o semirreacciones en reacciones Redox...187
- 9.3 Reactivo limitante y en exceso...188
- 9.4 Rendimiento..189
- 9.5 Riqueza o pureza...190

10 Cinética química..193
- 10.1 Velocidad de una reacción química...193
- 10.2 Velocidad media y velocidad instantánea de una reacción química...............194
- 10.3 Factores que afectan la velocidad de una reacción química............................195
- 10.4 Dependencia de la velocidad con la concentración: Ecuación de velocidad cinética o ley diferencial de la velocidad..196
- 10.5 Obtención de la ecuación de velocidad: método de las concentraciones iniciales 199
- 10.6 Ecuaciones de velocidad integradas: reacciones de primer orden, segundo orden y orden cero...201
  - 10.6.1 Reacción química de orden cero..202

  10.6.1.1 Reacción de primer orden sin coeficiente para el reactivo *A*...............203
  10.6.1.2 Reacción de primer orden con coeficiente para el reactivo *A*...............204
 10.6.2 Reacción química de segundo orden..205
  10.6.2.1 Reacción de segundo orden tipo I...205
  10.6.2.2 Reacción química de segundo orden tipo II.................................206
10.7 Vida media de una reacción química...207
 10.7.1 Vida media de una reacción de orden cero..207
 10.7.2 Vida media de una reacción de primer orden...207
 10.7.3 Vida media de una reacción de segundo orden......................................208
10.8 Dependencia de la velocidad respecto a la temperatura. Ecuación de *Arrhenius* 208
10.9 Catálisis...211
10.10 Teorías de las velocidades de las reacciones químicas.............................212
 10.10.1 Teoría de las colisiones..212
 10.10.2 Teoría del estado de transición...214
10.11 Mecanismo de de una reacción química..215
 10.11.1 Reacción química elemental...215
 10.11.2 Reacción química compleja...216
10.12 Molecularidad..216
11 Equilibrio químico...219
 11.1 Constante de equilibrio químico..222
  11.1.1 Constante de equilibrio K_c en función de las concentraciones para reacciones químicas con disoluciones ideales...223
  11.1.2 Constante de equilibrio K_x en función de las fracciones molares para reacciones químicas con disoluciones ideales..225
  11.1.3 Constante de equilibrio K_p en función de las presiones parciales para reacciones químicas con gases ideales...226
  11.1.4 Relación entre las constantes K_c y K_p...227
  11.1.5 Constante de equilibrio para un sistema no ideal......................................229
  11.1.6 Constante de equilibrio termodinámica..230
 11.2 Actividad..230
  11.2.1 Estimación de la actividad...231
  11.2.2 Actividad de un gas no ideal...231
  11.2.3 Actividad de un soluto..231
  11.2.4 Actividad de un sólido..232
  11.2.5 Actividad de un líquido...232
 11.3 Constante de equilibrio de una reacción química suma algebraica de otras......232
 11.4 Cociente de reacción *Q*..233
 11.5 Características del equilibrio químico..235
 11.6 Factores que afectan el equilibrio químico..235
  11.6.1 Principio de *Le Chatelier*..235
  11.6.2 Cambio en las concentraciones..235
  11.6.3 Cambio en la presión total de la reacción química..................................236
  11.6.4 Cambio en el volumen total de la reacción química.................................236
  11.6.5 Cambio en la temperatura total de la reacción química............................236
  11.6.6 Ecuación de *Van't Hoff*..237
  11.6.7 Catalizadores...237
 11.7 Grado de disociación..237
 11.8 Equilibrio químico heterogéneo...238

12 Termodinámica ... 243
12.1 Energía ... 243
12.2 Calor ... 244
12.2.1 Calor específico ... 244
12.2.2 Capacidad calorífica ... 245
12.2.3 Calor latente ... 245
12.3 Trabajo ... 246
12.4 Sistema termodinámico ... 246
12.5 Variables termodinámicas ... 248
12.6 Función de estado ... 249
12.7 Equilibrio termodinámico ... 249
12.8 Transformaciones termodinámicas ... 250
12.9 Ecuación de estado ... 250
12.10 Energía interna ... 251
12.10.1 Energía interna de un gas ideal ... 252
12.10.2 Variación de la energía interna ... 253
12.11 Primer principio de termodinámica ... 253
12.12 Entalpía ... 254
12.12.1 Entalpía de formación ... 255
12.12.2 Entalpía de enlace ... 256
12.12.3 Entalpía de combustión ... 258
12.12.4 Entalpía de fusión ... 258
12.13 Aditividad de las entalpías de reacción: Ley de *Hess* ... 259
12.14 Ciclo de *Born-Haber* ... 260
12.15 Relación entre energía interna (U) y entalpía (H) ... 262
12.16 Segundo principio de termodinámica ... 263
12.17 Tercer principio de termodinámica ... 264
12.18 Energía libre de *Gibbs* ... 265
12.18.1 Temperatura de equilibrio de un proceso ... 267
12.18.2 Energía libre normal de formación ... 268

13 Solubilidad ... 269
13.1 Solubilidad ... 269
13.2 Solvatación ... 270
13.3 Producto de solubilidad ... 271
13.4 Relación entre solubilidad S y producto de solubilidad K_s ... 272
13.5 Precipitación ... 274
13.5.1 Producto iónico Q_s ... 275
13.6 Factores que determinan la solubilidad de un soluto ... 277
13.6.1 Efecto de la temperatura ... 278
13.6.2 Efecto del disolvente ... 278
13.6.3 Efecto del ión común ... 278
13.6.4 Efecto salino ... 279
13.6.5 Efecto del *pH* ... 279
13.6.6 Formación de complejos ... 280
13.7 Disolución de precipitados ... 280
13.8 Precipitación fraccionada ... 280

14 Ácido y base ... 283
14.1 Teoría de *Arrhenius* de ácidos y bases ... 283
14.2 Teoría de *Brönsted-Lowry* de ácidos y bases ... 285

  14.2.1 Pares conjugados ácido - base..286
  14.2.2 Sustancias anfóteras..287
 14.3 Teoría de *Lewis* de ácidos y bases..287
 14.4 Autoionización del agua...287
 14.5 Medida de la acidez de una disolución: Concepto de *pH*.........................289
  14.5.1 Determinación del *pH*..291
 14.6 Fuerza relativa de los ácidos y de las bases...291
  14.6.1 Constante de acidez K_a..295
  14.6.2 Constante de basicidad K_b..297
  14.6.3 Relación entre las constante K_a y K_b...298
  14.6.4 Ácido fuerte...299
  14.6.5 Base fuerte..299
  14.6.6 Ácido débil...299
  14.6.7 Base débil..302
 14.7 Ácido polipróticos..304
 14.8 Disolventes niveladores y diferenciadores...305
  14.8.1 Efecto nivelador del disolvente..305
  14.8.2 Efecto diferenciador del disolvente...305
 14.9 Reacción ácido-base o reacción de neutralización....................................306
 14.10 Valoración ácido-base...307
 14.11 Hidrólisis de sales...309
  14.11.1 Sal de ácido y base fuerte...310
  14.11.2 Sal de ácido fuerte y base débil..310
  14.11.3 Sal de ácido débil y base fuerte..311
  14.11.4 Sal de un ácido débil y una base débil...312
 14.12 Disolución reguladora o amortiguadora..313
 14.13 Indicadores ácido-base...316
15 Oxidación y reducción...319
 15.1 Número de oxidación..319
 15.2 Ajuste de ecuaciones redox por el método del ión-electrón......................321
  15.2.1 Método a seguir para ajustar una ecuación redox en medio ácido...........321
  15.2.2 Método a seguir para ajustar una ecuación redox en medio básico..........323
 15.3 Celda electroquímica...325
 15.4 Pila galvánica..326
  15.4.1 Representación de una pila..327
  15.4.2 Potencial estándar de reducción E^0...327
  15.4.3 Fuerza electromotriz de una pila...328
  15.4.4 Espontaneidad de una reacción redox..329
  15.4.5 Ecuación de *Nernst*..330
   15.4.5.1 Ecuación de Nernst para una reacción química redox.............331
 15.5 Tipos de pilas..332
 15.6 Electrolisis...332
  15.6.1 Leyes de *Faraday*..333
   15.6.1.1 Primera ley de Faraday..333
   15.6.1.2 Segunda ley de Faraday..334
 15.7 Potenciometría..335
16 Química del carbono...337
 16.1 Fórmulas...337
 16.2 Enlaces del átomo de carbono...338

- 16.3 Efecto inductivo y efecto mesómero...339
  - 16.3.1 Efecto inductivo..339
  - 16.3.2 Efecto mesómero...339
- 16.4 Isomería..341
  - 16.4.1 Isomería estructural...342
    - 16.4.1.1 Isomería estructural de cadena...342
    - 16.4.1.2 Isomería estructural de posición...342
    - 16.4.1.3 Isomería estructural de función...343
  - 16.4.2 Esteroisomería o isomería espacial...345
    - 16.4.2.1 Isomería espacial geométrica o isomería cis-trans..................................345
    - 16.4.2.2 Reglas de prioridad de *Cahn, Ingold* y *Prelog*......................................347
    - 16.4.2.3 Isomería espacial óptica: enantiómeros y quiralidad................................347
- 16.5 Grupo funcional...350
- 16.6 Reacciones orgánicas...350
  - 16.6.1 Reacciones químicas homolíticas y reacciones químicas heterolíticas......351
  - 16.6.2 Reactivos nucleófilos y reactivos electrófilos..352
  - 16.6.3 Relación existente entre los reactivos y los productos de la reacción.........353
  - 16.6.4 Reacción de sustitución...353
    - 16.6.4.1 Sustitución electrófila aromática en anillos aromáticos.........................353
    - 16.6.4.2 Sustitución nucleófila en haloalcanos...354
    - 16.6.4.3 Sustitución nucleófila en alcoholes...354
  - 16.6.5 Reacción de adición...354
    - 16.6.5.1 Adición de agua a alquenos para dar alcoholes.......................................355
    - 16.6.5.2 Adición de haluros de hidrógeno a alquenos y alquinos para dar halo- o dihaloalcanos..355
    - 16.6.5.3 Halogenación de alquenos y alquinos por reacción con halógenos, para dar dihalo- o tetrahaloalcanos..355
    - 16.6.5.4 Hidrogenación de alquenos y alquinos por reacción con H_2 en presencia de P_d o P_t como catalizador, para dar alcanos...356
    - 16.6.5.5 Hidrogenación de cetonas y aldehídos por reacción con H2 en presencia de Pd o Pt como catalizador, para dar alcoholes...356
  - 16.6.6 Reacción de eliminación..356
    - 16.6.6.1 Deshidrohalogenación de haloalcanos promovida por un medio básico (KOH o NaOH)..357
    - 16.6.6.2 Deshidratación de alcoholes..357
  - 16.6.7 Reacción de condensación..358
    - 16.6.7.1 Esterificación...358
    - 16.6.7.2 Amidación..358
    - 16.6.7.3 Síntesis de éteres...358
  - 16.6.8 Reacciones Redox..359
    - 16.6.8.1 Combustión..359
    - 16.6.8.2 Oxidación de alcoholes primarios a ácidos carboxílicos.........................359
    - 16.6.8.3 Oxidación de alcoholes secundarios a cetonas.......................................359
    - 16.6.8.4 Reducción de aldehídos y cetonas a alcoholes, con *NaBH₄* o *LiAlH₄*. 360
    - 16.6.8.5 Reducción de ésteres y ácidos carboxílicos a alcoholes con *LiAlH₄*...360
- 17 Nomenclatura química orgánica..361
  - 17.1 Compuestos hidrogenados..362
    - 17.1.1 Alcanos lineales no ramificados..362
    - 17.1.2 Alcanos ramificados..363

- 17.1.3 Alcanos cíclicos..364
- 17.1.4 Alquenos..364
- 17.1.5 Alquinos...365
- 17.2 Compuestos halogenados...365
- 17.3 Compuestos aromáticos..366
- 17.4 Alcoholes (*R-OH*)..366
- 17.5 Éteres (*R-O-R'*)..367
- 17.6 Aldehídos (*R-CHO*)...368
- 17.7 Cetonas (*R-CO-R'*)..368
- 17.8 Ácidos carboxílicos (*R-COOH*)..369
- 17.9 Sales orgánicas (*R-COOM*)...370
- 17.10 Ésteres (*R-COO-R'*)...370
- 17.11 Amidas..370
- 17.12 Aminas..371
- 17.13 Nitrilos (*R-CN*)..372
- 17.14 Nitroderivados (*R-NO$_2$*)...372
- 17.15 Resumen nomenclatura química orgánica..373
- 18 Anexos..375
- 18.1 Glosario..375
- 18.2 Sistema internacional de unidades..377
- 18.3 Tabla de potenciales estándar de reducción..378
- 18.4 Tabla periódica de los elementos IUPAC...379
- 18.5 Valencias de los elementos...380
- 18.6 Configuración electrónica de los elementos..381
- 18.7 Radio atómico de los elementos...385
- 18.8 Constante físicas y químicas...386
- 18.9 Fracciones..387
- 18.10 Potencias..388
- 18.11 Logaritmos..389
- 18.12 Ecuaciones...391
  - 18.12.1 Ecuaciones de primer grado con una incógnita....................................391
  - 18.12.2 Ecuaciones de primer grado con dos incógnitas..................................392
  - 18.12.3 Sistemas de ecuaciones lineales...392
  - 18.12.4 Ecuaciones de segundo grado...393
  - 18.12.5 Ecuaciones racionales con una incógnita...393
  - 18.12.6 Ecuaciones irracionales con una incógnita...394
- 18.13 Cifras significativas..395
- 18.14 Redondeo...397

Introducción

La Química es la ciencia cuyo objetivo es el estudio de la materia en cuanto a su composición, propiedades y transformaciones.

Esta publicación será de utilidad a los estudiantes de Química de bachillerato, a quienes vayan a realizar las pruebas de acceso a la universidad (selectividad y preparatoria) y tenga Química como asignatura, y a los estudiantes de formación profesional e universitarios que cursen el primer año de una carrera de Ciencias y tengan Química como asignatura.

La publicación "Química General" está estructurada en 17 capítulos y un anexo donde progresivamente se van exponiendo, con un lenguaje claro y conciso, los conceptos necesarios para entender los principios en los que se fundamenta la Química general.

1 Materia

1.1 Materia y antimateria

Materia es todo aquello que posee una masa y ocupa un espacio. La materia se presenta en la naturaleza como sustancias químicas puras o como mezclas.

La materia está formada por átomos que se unen para formar elementos, que se combinan para formar moléculas, que interaccionan formando sustancias químicas, que se mezclan para formar mezclas complejas.

La **antimateria** es una forma de materia constituida por antipartículas (anti-protón y positrón), que son partículas con la misma masa y espín que las partículas que constituyen la materia, pero con carga eléctrica opuesta.

Cuando cantidades similares de materia y antimateria entran en contacto se produce la aniquilación de ambas y la liberación de energía como fotones de alta energía y pares partícula – antipartícula.

La **asimetría "materia – antimateria"** hace referencia a hecho de que hay más materia que antimateria. Dicha asimetría podría tener su origen en la existencia de partículas subatómicas como los mesones capaces de alterar espontáneamente su estructura y oscilar entre el estado materia y antimateria

1.2 Sistema y fase

En Química se utilizan los conceptos sistema y fase.
- **Sistema** es la porción particular de la materia objeto de estudio.
- **Fase** es una parte de un sistema que es física y químicamente homogénea con idéntica composición y propiedades.

1.3 Química

La **Química** es la ciencia cuyo objetivo es el estudio de la materia en cuanto a su composición, propiedades y transformaciones.

1.4 Unidades estructurales de la materia

La materia se estructura en:

a) <u>Unidades de rango inferior</u>. El **átomo** es la unidad estructural de rango inferior. El átomo es un sistema monocéntrico.

b) <u>Unidades de rango superior</u>. Las entidades de rango superior están formadas por combinación de átomos. El **elemento** químico y el **compuesto** químico son dos unidades de rango superior.

- **Elemento químico** es el formado por la combinación de 2 o más átomos del mismo elemento. Por ejemplo, el H_2, el O_2.
- **Compuesto químico** es el formado por la combinación de 2 o más átomos de distintos elementos. Ejemplo, el H_2O.

Todas las unidades estructurales de rango superior al átomo son sistemas policéntricos. Estas entidades de rango superior son, en general, las entidades verdaderamente representativas de la realidad observable.

Tanto los elementos como los compuestos químicos pueden presentarse en la naturaleza como:

a) <u>Unidades estructurales</u> <u>discretas</u>, dando lugar a lo que se conoce como <u>moléculas</u>. La **molécula** se define como "la partícula neutra más pequeña de una sustancia dada que posee sus propiedades químicas y es capaz de existir independientemente".

b) <u>Unidades estructurales</u> de <u>extensión ilimitada</u>, dando lugar a lo que se conoce como <u>redes cristalinas</u>. Éstas son las entidades representativas de las sustancias que, en condiciones ordinarias, existen como sólidos de elevado punto de fusión. Se tratan de redes cristalinas de sólidos de tipo metálico (*Na, Fe, ...*), atómico (diamante, cuarzo *SiO_2, ...*) e iónico (*NaCl, CaO, ...*).

1.5 Propiedades de la materia

Las propiedades de la materia se clasifican en: generales y específicas.

1.5.1 Propiedades generales

Propiedad general es aquella que presenta toda la materia independientemente de su estado físico. Ejemplos:

- **Masa** (m) es la cantidad de materia contenida en un volumen.
- **Volumen** (v) es el espacio que ocupa una cantidad de materia (masa).
- **Peso** es la acción de la gravedad de un cuerpo celeste (tierra, luna, etc) sobre una cantidad de materia.
- **Densidad** (ρ) es la cantidad de masa por unidad de volumen. $\rho = \dfrac{m}{v}$

1.5.2 Propiedades específicas

Propiedad específica es la que caracteriza a cada sustancia química y permite su identificación y diferenciación con otra sustancia. Las propiedades especificas pueden ser químicas o físicas dependiendo si se manifiestan con o sin alteración en su composición interna o molecular.

	Propiedades físicas	Propiedades químicas
Definición	Características de la materia que se pueden medir sin cambiar su formula química.	Características de la materia donde se produce cambio molecular.
Fórmula química	No cambia.	Cambia.
Reversibilidad	Reversible.	Irreversible.
Dependencia en la cantidad de materia	• Propiedades extensivas: dependen de la cantidad de materia. • Propiedades intensivas: no dependen de la cantidad de materia.	Independiente de la cantidad de materia
Ejemplos	Masa. Volumen. Densidad. Punto de ebullición. Punto de fusión. Configuración cristalina.	Calor de combustión. Reactividad. Electronegatividad. Ionización.

Tabla 1.1. Comparativa entre las propiedades físicas y las propiedades químicas

1.5.2.1 Propiedades físicas

Propiedad física es aquella que se manifiesta <u>sin producirse un cambio en la composición interna o molecular de una sustancia</u>. A su vez, las propiedades físicas se clasifican en:

a) **Propiedad física extensiva** cuyo valor <u>depende de la masa de la sustancia química</u>. Las propiedades físicas extensivas son magnitudes cuyo valor es proporcional al tamaño del sistema que describe. Por lo tanto, son propiedades aditivas.

EJEMPLO

Ejemplos de propiedades físicas extensivas: la inercia, la masa, el peso, el volumen, el calor, el trabajo, etc.

b) **Propiedad física intensiva** cuyo valor <u>NO depende de la masa de la sustancia química</u>.

EJEMPLO

Ejemplos de propiedades físicas intensivas: la densidad, la temperatura de ebullición, el color, el olor, el sabor, el calor latente de fusión, la conductividad, la reactividad, la energía de ionización, la electronegatividad, la molécula gramo, el átomo gramo, el equivalente gramo, el potencial químico, el punto de ebullición, el punto de fusión, la solubilidad, el volumen específico, etc.

En general el cociente entre dos magnitudes extensivas nos da una magnitud intensiva, por ejemplo, de la división entre masa y volumen se obtiene la densidad.

Muchas magnitudes extensivas, como el volumen o la cantidad de calor, pueden convertirse en intensivas dividiéndolas por la cantidad de sustancia, la masa o el volumen de la muestra; resultando en valores por unidad de sustancia, de masa, o de volumen respectivamente Por ejemplo, el volumen molar, la porosidad, el calor específico o el peso específico.

1.5.2.2 Propiedades químicas

Propiedad química es aquella que se manifiesta cuando una sustancia <u>cambia de composición interna o molecular</u>.

EJEMPLO

Ejemplos de propiedades químicas:
- **pH** (acidez) mide la acidez de una sustancia o disolución.

- **Poder calorífico** o **calor de combustión** que indica la cantidad de energía que se desprende en una reacción.
- **Entalpía de formación** es la variación de entalpía que se produce en la reacción de formación de un compuesto.
- **Energía** o **potencial de ionización** es la energía necesaria para separar a un electrón de un átomo.
- **Estado de oxidación** que indica el número de electrones gana o pierde un átomo en un compuesto.
- **Reactividad química** que indica la facilidad de una sustancia de reaccionar por sí misma o en presencia de otras.
- **Inflamabilidad** es la capacidad de una sustancia de iniciar una combustión al aplicársele calor a suficiente temperatura.
- **Potencial normal de reducción** es la tendencia de una sustancia a adquirir electrones en una reacción redox.

1.6 Transformaciones de la materia

Las transformaciones de la materia son de dos tipos:
a) **Transformación física** es aquella que no ocasiona ninguna modificación en la composición interna o molecular de la sustancia química. Por ejemplo, la disolución de azúcar en agua.
b) **Transformación química** es aquella que ocasiona una modificación en la composición interna o molecular de la sustancia química. Por ejemplo, la electrólisis del H_2O que la descompone en O_2 e H_2. La transformación química de una sustancia también se denomina reacción química.

Reacción química es el proceso por el cual una sustancia química se transforma en otra(s).

Las transformaciones químicas de la materia van acompañadas de una absorción o liberación de energía (calor, luz, electricidad, etc).
- La transformación que absorbe energía se denomina **endergónica** o **endoérgica**.
- La transformación que libera energía se denomina **exergónica** o **exoérgica**.

1.7 Sustancias químicas

Sustancia química es una clase particular de materia homogénea cuya composición es fija y químicamente definida. Se compone por las siguientes entidades: átomos, moléculas, y unidades formulares.

Las sustancias químicas se pueden diferenciar una de otra por:

a) <u>su estado</u> a la misma temperatura y presión. Es decir, pueden ser sólidas, líquidas o gaseosas.

b) <u>sus propiedades físicas</u>, como la densidad, el punto de fusión, el punto de ebullición y solubilidad en diferentes disolventes. Además estas distintas propiedades son específicas, fijas y reproducibles a una temperatura y presión dada.

Una sustancia química no puede separarse en otras por ningún medio físico.

Las sustancias químicas pueden clasificarse en dos grupos: sustancias simples y sustancias compuestas o compuestos.

- Las **sustancias simples** están formadas por átomos de un mismo tipo, es decir de un mismo elemento.
- Las **sustancias compuestas** están formados por dos o más tipos de átomos diferentes.

Toda sustancia química puede sufrir tres <u>tipos de cambios</u>:

a) **Cambio físico** cuando no hay ninguna transformación química de las sustancias, **solo de su forma. Por ejemplo, comprimir un gas o romper un sólido.**

b) **Cambio químico** cuando una sustancia se transforma en otra totalmente diferente, como por ejemplo oxidar un alambre metálico, o cuando reacciona un ácido con un álcali.

c) **Cambio físico-químico** cuando se produce un cambio de agregación, como por ejemplo al fundir un metal o disolver sal en agua.

1.8 Mezclas

Mezcla es la <u>combinación física</u> de dos o más sustancias químicas que <u>retienen sus identidades</u> y que se mezclan logrando formar según sea el caso: aleaciones, soluciones, suspensiones y coloides.

Química general

Una mezcla es el resultado del mezclado mecánico de sustancias químicas tales como elementos y compuestos, sin que existan enlaces químicos u otros cambios químicos, de forma tal que cada sustancia ingrediente mantiene sus propias propiedades químicas.

A pesar de que no se producen cambios químicos de sus componentes, las propiedades físicas de una mezcla, tal como por ejemplo su punto de fusión, pueden ser distintas de las propiedades de sus componentes.

Algunas mezclas se pueden separar en sus componentes mediante procesos físicos (mecánicos o térmicos), como destilación, disolución, separación magnética, flotación, tamizado, filtración, decantación o centrifugación. Los azeótropos son un tipo de mezcla que por lo general requiere de complicados procesos de separación para obtener sus componentes.

Un **azeótropo** (o mezcla azeotrópica) es una mezcla líquida de composición definida (única) entre dos o más compuestos químicos que hierve a temperatura constante y que se comporta como si estuviese formada por un solo componente. Por lo que al hervir, su fase de vapor tendrá la misma composición que su fase líquida.

Un azeótropo puede hervir a una temperatura superior, intermedia o inferior a la de los constituyentes de la mezcla, permaneciendo el líquido con la misma composición inicial, al igual que el vapor, por lo que no es posible separarlos por destilación simple o por extracción líquido-vapor.

Algunas mezclas pueden ser reactivas, es decir, que sus componentes pueden reaccionar entre sí en determinadas condiciones ambientales, como una mezcla aire-combustible en un motor de combustión interna. Si después de mezclar algunas sustancias, estas reaccionan químicamente, entonces no se pueden recuperar por medios físicos, pues se han formado compuestos nuevos.

Las mezclas se clasifican en:
a) **Mezcla homogénea** es aquella que posee una composición uniforme y en la cual no se pueden distinguir fácilmente sus componentes.

EJEMPLO

Disoluciones o soluciones que están constituidas por un soluto y un disolvente.
b) **Mezcla heterogénea** es aquella que posee una composición no uniforme en la cual se pueden distinguir fácilmente sus componentes. Está formada por dos o más sustancias físicamente distintas, distribuidas en forma desigual. Las partes de una mezcla heterogénea pueden separarse fácilmente.

EJEMPLO

La mezcla gruesa, la suspensión química, y la dispersión coloidal.

- **Mezcla gruesa** es aquella en la que el tamaño de las partículas es apreciable a simple vista.
- **Suspensión** es una mezcla que tienen partículas finas suspendidas en un líquido durante un tiempo y luego se sedimentan.
- Coloide, sistema coloidal, suspensión coloidal o **dispersión coloidal** es un sistema conformado por dos o más fases, normalmente una fluida (líquido o gas) y otra dispersa en forma de partículas generalmente sólidas muy finas, de diámetro comprendido entre 10^{-9} y 10^{-5} m.

1.9 Fórmulas químicas

Una **fórmula química** es la representación de los elementos que forman una molécula y la proporción en que se encuentran, o del número de átomos que forman una molécula.

También puede darnos información adicional como la manera en que se unen dichos átomos mediante enlaces químicos e incluso su distribución en el espacio. Para nombrarlas, se emplean las reglas de la nomenclatura química.

EJEMPLO

La fórmula química del agua es H_2O.

Tipos de fórmula química:

- **Fórmula empírica** es un tipo de fórmula química que expresa el número relativo de átomos que forman una molécula.

EJEMPLO

La fórmula empírica del benceno (C_6H_6) es CH.

- **Fórmula molecular** es un tipo de fórmula química que expresa el número real de átomos que forman una molécula. Una fórmula molecular se compone de símbolos y subíndices numéricos; los símbolos corresponden a los elementos que forman el compuesto químico representado y los subíndices son la cantidad de átomos presentes de cada elemento en el compuesto.

EJEMPLO

La fórmula molecular del benceno es C_6H_6.

Química general

EJERCICIO 1.1

La combustión completa de 10 g de un ácido orgánico formado por C, H y O origina 0,455 mol H_2O y 0,455 mol CO_2.

En estado gaseoso el 1 g del ácido orgánico ocupa 1 dm^3 a una presión de 0,44 atm y una temperatura de 473 K.

Sabiendo que la masa atómica de C es 12, la del H es 1 y la de O es 16, calcular la fórmula empírica y la fórmula molecular del ácido orgánico.

Fórmula empírica

Para deducir la fórmula empírica hay que determinar la relación más simple entre los átomos de C, H y O.

Cuando un compuesto orgánico se combustiona completamente, todo su C pasa a CO_2 y todo su H pasa a H_2O. Por tanto, conociendo el CO_2 y H_2O formados tras la combustión, es posible deducir el contenido en C e H en el compuesto orgánico.

Gramos de C producidos en la combustión del ácido orgánico

$$0{,}455 \; mol \; CO_2 \cdot \frac{1 \; mol \; \text{átomos de } C}{1 \; mol \; \text{moléculas de } CO_2} \cdot \frac{12 \; g \; C}{1 \; mol \; \text{átomos de } C} = 5{,}46 \; g \; C$$

Gramos de H producidos en la combustión del ácido orgánico

$$0{,}455 \; mol \; H_2O \cdot \frac{1 \; mol \; \text{átomos de } H}{1 \; mol \; \text{moléculas de } H_2O} \cdot \frac{1 \; g \; H}{1 \; mol \; \text{átomos de } H} = 0{,}91 \; g \; H$$

Gramos de O producidos en la combustión del ácido orgánico

10 g ácido orgánico − 5,46 g C − 0,91 g H = 3,63 g O

Fórmula empírica del ácido orgánico

Primero calcular el número de moles del C, H y O. Luego dividir cada número de moles por el menor.

$$5{,}46 \; g \; C \cdot \frac{1 \; mol \; \text{átomos } C}{12 \; g \; C} = 0{,}455 \; mol \; \text{átomos } C$$

$$0{,}91 \; g \; H \cdot \frac{1 \; mol \; \text{átomos } H}{1 \; g \; H} = 0{,}91 \; mol \; \text{átomos } H$$

$$3{,}63 \; g \; O \cdot \frac{1 \; mol \; \text{átomos } O}{16 \; g \; O} = 0{,}227 \; mol \; \text{átomos } O$$

$$C = \frac{0{,}455}{0{,}227} = 2$$

$$H = \frac{0{,}91}{0{,}227} = 4$$

$$O = \frac{0,227}{0,227} = 1$$

Fórmula empírica: C_2H_4O

Fórmula molecular

Para deducir la fórmula molecular a partir de la fórmula empírica hay que determinar la relación entre la masa molar de la fórmula molecular y la masa molecular de la fórmula empírica.

$$P \cdot V = n \cdot R \cdot T = \frac{m}{masa\,molar} \cdot R \cdot T$$

masa molar de la fórmula molecular = $\dfrac{m \cdot R \cdot T}{P \cdot V} = \dfrac{1\,g \cdot (0,082\,atm \cdot L/mol \cdot K) \cdot 473\,K}{0,44\,atm \cdot 1\,L}$

≈ 88 g/mol

$$\frac{88 \cdot g/mol}{44 \cdot g/mol} = 2$$

Por tanto, la fórmula molecular es 2*fórmula empírica. Es decir, $C_4H_8O_2$

1.10 Masa atómica

1.10.1 Dalton

La **unidad de masa atómica unificada** *u* o *Dalton* (*Da*) es una unidad estándar de masa definida como la duodécima parte (1/12) de la masa de un átomo, neutro y no enlazado, de C^{12}, en su estado fundamental eléctrico y nuclear, y equivale a 1,66053886 x 10^{-27} kg.

El *Dalton* (*Da*) y la unidad de masa atómica unificada (*u*) son nombres y símbolos alternativos para la misma unidad. No obstante, el término **unidad de masa atómica unificada** *u* ha quedado en desuso ya que es una unidad no compatible con el Sistema Internacional de Unidades (SI).

1 *u* = 1 *Da* = 1,66053886 x 10^{-27} *kg* = 1,66 x 10^{-27} *kg*

1 *g* = 6,0221415 x 10^{23} *u*

Por tanto, la masa de un <u>mol de unidades (N_A)</u> de masa atómica equivale a 1 *g*.

1 *Da* en el SI sigue siendo ½ de la masa de un átomo de C^{12}.

$$N_A * Da \approx 1\,g / mol$$

1.10.2 Masa atómica de un elemento

Masa atómica de un elemento es la masa de un átomo de dicho elemento expresada en unidades de masa atómica unificada (*u*) o como *Dalton* (*Da*).

La masa atómica está definida como la masa de un átomo, que sólo puede ser de un isótopo a la vez, y no es un promedio ponderado en las abundancias de los isótopos como es el caso con la masa atómica promedio.

1.10.3 Masa atómica promedio de un elemento

Masa atómica promedio de un elemento es la media ponderada de las masas atómicas de todos los átomos de un elemento químico encontrados en una muestra particular, ponderados por su abundancia isotópica.

Expresión para el cálculo de la masa atómica promedio de un elemento:

$$A = \frac{\sum A_i \cdot x_i}{100}$$

donde:

- A es la masa atómica del elemento
- A_i es la masa atómica de cada isótopo
- x_i es el porcentaje de cada isótopo en la mezcla.

EJERCICIO 1.2

La plata (Ag) en estado natural consta de una mezcla de 2 isótopos de números másicos (A) de 107 y 109 que se presentan en unas proporciones del 56% y del 44%, respectivamente.

Calcular el peso atómico de la plata en estado natural.

$$A = \frac{56 \cdot 107 + 44 \cdot 109}{100} = 107,88$$

1.10.4 Masa atómica relativa de un elemento

Masa atómica relativa (peso atómico relativo) es una magnitud física adimensional, definida como la razón del promedio de las masas de los átomos de un elemento (de una muestra dada o fuente) con respecto a la doceava parte de la masa de un átomo de C^{12} (conocida como una unidad de masa atómica unificada o *Dalton*).

La masa atómica relativa de un elemento es su masa atómica al compararla con la de un átomo de C^{12}.

Química general

La masa atómica relativa de un elemento es, en realidad, la masa atómica media de todos los isótopos de ese elemento, teniendo en cuenta la cantidad relativa de cada isótopo.

La tabla de los pesos atómicos relativos de los distintos elementos está basada en la masa atómica del C^{12} = 12 *u* o *12 Da*.

En la actualidad, la masa atómica relativa de cada elemento se calcula a partir de valores medidos de masa atómica, de cada nucleido, según su composición isotópica.

Nucleido es cada una de las posibles agrupaciones de nucleones (protones y neutrones).

Los nucleidos pueden diferir por sus cantidades de protones o de neutrones, o por la energía de su estructura de agrupamiento.

1.11 Masa molecular

1.11.1 Masa molecular

Masa molecular (peso molecular) de una sustancia química dada es la masa de 1 molécula de dicha sustancia expresada como *u* o como *Da*.

La masa de 1 molécula se obtiene sumando las masas atómicas de todos los átomos de los elementos que constituyen la molécula.

La masa molecular se expresa en unidades de masa atómica unificada (*u*) o *Dalton* (*Da*).

El valor numérico de la masa molecular coincide con el de la masa molar, pero habitualmente expresado en unidades de masa atómica (su unidad en el SI es el kilogramo).

1.11.2 Masa molecular relativa

La **masa molecular relativa** (peso fórmula), cuyo símbolo es m_f, es una magnitud que indica cuántas veces la masa de una molécula de una sustancia es mayor que la unidad de masa atómica unificada (*u*) o *Dalton* (Da).

$$m_f = \sum_i N_i \cdot m_{a,i}$$

donde:

Química general

- N_i es el número de átomos del i-ésimo elemento presente en la molécula.
- $m_{a,i}$ es la masa atómica del i-ésimo elemento presente en la molécula.

EJERCICIO 1.3

Calcular la masa molecular relativa del H_2O.

m_r del H_2O = 2*(1,00797 u) + 15,9994 u = 18,01534 u

1.12 Número de *Avogrado*

El **numero de *Avogrado*** N_0 es igual a $6,02214076 \times 10^{23} \approx 6,023 \times 10^{23}$ partículas o entidades elementales.

La **constante de *Avogrado*** N_A es igual a $6,02214076 \times 10^{23}\ mol^{-1}$

La constante de *Avogadro* N_A es el factor de proporcionalidad entre el número de partículas o entidades elementales y la cantidad de sustancia.

Al dividir la cantidad de entidades elementales, cualesquiera que sean, entre la constante de Avogadro N_A se obtiene la cantidad de sustancia.

1.13 *Mol*

El *mol* es la unidad por defecto de la cantidad de sustancia de una entidad elemental especificada, que puede ser un átomo, una molécula, iones, electrones, o cualquier otra partícula e grupo específico de dichas partículas; su magnitud se establece mediante la fijación el valor numérico de la constante de *Avogadro*, a saber exactamente igual a $6,02214076 \times 10^{23}$ cuando este se expresa en mol^{-1}.

Mol es la cantidad de materia que contiene el número de *Avogrado* N_0 de unidades elementales (electrones, fotones, átomos, iones, radicales, moléculas, unidades fórmula, etc.). El *mol* es la unidad del SI con la que se mide la cantidad de sustancia.

$1\ mol = 6,02214076 \times 10^{23}$ unidades elementales

El concepto del *mol* es de vital importancia en la química, pues, entre otras cosas, permite hacer infinidad de cálculos estequiométricos indicando la proporción existente entre reactivos y productos en las reacciones químicas.

EJEMPLO

La ecuación que representa la reacción de formación del agua $2H_2 + O_2 \rightarrow 2H_2O$ implica que dos moles de hidrógeno (H_2) y un *mol* de oxígeno (O_2) reaccionan para formar dos moles de agua (H_2O).

Otro uso que cabe mencionar es su utilización para expresar la concentración en la llamada **molaridad**, que se define como los moles del compuesto disuelto por litro de disolución y la masa molar, que se calcula gracias a su equivalencia con la masa atómica; factor de vital importancia para pasar de moles a gramos.

1.14 Masa molar

Masa molar (M) de una sustancia dada es la masa de 1 *mol* ($6,022 \times 10^{23}$) de moléculas de dicha sustancia.

La masa molar (M) de una sustancia dada es una propiedad física definida como su masa por unidad de cantidad de sustancia. Su unidad de medida en el SI es kilogramo por *mol* (*kg/mol* o $kg \cdot mol^{-1}$). Sin embargo, por razones históricas, la masa molar es expresada casi siempre en gramos por *mol* (*g/mol*).

- La **masa molar de un elemento** es la masa de 1 *mol* de dicho elemento y coincide con su masa atómica pero expresada en *g/mol*.
- La **masa molar de una molécula** es la masa de 1 *mol* de dicha molécula y coincide con su masa molecular pero expresada en *g/mol*.

La masa molar de un elemento se calcula multiplicando su masa atómica (peso atómico) por la constate de masa molar.

EJEMPLO

Masa molar del *Cl* = 35,453 · 1 *g/mol* = 35,453 *g/mol*

La masa molar de una molécula se calcula multiplicando su masa molecular por la constate de masa molar.

EJERCICIO 1.4

Calcular la masa molar del *NaCl*.

Masa molar del *NaCl* = (22,989 + 35,453) · 1 *g/mol* = 58,443 *g/mol*

La **constante de masa molar** (M_u) es una constante física que relaciona la masa atómica (peso atómico) y la masa molar. Su valor está definido como 1 *g/mol* en unidades SI.

1.15 Masa equivalente

Masa equivalente (**peso equivalente**) es la masa de una sustancia que:
- Se deposita o se libera cuando circula 1 *mol* de electrones 1 *mol* e⁻).
- Sustituye o reacciona con un *mol* de iones hidrógeno (H^+) en una reacción ácido-base.
- Sustituye o reacciona con un *mol* de electrones en una reacción redox.

La masa equivalente tiene dimensiones y unidades de masa.

El uso de las masas equivalentes en la química general ha sido prácticamente sustituido por el uso de las masas molares. Una de las razones para que esté cayendo en desuso, es que el peso equivalente de una sustancia no es único y depende de la reacción en que participa, lo que no sucede con la masa molar, que es única para cada sustancia.

Los pesos equivalentes pueden calcularse a partir de las masas molares, si sabemos en qué reacción participa la sustancia.

El peso equivalente se calculará dividiendo la cantidad de materia que corresponde a un *mol* de la sustancia entre el número de electrones con los que reacciona.

$$P_{eq} = \frac{M}{z}$$

donde:
- M es la masa molecular, atómica o iónica.
- z es el número de electrones ganados o perdidos en el proceso.

El **peso equivalente de un elemento** es igual a su peso atómico dividido por su valencia química.

$$P_{eq} = \frac{A}{valencia}$$

donde A es la masa atómica del elemento

El **peso equivalente de un compuesto** es igual a su masa molecular dividida por su valencia química.

$$P_{eq} = \frac{M}{valencia}$$

donde M es la masa atómica del elemento

Química general

El **peso equivalente de un ión** es la masa del ión dividida por la carga electrónica de un ión (especificada en unidades de carga elemental).

Si un tipo de iones se encuentra en varios estados de valencia, por ejemplo, como es el caso del hierro (Fe^{2+} y Fe^{3+}), también tiene varios pesos equivalentes.

1.16 Volumen molar

Volumen molar es el volumen ocupado por 1 *mol* de un sustancia química independientemente de su estado de agregación (sólido, líquido o gas) y bajo cualesquiera condiciones de presión y temperatura.

La unidad del Sistema Internacional de Unidades es el metro cúbico por *mol*: m^3/mol.

> El volumen molar normal de un gas ideal es de 22,4 *L* a una presión de 1 atmósfera y a una temperatura de 0°C (273K).

El volumen molar normal de un gas no ideal es ligeramente diferente al volumen molar normal de un gas ideal.

El volumen molar normal de un gas ideal permite calcular su masa molar, para ello es necesario conocer la relación entre las densidades de dos gases ideales en condiciones normales.

$$\rho_{A(B)} = \frac{\rho_A}{\rho_B} = \frac{(masa\,molar\,A/\,volumen\,molar\,A)}{(masa\,molar\,B/\,volumen\,molar\,B)}$$

Como en idénticas condiciones de presión y temperatura: volumen molar A = volumen molar B.

$$masa\,molar\,A = \rho_{A(B)} \cdot (masa\,molar\,B)$$

1.17 Cálculos en Química

1.17.1 Factor de conversión

El **factor de conversión** o **factor unidad** es un método de conversión que se basa en multiplicar por una o varias fracciones en las que el numerador y el denominador son cantidades iguales expresadas en unidades de medida distintas, de tal manera, que cada fracción equivale a la unidad. Es un método muy efectivo para cambio de unidades y resolución de ejercicios sencillos dejando de utilizar la regla de tres.

Química general

El factor de conversión tiene:

- un numerador expresado en las unidades a las que deseamos convertir el valor problema.
- un denominador expresado en las unidades en las que está el valor problema.

EJERCICIO 1.5

Calcular la cantidad de moles, moléculas y átomos de O e H que hay en 90 gramos de H_2O. Masas atómicas: H = 1; O=16; C = 12.

La incógnita son moles, moléculas y átomos de los elementos en el H_2O. Por ello, seguimos los siguientes pasos:

Calcular el número de moles de H2O en 90 g.
Calcular el número de moléculas de H2O en 90 g.
Calcular el número de átomos de O en 90 g.
Calcular el número de átomos de H en 90 g.

Número de moles de H_2O en 90 g

$$90\ g\ H_2O \cdot \frac{(1\ mol\ H_2O)}{(18\ g\ H_2O)} = 5\ mol\ H_2O$$

Número de moléculas de H_2O en 90 g

$$5\ mol\ H_2O \cdot \frac{(6{,}022 \cdot 10^{23}\ moléculas\ de\ H_2O)}{(1\ mol\ de\ H_2O)} = 3{,}011*10^{24}\ moléculas\ de\ H_2O$$

Número de átomos de O en 90 g

$$3{,}011*10^{24}\ moléculas\ de\ H_2O \cdot \frac{1\ átomo\ de\ O}{(1\ molécula\ de\ H_2O)} = 3{,}011*10^{24}\ átomos\ de\ O$$

Número de átomos de H en 90 g

$$3{,}011*10^{24}\ moléculas\ de\ H_2O \cdot \frac{2\ átomos\ de\ H}{(1\ molécula\ de\ H_2O)} = 6{,}022*10^{24}\ átomos\ de\ H$$

1.18 Teoría cinético molecular de la materia

La materia está formada por átomos, partículas o moléculas que se mantienen unidos entre sí por «fuerzas de atracción».

La Teoría cinético-molecular, que explica el comportamiento y los posibles estados de agregación de la materia, se apoya en dos postulados:

Química general

1. Las partículas que componen la materia están en movimiento continuo.
2. Cuanto mayor es la temperatura, mayor es su movimiento.

Con estos dos principios se puede explicar los estados de agregación en que se presenta la materia.

<u>Estados de agregación de la materia:</u>
   a) **Estado gaseoso**. En un gas los átomos se disponen libres y van de forma lineal por todo el espacio que haya disponible. Esto refleja la capacidad de los gases de amoldarse al ambiente donde son liberados.
   b) **Estado líquido**. En un líquido los átomos no se encuentran a tanta distancia como en el caso de los gaseosos. Aunque se siguen moviendo a velocidad moderada. Los líquidos ocupan un volumen determinado y se expanden.
   c) **Estado sólido**. En un sólido los átomos únicamente vibran y se encuentran prácticamente sin movimiento. Por eso mismo, los sólidos ocupan un espacio determinado, tampoco varían en el tiempo ni en su volumen.
   d) **Plasma**. El plasma se puede caracterizar como un gas ionizado, donde los electrones circulan libremente. El 99,9% de la materia observable del universo es plasma, un estado fluido que, a diferencia del gas, está conformado por partículas cargadas.

EJEMPLO

En una bombona de gas butano, el gas dentro de la bombona se encuentre sometido a gran presión y está en estado líquido. Sin embargo, sale en estado gas de la bombona porque está a presión atmosférica.

El azúcar a temperatura ambiente está en estado sólido,. Sin embargo, al ser calentado el azúcar pasa del estado sólido al estado líquido.

2 Estados de agregación de la materia

En física y química se observa que, para cualquier sustancia o mezcla, modificando su temperatura o presión, pueden obtenerse distintos estados o fases, denominados estados de agregación de la materia, en relación con las fuerzas de unión de las partículas (moléculas, átomos o iones) que la constituyen.

Todos los estados de agregación poseen propiedades y características diferentes; los más conocidos y observables cotidianamente son cuatro, llamados fases: sólida, líquida, gaseosa y plasmática.

También son posibles otros estados que no se producen de forma natural en nuestro entorno, por ejemplo: "el condensado de *Bose-Einstein*", "el condensado fermiónico" y "las estrellas de neutrones". Se cree que también son posibles otros, como "el plasma de quarks-gluones".

Características de los estados de agregación de la materia			
Propiedades	Sólidos	Líquidos	Gases
Volumen	No se adaptan al volumen del recipiente	Se adaptan al volumen del recipiente	Se adaptan al volumen del recipiente
Forma	No se adaptan a la forma del recipiente	Se adaptan a la forma del recipiente	Se adaptan a la forma del recipiente
Compresibilidad	No se comprimen	No se comprimen	Sí se comprimen
Expansibilidad	No se expanden	No se expanden	Sí se expanden
Disposición de las partículas	Ordenadas en la red	Partículas cercanas unas de otras	Partículas muy alejadas entre sí
Grados de libertad	Vibración	Vibración, traslación y rotación, restringidos	Vibración, rotación y traslación

Tabla 2.1. Características de los estados de agregación de la materia

El que una sustancia adopte uno u otro estado de agregación depende de las condiciones de presión y temperatura en que se encuentre.

2.1 Estado sólido

Los objetos en estado sólido se presentan como cuerpos de forma definida; sus átomos a menudo se entrelazan formando estructuras estrechas definidas, lo que les confiere la capacidad de soportar fuerzas sin deformación aparente. Son calificados generalmente como duros así como resistentes, y en ellos las fuerzas de atracción son mayores que las de repulsión.

En los **sólidos cristalinos**, la presencia de espacios intermoleculares pequeños da paso a la intervención de las fuerzas de enlace, que ubican a las celdillas en formas geométricas.

En los sólidos cristalinos, las partículas (átomos, moléculas o iones) están empaquetadas en un patrón repetitivo y regularmente ordenado. Hay varias estructuras cristalinas diferentes, y una misma sustancia puede tener más de una estructura (o fase sólida).

En los **sólidos amorfos o vítreos**, por el contrario, las partículas que los constituyen carecen de una estructura ordenada.

2.1.1 Clasificación de las sustancias químicas sólidas según su estructura

Atendiendo a su estructura, las sustancias químicas sólidas se clasifican en:

a) **Sólido iónico** está formado por cationes y aniones mantenidos unidos por la acción de fuerzas electrostáticas y dispuestos ordenadamente en una red cristalina.

b) **Sólido covalente** está formado por átomos unidos por enlaces covalentes. Estas redes pueden ser tridimensionales, bidimensionales (láminas) ó monodimensionales (cadenas), aunque sólo las primeras componen sólidos puramente covalentes. Los sólidos covalentes tridimensionales tienen elevados puntos de fusión y ebullición por las fuerzas extremadamente fuertes que los unen. En los bi– y monodimensionales, las láminas ó cadenas se atraen por fuerzas débiles de *Van der Waals*.

c) **Sólido metálico** está formado por cationes que forman una red tridimensional ordenada y compacta rodeados por una nube de electrones.

d) **Sólido molecular** está formado por moléculas covalentes discretas (p.ej. H_2O, I_2, etc) o por átomos (p. ej., los gases nobles en estado sólido) unidos mediante fuerzas de *Van de Waals*.

2.1.2 Propiedades fisicoquímicas de las sustancias químicas sólidas

Las propiedades fisicoquímicas de las sustancias químicas sólidas se resumen en la siguiente tabla.

Propiedades fisicoquímicas de las sustancias químicas sólidas				
	Iónico	*Metálico*	*Covalente 3D*	*Molecular*
Unidad estructural	Ion.	Átomo.	Átomo.	Molécula.
Enlace entre unidades	Enlace iónico.	Enlace metálico.	Enlace covalente.	Fuerzas de Van der Waals.
Dureza	Duro.	Amplia gama.	Duro.	Blando.
Punto de fusión	Alto (600 a 3000°C)	Amplia gama (−39 a 3400°C).	Alto (1200 a 4000°C).	Bajo (−272 a 400°C)
Conductividad	Aislante en sólido pero conductor fundido o en dis.	Conductor.	Aislante o semiconductor.	Aislante.
Generalmente se presenta en	Compuestos de los metales y no metales.	Metales de la mitad izquierda.	No metales del centro.	No metales de la derecha.
Ejemplos	KI, Na_2CO_3, LiH	Na, Zn, bronce.	Diamante, *Si*, SiO_2	O_2, C_6H_6, H_2O

Tabla 2.2. Propiedades fisicoquímicas de las sustancias químicas sólidas

Propiedades físicas:

- La **masa** (*m*) es la cantidad de materia contenida en un volumen.
- El **volumen** (*v*) es el espacio que ocupa una cantidad de materia (masa).
- La **densidad** (*ρ*) es la cantidad de masa por unidad de volumen. $\rho = \dfrac{m}{v}$

2.2 Estado líquido

Si se incrementa la temperatura de un sólido, este va perdiendo forma hasta desaparecer la estructura cristalina, alcanzando el estado líquido. La característica principal del estado líquido es la capacidad de fluir y adaptarse a la forma del recipiente que lo contiene. En este caso, aún existe cierta unión entre los átomos del cuerpo, aunque mucho menos intensa que en los sólidos.

En la superficie de un líquido siempre hay moléculas con energía cinética suficiente para escapar a la fase gaseosa. Si consideramos al líquido situado en un recipiente cerrado, parte de esas moléculas en estado de vapor volverán a condensarse en la superficie del líquido hasta que se llega a una situación de equilibrio dinámico en que hay igual número de moléculas que pasan a vapor que de moléculas que se condensan.

La **presión de vapor** es la presión que ejerce la fase gaseosa o vapor sobre la fase líquida en un sistema cerrado a una temperatura determinada, cuando la fase líquida y el vapor se encuentran en equilibrio dinámico. Su valor es independiente de las cantidades de líquido y vapor presentes mientras existan ambas. El valor de la presión de vapor es característico de cada sustancia porque depende de las fuerzas intermoleculares y varía con la temperatura.

2.3 Estado gaseoso

Se denomina **gas** al estado de agregación de la materia compuesto principalmente por moléculas no unidas, expandidas y con poca fuerza de atracción, lo que hace que los gases no tengan volumen definido ni forma definida, y se expandan libremente hasta llenar el recipiente que los contiene. Su densidad es mucho menor que la de los líquidos y sólidos, y las fuerzas gravitatorias y de atracción entre sus moléculas resultan insignificantes.

En algunos diccionarios el término gas es considerado como sinónimo de vapor, aunque no hay que confundir sus conceptos: **vapor** se refiere estrictamente a aquel gas que se puede condensar por presurización a temperatura constante.

2.3.1 Ecuación de estado de un gas ideal

Ecuación de estado es una ecuación que relaciona, para un sistema en equilibrio termodinámico, las variables de estado que lo describen. Tiene la forma general:

$$f(p, V, T) = 0$$

No existe una única ecuación de estado que describa el comportamiento de todas las sustancias para todas las condiciones de presión y temperatura.

La ecuación de estado más sencilla es aquella que describe el comportamiento de un gas cuando éste se encuentra a una presión baja y a una temperatura alta. En estas condiciones la densidad del gas es muy baja, por lo que pueden hacerse las siguientes aproximaciones:

a) no hay interacciones entre las moléculas del gas.
b) el volumen de las moléculas es nulo.

La ecuación de estado que describe un gas en estas condiciones se llama ecuación de estado de un gas ideal.

La ecuación de estado de un gas ideal es el resultado de combinar dos leyes empíricas válidas para gases muy diluidos: la ley de *Boyle* y la ley de *Charles*.

2.3.2 Ley de *Boyle-Mariotte*

La ley de *Boyle-Mariotte* fue formulada independientemente por el físico y químico británico *Robert Boyle* en 1662 y el físico y botánico francés *Edme Mariotte* en 1676.

La ley de *Boyle* (1662) da una relación entre la presión de un gas y el volumen que ocupa a temperatura constante. Dicha ley establece que el producto de la presión por el volumen de un gas a temperatura constante es constante.

$$p \cdot V = k$$

$$p_1 \cdot V_1 = p_2 \cdot V_2$$

donde:
- p_i es la presión en *atm*
- V_i es el volumen en *L*

2.3.3 Ley de *Gay Lussac*

La ley de *Gay-Lussac* establece que la presión de un volumen fijo de un gas es directamente proporcional a su temperatura.

$$p = k \cdot T$$

$$\frac{p}{T} = k$$

$$\frac{p_1}{T_1} = \frac{p_2}{T_2}$$

$$p_1 \cdot T_2 = p_2 \cdot T_1$$

donde:
- p_i es la presión en *atm*
- T_i es la temperatura en *K*.

EJERCICIO 2.1

Si la presión de una nuemático es de 2 atm a una temperatura de 15°C, ¿cual será la presión de la rueda si la temperatura sube a 45°C?.

$$\frac{p_1}{T_1} = \frac{p_2}{T_2}$$

Sabemos que 15°C = 288K y que 45°C = 318K

$$\frac{2}{288} = \frac{p_2}{318}$$

$$p_2 = \frac{318}{288} \cdot 2 = 2{,}21 \text{ atm}$$

2.3.4 Ley de *Charles*

La ley de *Charles* establece que el volumen que ocupa un gas a presión constante es directamente proporcional a su temperatura.

$$V = k \cdot T$$

$$\frac{V}{T} = k$$

$$\frac{V_1}{T_1} = \frac{V_2}{T_2}$$

$$V_1 \cdot T_2 = V_2 \cdot T_1$$

donde:
- V_i es el volumen en *L*
- T_i es la temperatura en *K*

Química general

EJERCICIO 2.2

Una cierta cantidad de gas que ocupa un volumen de 1 L a 100ºC y a una presión de 760 mm Hg se calienta a 150ºC manteniendo constante la presión.

Calcular el volumen que ocupara cuando se calienta a 150ºC.

Aplicando la ley de Charles tenemos:

$$\frac{V_1}{T_1} = \frac{V_2}{T_2}$$

Sabemos que 100ºC = 373K y que 150ºC = 423K

$$\frac{1}{373} = \frac{V_2}{423}$$

$$V_2 = \frac{423}{373} \cdot 1 = 1,134 \, L$$

2.3.5 Ecuación general de un gas ideal

Ecuación general de un gas ideal:

$$\frac{p_1 \cdot V_1}{T_1} = \frac{p_2 \cdot V_2}{T_2}$$

Para un *mol* de gas, la constante que aparece en el segundo miembro de la ecuación de *Boyle* y *Charles* es la constante universal R de los gases ideales, por lo que **la ecuación de estado de un gas ideal** para *n* moles es:

$$P \cdot V = n \cdot R \cdot T$$

donde:
- p_i es la presión en *atm*
- V_i es el volumen en *L*
- *n* es el número de moles
- R = 0,082 *atm*L/K*mol* = 8,31 *J/mL K* = 1,9872 *cal/K*mol*

EJERCICIO 2.3

Hay tres recipientes A, B y C en las mismas condiciones de presión y temperatura. El recipiente A contiene 1 L de CH_4. El recipiente B contiene 2 L de N_2. El recipiente C tiene 3 L de O_3. ¿Qué recipiente contiene el mayor número de átomos?

L → moléculas → átomos

$1\ L\ CH_4 \cdot n = \dfrac{P \cdot V}{R \cdot T} = \dfrac{P \cdot 1L}{R \cdot T}$.

moléculas de $CH_4 = 6{,}022 \cdot 10^{23} \cdot \dfrac{P \cdot 1}{R \cdot T}$

átomos de $CH_4 = 6{,}022 \cdot 10^{23} \cdot \dfrac{P \cdot 1}{R \cdot T} \cdot \dfrac{5\ átomos}{1\ molécula} = \dfrac{P}{R \cdot T} \cdot 3{,}011 \cdot 10^{24}$ átomos

$2\ L\ N_2 \cdot n = \dfrac{P \cdot V}{R \cdot T} = \dfrac{P \cdot 2L}{R \cdot T}$.

moléculas de $N_2 = 6{,}022 \cdot 10^{23} \cdot \dfrac{P \cdot 2}{R \cdot T}$

átomos de $N_2 = 6{,}022 \cdot 10^{23} \cdot \dfrac{P \cdot 2}{R \cdot T} \cdot \dfrac{2\ átomos}{1\ molécula} = \dfrac{P}{R \cdot T} \cdot 2{,}408 \cdot 10^{24}$ átomos

$3\ L\ O_3 \cdot n = \dfrac{P \cdot V}{R \cdot T} = \dfrac{P \cdot 3L}{R \cdot T}$.

moléculas de $O_3 = 6{,}022 \cdot 10^{23} \cdot \dfrac{P \cdot 3}{R \cdot T}$

átomos de $O_3 = 6{,}022 \cdot 10^{23} \cdot \dfrac{P \cdot 3}{R \cdot T} \cdot \dfrac{3\ átomos}{1\ molécula} = \dfrac{P}{R \cdot T} \cdot 5{,}419 \cdot 10^{24}$ átomos

El recipiente C con O_3 contiene el mayor número de moléculas y átomos.

2.3.6 Ley de *Graham*

La ley de *Graham*, establece que las velocidades de difusión y efusión de los gases ideales son inversamente proporcionales a las raíces cuadradas de sus respectivas densidades y masas molares.

$$\dfrac{u_1}{u_2} = \sqrt[2]{\dfrac{\rho_2}{\rho_1}} = \sqrt[2]{\dfrac{M_2}{M_1}}$$

donde:
- u_1 e u_2 son las velocidades de difusión de los gases 1 y 2 respectivamente.
- ρ_2 y ρ_1 son las densidades de los gases 2 y 1 respectivamente.
- M_2 y M_1 son las masas molares de los gases 2 y 1 respectivamente.

Efusión es el flujo de partículas de gas a través de orificios estrechos o poros.

Difusión es el proceso por el cual una sustancia se distribuye uniformemente en el espacio que la encierra o en el medio en que se encuentra.

2.3.7 Ley de las presiones parciales. Ley de Dalton

La ley de las presiones parciales o **ley de** *Dalton* (1802) establece que la presión de una mezcla de gases ideales, que no reaccionan químicamente, es igual a la suma de las presiones parciales que ejercería cada uno de ellos si sólo uno ocupase todo el volumen de la mezcla, sin variar la temperatura.

La ley de *Dalton* es muy útil cuando deseamos determinar la presión total de una mezcla.

$$p = \sum_{i=1}^{n} p_i$$

donde p_i representa la presión parcial del i-ésimo componente en la mezcla.

2.3.8 Volumen molar

Volumen molar es el volumen ocupado por 1 *mol* de un sustancia química independientemente de su estado de agregación (sólido, líquido o gas) y bajo cualesquiera condiciones de presión y temperatura.

La unidad del Sistema Internacional de Unidades es el metro cúbico por *mol*: m^3/mol.

El volumen molar normal de un gas ideal es de 22,4 L a una presión de 1 atmósfera y a una temperatura de 0°C (273K).

El volumen molar normal de un gas no ideal es ligeramente diferente al volumen molar normal de un gas ideal.

2.3.9 Gas real

Las moléculas de un gas real interactúan entre sí de forma que en distancias cortas se repelen entre sí y en distancias más largas se atraen entre si.

Un gas real, en oposición a un gas ideal, es un gas que exhibe propiedades que no pueden ser explicadas enteramente utilizando la ley de los gases ideales.

El comportamiento de un gas ideal se describe de acuerdo a distintos modelos:

- Modelo de *Beattie–Bridgman*.
- Modelo de *Benedict–Webb–Rubin*.
- Modelo de *Berthelot y de Berthelot* modificado.
- Modelo de Clausius
- Modelo de *Dieterici*.
- Modelo de *Peng–Robinson*.
- Modelo de *Redlich–Kwong*.
- Modelo de *Van der Wal*s.
- Modelo *virial*.
- Modelo de *Wohl*.

2.3.9.1 Modelo de *Van der Waals*

Ecuación de *Van der Waals* para 1 mol de gas:

$$R \cdot T = \left(P + \frac{a}{V_m^2}\right) \cdot (V_m - b)$$

donde:

- P es la presión
- T es la temperatura,
- R es la constante de los gases ideales, y
- V_m es el volumen molar.
- "a" y "b" son parámetros que son determinados empíricamente para cada gas, pero en ocasiones son estimados a partir de su temperatura crítica (T_c) y su presión crítica (P_c) utilizando estas relaciones:

$$a = \frac{27 \cdot R^2 \cdot T_c^2}{64 \cdot P_c}$$

$$b = \frac{R \cdot T_c}{8 \cdot P_c}$$

2.3.10 Gas ideal vs Gas real

En la práctica las leyes de los gases ideales no se cumplen exactamente. Las discrepancias respecto al gas ideal se acentúan cuanto más elevadas sean las presiones y más bajas las temperaturas.

La presión media de un gas es inferior a la esperada si fuera ideal debido a las interacciones intermoleculares que actúan de freno sobre las moléculas del gas.

Gas ideal	Gas Real
El gas ideal obedece todas las leyes de los gases ideales en todas las condiciones de presión y temperatura.	El gas real obedece las leyes de los gases ideales sólo en condiciones de baja presión y alta temperatura. Obedecen a la ecuación del gas real de Van der Waals.
El volumen ocupado por las moléculas es despreciable respecto al volumen total.	El volumen ocupado por las moléculas no es despreciable respecto al volumen total.
No hay fuerzas intermoleculares de atracción.	Hay fuerzas de atracción o de repulsión entre las partículas.
Es un gas teórico.	Existe en la naturaleza a nuestro alrededor.
Tiene una presión elevada.	Tiene un término de corrección de la presión en su ecuación y la presión real es menor que la del gas ideal.
$P \cdot V = n \cdot R \cdot T$	Para una cierta cantidad de moles de gas, la relación entre sus tres propiedades (presión, volumen y temperatura) es relativamente compleja. Para tratar de describir la relación entre estas tres variables y así poder predecir una a partir de las otras dos, se han descrito diferentes ecuaciones de estado de los gases reales, tales como las siguientes: ecuación de *Van der Waals*, ecuación de *Dieterici*, ecuación de *Berthelot*, etc.
Las moléculas chocan entre sí elásticamente.	Las moléculas chocan entre sí de forma inelástica.

Aunque el comportamiento habitual de los gases tiene cierto grado de complejidad, bajo ciertas condiciones la relación entre la presión que ejercen, la temperatura a la que se encuentran y el volumen que ocupan se simplifica mucho. En estas circunstancias será válida la ecuación de estado para los gases ideales.

2.3.11 Fugacidad

En termodinámica, la **fugacidad** de un gas real es una presión parcial efectiva que reemplaza la presión parcial mecánica en un cálculo preciso de la constante de equilibrio químico.

Química general

El concepto de fugacidad surge debido a que las moléculas en un gas no ideal interactúan unas con otras.

Para mezclas de gases:

$$f_i = \varphi_i \cdot p_i$$

donde:

- f_i es la fugacidad del gas i. La fugacidad de un gas real es una presión parcial efectiva que reemplaza la presión parcial mecánica en un cálculo preciso de la constante de equilibrio químico.
- φ_i es el coeficiente de fugacidad del gas i. Factor usado en la termodinámica que responde a desviaciones de la conducta ideal en una mezcla de gases.
- p_i es la presión parcial del gas i.

2.4 Cambio del estado de agregación de la materia

Si actuamos sobre las fuerzas que unen las partículas que conforman la materia, variando la temperatura o la presión, se puede conseguir también que la materia cambie de estado de agregación.

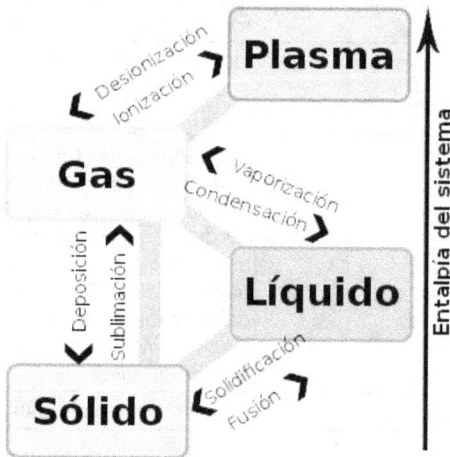

Estados de agregación de la materia

Los sólidos pueden transformarse en líquidos por **fusión**, y los líquidos pueden transformarse en sólidos por **congelación**. Los sólidos también pueden transformarse directamente en gases mediante el proceso de **sublimación**, y los gases pueden igualmente transformarse directamente en sólidos mediante la **deposición**.

La fusión y sublimación de un sólido así como la ebullición de un líquido precisan de un aporte de energía.

2.4.1 Diagrama de fases o diagrama de estado

Diagrama de fases o **diagrama de estado** es aquel a en el que se muestran las fases estables en función de dos variables, normalmente la presión y la temperatura.

Las características más importantes de los equilibrios de fase de una sustancia pura se representa mediante un diagrama de fases que es característico de cada sustancia.

El diagrama de fases muestra qué estados de agregación de la sustancia pura pueden existir bajo diferentes combinaciones de presión y temperatura.

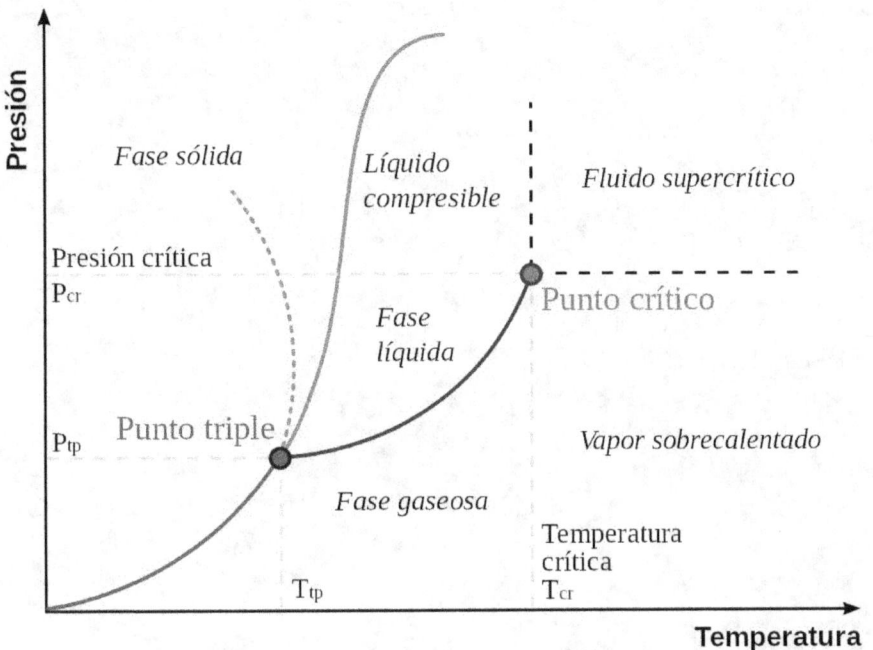

Diagrama de fases

La línea roja muestra la interfase sólido-gas. La línea verde muestra la forma habitual de la interfase sólido-líquido, mientras que la alineación de puntos verdes muestra el comportamiento anómalo de dicha interfase para el agua (hielo-agua líquida). La línea azul muestra la interfase líquido-gas.

Punto triple es el punto del diagrama de fases en el que coexisten los estados sólido, líquido y gaseoso.

Punto crítico es el punto del diagrama de fases en el que la fase líquida y gaseosa de una sustancia son indistinguibles. Por encima del punto crítico, la sustancia es un fluido supercrítico.

2.4.2 Regla de las fases de *Gibbs*

La regla de las fases de *Gibbs* describe la relación algebraica que existe entre el número de grados de libertad (*L*) o variables independientes termodinámicas en un sistema cerrado en equilibrio (como por ejemplo la presión o la temperatura), el número de fases en equilibrio (*F*) y el número de componentes químicos (*C*) del sistema.

La regla de fases de Gibbs viene dada por la siguiente expresión:

$$F + L = C + 2$$

3 Modelo atómico

Modelo atómico es una representación que describe las partes que tiene un átomo y cómo están dispuestas para formar un todo.

A lo largo de la historia se han ido formulando distintos modelos atómicos.

3.1 Modelo atómico de *Demócrito* (400 a. c.)

El primer modelo atómico del que se tiene conocimiento, postulado por el filósofo griego *Demócrito*, quien es considerado el padre del átomo por haber desarrollado la teoría atómica del universo. Esta teoría no es producto de un trabajo científico y experimental, sino que por ser una teoría filosófica, es producto de la meditación y de razonamientos lógicos.

El modelo atómico de *Demócrito* tiene los siguientes postulados:
a) Los átomos son indivisibles, homogéneos, eternos e incompresibles.
b) Los átomos se diferencian solo en forma y tamaño, pero no por sus cualidades internas.
c) Las propiedades de la materia varían según la forma en que se agrupan los átomos.

3.2 Modelo atómico de *Dalton* (1803)

EL modelo atómico de *Dalton* fue el primero de los modelos atómicos en tener una base científica, y surgió en el contexto de los estudios químicos del científico británico *John Dalton* (1766-1844), quien llamó a su modelo teoría atómica.

Los postulados del modelo atómico de *Dalton* son:
a) La materia la forman partículas muy pequeñas llamadas átomos, que son indivisibles e indestructibles.

b) Los átomos de un mismo elemento son iguales entre sí, poseen la misma masa y las mismas propiedades.

c) Los átomos de diferentes elementos tienen masa diferente, y al establecer comparaciones de masa de elementos con los del hidrógeno tomado como la unidad, constituyó el concepto de peso atómico relativo.

d) Los átomos permanecen sin división, aunque se combinen en las reacciones químicas.

e) Los compuestos químicos se forman al unirse átomos de dos o más elementos.

f) Los átomos de elementos diferentes se pueden combinar en proporciones distintas y formar más de un compuesto.

g) Al combinarse para formar compuestos, los átomos guardan relaciones simples de números enteros y pequeños.

Figura 3.1. Modelo atómico de *Dalton*

3.3 Modelo atómico de *Thomson* (1904)

También conocido como modelo del pudin, es el modelo atómico propuesto por *Joseph John Thomson* (1856-1940), quien años antes había descubierto el electrón. En este modelo, el átomo los componen los electrones de carga negativa en un átomo de carga positiva, de manera que los electrones están sumergidos en este tal como las pasas de un pudin.

Para este modelo atómico, Thomson contó con la electricidad como herramienta principal.

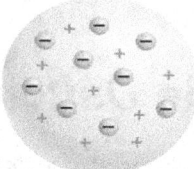

Figura 3.2. Modelo atómico de *Thomson*

3.4 Modelo atómico de *Rutherford* (1911)

El modelo atómico de *Rutherford* es el primer modelo que identifica el núcleo central y una nube de electrones a su alrededor. *Ernest Rutherford* (1871-1937), físico y químico británico-neozelandés fue el primero que estudió el átomo separado en dos zonas: núcleo y corteza, lo que dio inicio al estudio del átomo de manera separada.

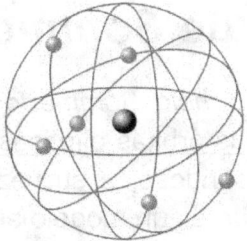

Figura 3.3. Modelo atómico de *Rutherford*

3.5 Modelo atómico de *Bohr* (1913)

Del físico danés *Niels Bohr* (1885-1962), es el modelo en el que los electrones giran en órbitas circulares. Es considerado el modelo que marcó la transición entre la mecánica clásica y la mecánica cuántica; incluye las ideas tomadas del efecto fotoeléctrico de *Max Planck* y *Albert Einstein*, y postuló que los electrones podían tener cierta cantidad de energía.

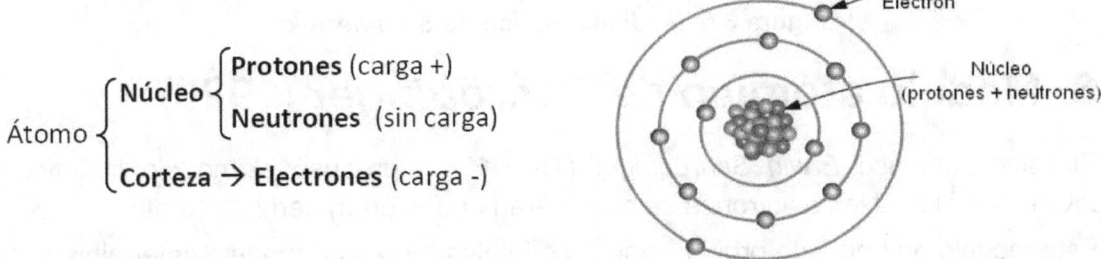

Figura 3.4. Modelo atómico de *Bohr*

3.6 Modelo del átomo cúbico de *Lewis* (1916)

El modelo atómico de *Lewis*, conocido también como el modelo atómico cúbico, propone la estructura de los átomos como un cubo, con los electrones ubicados en los ocho vértices de cada cubo. El modelo de *Gilbert Lewis* (1875-1946) permitió los avances en el estudio de las valencias atómicas y las uniones moleculares, y los estudios del científico estadounidense sentaron las bases a lo conocido hoy como diagrama de *Lewis*, a partir del cual se conoce el enlace atómico covalente.

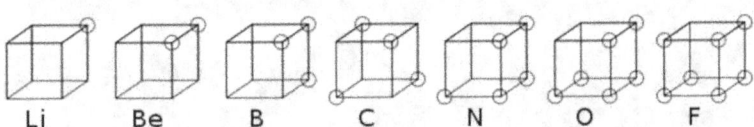

Figura 3.5. Modelo atómico de *Lewis*

3.7 Modelo atómico de *Sommerfeld* (1916)

El físico y matemático alemán *Arnold Sommerfeld* (1868-1951), sobre la base del modelo atómico de *Bohr* introdujo las órbitas elípticas de los electrones a fin de explicar la estructura fina del espectro, basándose, a su vez, en la teoría de la relatividad de *Albert Einstein*, por lo que se dice que es un modelo atómico relativista.

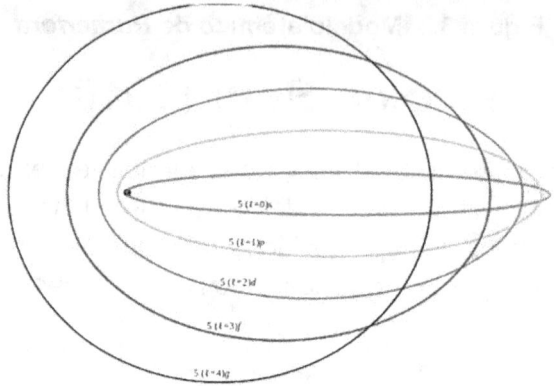

Figura 3.6. Modelo atómico de *Sommerfeld*

3.8 Modelo atómico de *Schrödinger* (1926)

El físico austriaco *Erwin Schrödinger* (1887-1961) propuso el modelo cuántico no relativista, en el cual los electrones se consideran ondas de materia existente.

Este modelo no habla de órbitas, sino de orbitales; no es un modelo determinista, sino azaroso donde un orbital es la probabilidad más alta de encontrar a un electrón en una región del espacio. Las ecuaciones de este modelo son de gran complejidad y su solución solo sirve para el átomo más sencillo, el de hidrógeno, mientras que para los demás elementos de la tabla periódica las soluciones son aproximadas.

El modelo no examina la estabilidad del núcleo, sino que se limita a explicar la mecánica cuántica relacionada con el movimiento de los electrones dentro del átomo.

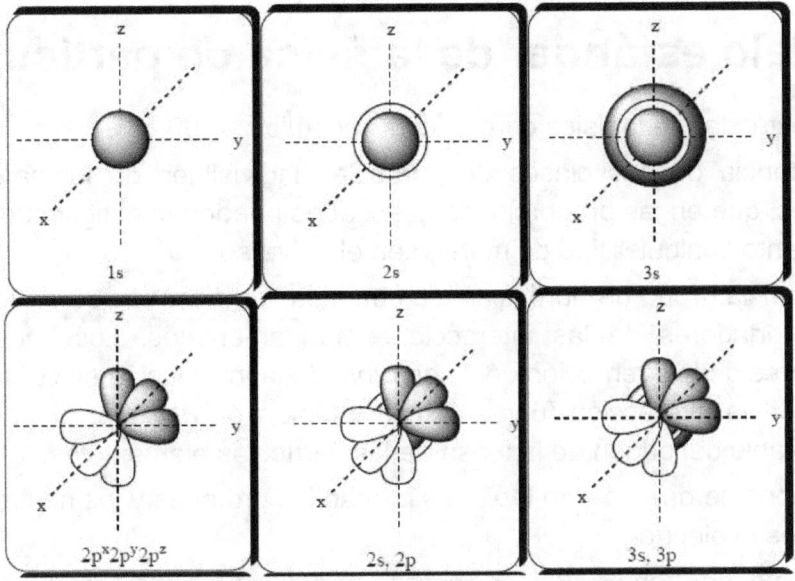

Figura 3.7. Modelo atómico de *Schrödinger*

3.9 Modelo atómico de *Chadwick* (1932)

Confirmó la existencia de otra partícula subatómica de la que se tenían múltiples sospechas: el neutrón. A pesar de que este modelo se planteó después del modelo de *Schrödinger*, que es el modelo atómico actual, *James Chadwick* (1891-1974) contribuyó en la elaboración del modelo de *Schrödinger*.

En el trabajo de *Chadwick* llamado La existencia del neutrón, el científico determina que el neutrón junto con el protón forma parte del núcleo del átomo, y establece que la cantidad de protones en el núcleo es casi siempre igual a la cantidad de neutrones.

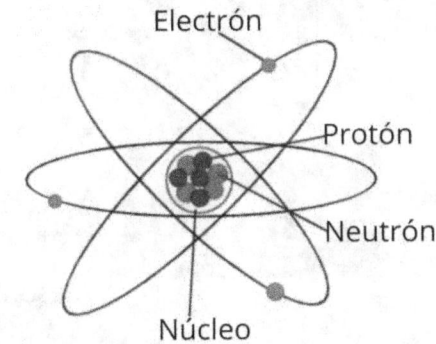

Figura 3.8. Modelo atómico de *Chadwick*

3.10 Modelo estándar de la física de partículas

El modelo estándar de la física de partículas postula:

- la existencia de dos clases de partículas indivisibles de la materia: *quarks* y *leptones*, que en las proporciones adecuadas pueden constituir cualquier átomo y por lo tanto cualquier tipo de materia en el universo.
- la existencia grupo de partículas elementales, los *bosones de gauge*, que actúan como portadores de las interacciones fundamentales. Los tipos Z y W son portadores de la interacción débil; el *fotón*, de la interacción electromagnética; y el *gluón*, de la interacción fuerte. Existe también otro bosón, el *bosón de Higgs*, responsable del origen de la masa de las partículas elementales.

Diferentes tipos de *quarks* y de l*eptones* forman los protones y los neutrones. El leptón más conocido es el electrón.

El modelo estándar comprende 17 tipos de partículas fundamentales de los cuales 6 son quarks (arriba, abajo, encanto, extraño, cima y fondo), 6 leptones (*electrón*, muón, t*auón*, *neutrino electrónico*, *neutrino muónico* y *neutrino tauónico*), cuatro bosones de gauge (f*otón*, *bosón Z*, *bosón W*, *gluón*) y el *bosón de Higgs*.

A cada una de estas partículas le corresponde una antipartícula, que cuando se encuentran juntas en los procesos apropiados interaccionan destruyéndose y generando otras partículas.

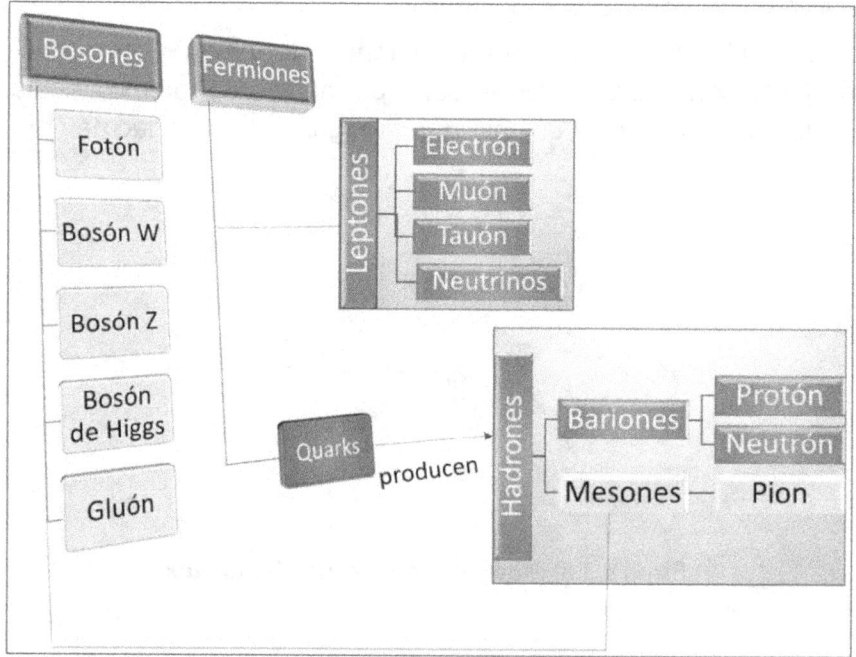

Figura 3.9. Partículas subatómicas elementales

Química general

El modelo estándar proporciona una explicación satisfactoria de las características de las partículas elementales y de sus interacciones en la mayoría de los casos.

3.11 Partículas subatómicas

Una **partícula subatómica** o subparticula es aquella que es más pequeña que el átomo.

Una partícula subatómica puede ser elemental o compuesta.

Partícula subatómica compuestas es aquella que está formadas por otras partículas como los quarks que componen los protones y los neutrones.

Existen partículas que forman parte del átomo como por ejemplo: los protones, neutrones y electrones.

También existen partículas que no forman parte del átomo como por ejemplo los neutrinos y los bosones.

3.11.1 Protón

El **protón** es una partícula subatómica compuesta que se encuentra en el núcleo de los átomos.

Las principales características del protón son las siguientes:

- El protón es una partícula con carga positiva de $1,6 \times 10^{-19}$ C
- El protón se encuentra en el núcleo de los átomos. El conjunto de protones y neutrones, que forman el núcleo de los átomos, se denomina nucleones.
- El protón es una partícula estable, con una vida media de más de 10^{35} años.
- El protón tiene un radio de $8,4184 \times 10^{-16}$ m, por lo que es 100 mil veces menor que un átomo entero.
- El protón tiene una masa de $1,672621898 \times 10^{-27}$ kg, por lo que es 1836 veces más pesado que el electrón.
- Hasta la década de los setenta se creía que el protón era una partícula elemental pero ahora se sabe que es una partícula compuesta. Los protones están compuestos por tres quarks (unidos mediante gluones), por lo que se engloban dentro del grupo de las partículas subatómicas de los bariones (partículas compuestas por tres quarks).
- Los protones tienen un espín $1/2\ \hbar$, por lo que se consideran fermiones (partículas de espín semientero).
- El número de protones de un átomo determina el número atómico del mismo, y con ello el elemento químico al que pertenece. Por ejemplo, todos los átomos con

Química general

20 protones en su núcleo tienen un número atómico de 20 y son átomos de calcio (Ca).

3.11.2   Neutrón

El **neutrón** es una partícula subatómica compuesta que, al igual que el protón, se encuentra en el núcleo de los átomos.

Las principales características del neutrón son las siguientes:

- El neutrón, haciendo honor a su nombre, tiene carga eléctrica neutra (0 C)
- El neutrón se encuentra en el núcleo de todos átomos excepto del protio (átomo compuesto solamente de un protón y un electrón). El conjunto de protones y neutrones, que forman el núcleo de los átomos, se denomina nucleones.
- A diferencia del protón, el neutrón es una partícula muy inestable, con una vida media de unos 14,7 minutos (879,4 ± 0,6 s).
- El neutrón tiene una masa parecida a la del protón y es de $1,67492729 \times 10^{-27}$ kg. En conjunto con el protón forman un núcleo que, en comparación con los electrones que orbitan a su alrededor, es muy pesado.
- Los neutrones, al igual que los protones, están formados por tres quarks, por lo que se engloban dentro de los bariones.
- Los neutrones también tienen un espín $1/2\ \hbar$, por lo que se consideran fermiones (partículas de espín semientero).

3.11.3   Electrón

El **electrón** (e^-) es una partícula subatómica simple que puede encontrarse tanto libre como formando parte de un átomo, orbitando alrededor del núcleo formado por neutrones y protones.

Las características principales del electrón son las siguientes:

- El electrón tiene una carga igual a la de los protones pero de signo contrario, es decir, -1.6×10^{-19} C.
- El electrón se encuentra en la corteza del átomo, girando u orbitando alrededor del núcleo pero también puede encontrarse aislada.
- El electrón es una partícula estable con una vida media de unos $4,6 \times 10^{26}$ años.
- El electrón es una partícula es muy pequeña comparada con las anteriores, tiene una masa de $9,10938291 \times 10^{-31}$ kg, lo que la hace unas 1836 veces menos pesada que el protón.
- El electrón sí es una partícula elemental ya que hasta la fecha no se ha demostrado que esté formada por otras más pequeñas. De hecho, el electrón

Química general

pertenece al grupo de los leptones, que se cree que son las verdaderas partículas elementales.
- El electrón tiene un espín de ± 1/2 ℏ, por lo que también se consideran fermiones (partículas de espín semientero).

3.12 Cálculo del número de protones, neutrones y electrones

NÚMERO ATÓMICO Z

Z = Número de protones = Número de electrones (cuando el átomo está en estado neutro).

Si no está en estado neutro (forma iónica) podemos calcular el número de electrones sumando los electrones ganados (aniones) o perdidos (cationes) a su Z correspondiente.

Los protones de un ion siguen siendo los mismos que los del átomo neutro.

Los distintos elementos químicos se caracterizan por su número de protones (Z).

NÚMERO MÁSICO A

A = Número másico = protones (Z) + neutrones (N)

Por lo tanto, número de neutrones N = A - Z

Los neutrones de un ion siguen siendo los mismos que los del átomo neutro.

Cuando se desea indicar A y Z de un determinado átomo X, se representa éste como:

$$^{A}_{Z}X$$

EJEMPLO

$$^{14}_{6}C$$

Siendo Z = 6, N = 8, y A = 14

Química general

Los protones y los neutrones son los responsables principales de la masa atómica. Es decir, la suma de los protones y neutrones es muy próxima a la masa atómica aunque no exactamente igual.

3.13 Isótopos

Isótopos son los átomos de un mismo elemento, cuyos núcleos tienen una cantidad diferente de neutrones (N), y por lo tanto, difieren en número másico (A). Es decir, los distintos isótopos de un elemento tiene el mismo número de protones (A).

Los distintos isótopos de un elemento difieren, pues, en el número de neutrones.

EJEMPLO

Isótopos estables del carbono: $^{12}_{6}C$ con una abundancia del 98.93 % y $^{13}_{6}C$ con una abundancia del 1.07 %.

La mayoría de los elementos químicos tienen más de un isótopo. Solamente 8 elementos poseen un solo isótopo natural.

3.13.1 Nomenclatura

Cada isótopo se representa con el símbolo del elemento al que pertenece, colocando como subíndice a la izquierda su número atómico (número de protones en el núcleo), y como superíndice a la izquierda su número másico (suma del número de protones y de neutrones).

EJEMPLO

Isótopos del hidrógeno: $^{1}_{1}H$, $^{2}_{1}H$, y $^{3}_{1}H$.

Como todos los isótopos de un mismo elemento tienen el mismo número atómico, que es el orden en la tabla periódica, y el mismo símbolo, habitualmente se omite el número atómico.

Así para los isótopos del hidrógeno escribiremos ^{1}H, ^{2}H y ^{3}H.

3.13.2 Clasificación

Atendiendo a su origen los isótopos se clasifican en:
- Los isótopos naturales son aquellos que se presentan en la naturaleza sin intervención humana.

Química general

- Los isótopos artificiales son aquellos desarrollados artificialmente por el hombre.

Atendiendo a su <u>estabilidad</u> los isótopos se clasifican en:
- Isótopos estables.
- Isótopos inestables y radiactivos cuando la relación entre el número de protones y de neutrones no es la apropiada para obtener la estabilidad nuclear.

Los **radioisótopos** son isótopos radiactivos ya que tienen un núcleo atómico inestable y emiten energía y partículas cuando se transforman en un isótopo diferente más estable.

Cada radioisótopo tiene un periodo de semidesintegración o semivida característico. La energía puede ser liberada principalmente en forma de radiación alfa (partículas constituidas por núcleos de helio), beta (partículas formadas por electrones o positrones) o gamma (energía en forma de radiación electromagnética).

3.14 Energía de enlace nuclear

Energía de enlace es la mínima energía necesaria para descomponer un objeto en cada una de sus partes.

La **energía de enlace nuclear** o **energía de ligadura nuclear** es la energía necesaria para descomponer el núcleo en sus protones y neutrones separados.

La masa de un átomo es menor que la suma de las masas de sus partículas subatómicas aisladas. Esta diferencia de masas se llama "defecto de masa" y equivale a una cierta energía según Einstein, y esta se llama energía de enlace nuclear.

El **defecto de masa** se calcula utilizando la siguiente expresión:

$$\Delta m = Z \cdot m_{protón} * (A - Z) \cdot m_{neutrón} - M$$

donde: M es la masa del núcleo

La **energía de enlace nuclear** se calcula utilizando la ecuación de Einstein como se indica a continuación:

$$\Delta E = \Delta m \cdot c^2$$
$$E = \Delta m \cdot 931{,}2 \ MeV$$

donde E es la energía de enlace nuclear.

Química general

La **energía de enlace por nucleón** se obtiene dividiendo la energía de enlace nuclear entre el número de nucleones como se indica a continuación:

$$\text{Energía de enlace por nucleón} = \frac{E}{A}$$

EJERCICIO 3.1

Calcular la energía de enlace nuclear y la energía de enlace por nucleón en el átomo de litio (Li) siendo Z = 3 y A = 7.

$$\Delta m = Z \cdot m_{protón} * (A - Z) \cdot m_{neutrón} - M =$$
$$= 3*1,00756\ u * 4*1,00893\ u - (7,01645 - 3*0,00055)\ u = 0,0436\ u$$

$$E = \Delta m \cdot 931,2\ MeV = 0,0436\ u + \frac{931,2\ MeV}{1u} = 40,60\ MeV$$

$$\text{Energía de enlace por nucleón} = \frac{E}{A} = \frac{40,60\ MeV}{7} = 5,80\ MeV$$

3.15 Orbital atómico

En mecánica cuántica **el principio de indeterminación de *Heisenberg* o principio de incertidumbre de *Heisenberg*** afirma que no se puede determinar, simultáneamente y con precisión arbitraria, ciertos pares de variables físicas, como son, por ejemplo, la posición y el momento lineal de un objeto dado. Es decir, <u>si conocemos de forma muy precisa la posición de la partícula no podremos conocer de forma tan precisa su velocidad y viceversa</u> independientemente de lo bueno que sea nuestro aparato de medida o de lo que nos esforcemos en ello. La incertidumbre en el sistema es intrínseca y no puede desaparecer nunca.

Como consecuencia del principio de incertidumbre, se establece la imposibilidad de establecer con precisión la trayectoria del electrón en el espacio. Definimos, por tanto, un orbital atómico como la región del espacio donde existe una alta probabilidad de encontrar al electrón.

El **orbital atómico** es la región y espacio energético que se encuentra alrededor del átomo, y en el cual hay mayor probabilidad de encontrar un electrón, el cual realiza movimientos ondulatorios.

Química general

3.15.1 Números cuánticos

Hay definidos los siguientes números cuánticos:

a) La letra "*n*" es el **número cuántico principal**, identifica el nivel de energía y define el tamaño del orbital. El número cuántico principal toma sólo números enteros positivos, *n*: 1, 2, 3, 4, 5, 6 y 7.

b) La letra "*l*" es el **número cuántico azimutal**, representa los subniveles de energía, y define la forma y el tipo de orbital (*s*, *p*, *d*, *f*). El número cuántico azimutal toma sólo números enteros desde 0 hasta el *n - 1*.

Orbital tipo *s* tiene un *l* = 0.

Orbital tipo *p* tiene un *l* = 1.

Orbital tipo *d* tiene un *l* = 2.

Orbital tipo *f* tiene un *l* = 3.

c) La letra "*m*" es el **número cuántico magnético** y define la orientación espacial del orbital. Para cada valor de *l*, *m* toma los valores -*l*, ... 0 ...+*l*. Por ejemplo:

- Para *l* = 0, m = 0.
- Para *l* = 1, m = -1, 0, +1.
- Para *l* = 2, m = -2, -1, 0, +1, +2.
- Para *l* = 3, m = -3, -2, -1, 0, +1, +2, +3.

d) La letra "*s*" es el **número cuántico magnético de espín** y define la orientación del campo magnético creado por un electrón al girar sobre sí mismo. El número cuántico magnético de espín *s* puede tomar sólo dos valores +1/2 y -1/2.

Los tres primeros números cuánticos (*n*, *l* y *m*) dan información sobre cada orbital, mientras que el cuarto número cuántico (*s*) da información sobre el (los) electrón(es) que lo ocupa(n). Por lo tanto, cada orbital está definido por 3 números cuánticos: *n*, *l* y *m*.

El número de orbitales en cada nivel de energía *n* viene dada por la expresión: n^2.

El número de orbitales en cada subnivel de energía *l* viene dada por la expresión: $2l+1$.

EJEMPLO

El número de orbitales para el nivel de energía *n* = 3 es 9 (= 3^2)

El número de orbitales para el subnivel de energía *l* = 3 es 7 (= 2*3 + 1)

3.15.2 Tipos de orbitales

Orbital s. Su nombre deriva de Sharp, que significa 'nítido'. Este orbital se caracteriza por tener una forma esférica. El valor del número cuántico secundario que lo define es $l = 0$. Su número cuántico magnético es 0. Sólo hay 1 tipo de orbital s. En cada orbital s caben dos electrones.

Orbital p. Su nombre deriva de *principal*. Consta de dos lóbulos que se proyectan a los largo de un eje, y todos tienen la misma forma y energía, pero con diferente orientación. El valor del número cuántico secundario que lo define es $l = 1$. Posee 3 tipos de orbitales p cuyos números cuánticos magnéticos son -1, 0, 1. En el orbital p hay 6 electrones.

Orbital d. Su nombre deriva de *difuse*. Se caracteriza por tener múltiples formas. El valor de su número cuántico secundario es $l = 2$, y sus números cuánticos magnéticos son -2, -1, 0, 1 y 2. Posee 5 tipos de orbitales d, por lo cual tiene 10 electrones.

Orbital f. Su nombre deriva de *fundamental*. Este orbital tiene forma multilobular. El valor de su número cuántico secundario es $l = 3$. Posee 7 tipos de orbitales f, por lo que tiene 14 electrones.

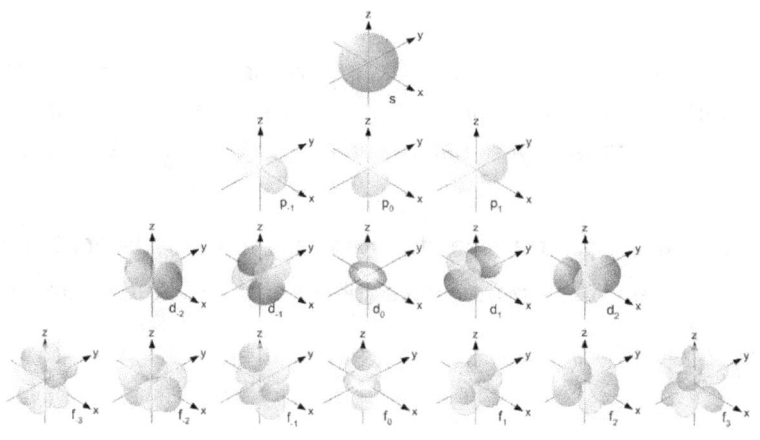

Figura 3.10. Geometría de los orbitales s, p, d y f.

3.15.3 Niveles de energía de los orbitales atómicos

Al comparar el nivel de energía de los orbitales atómicos se establece la siguiente relación de menor nivel de energía *1s* a mayor nivel de energía *7p*:

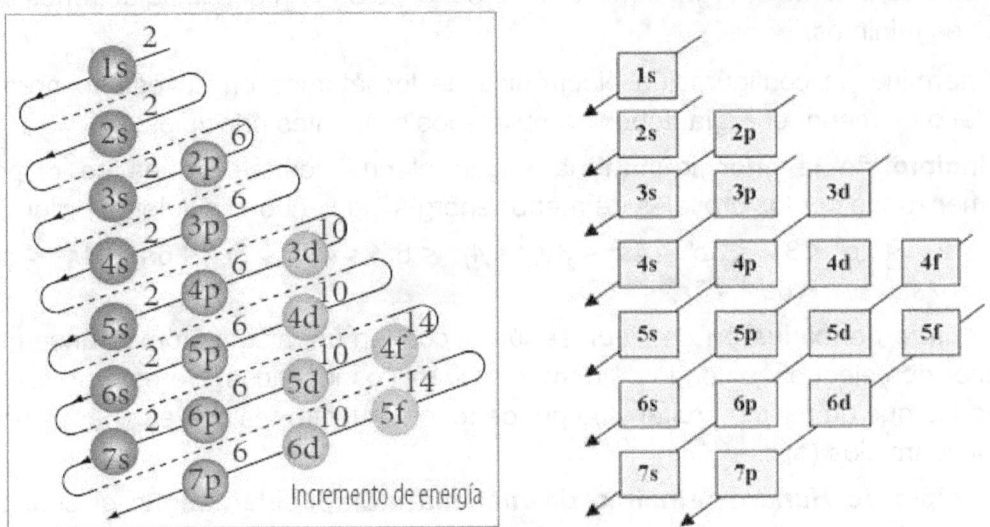

Figura 3.11. Diagrama de *Moeller*.
Orbitales ordenados en orden creciente de energía.

Para los átomos polielectrónicos la energía de los orbitales responde a la regla *n + l*.

Cuando el valor *n + l* es el mismo para dos orbitales el que tiene mayor energía es el que tiene mayor valor de *n*.

EJERCICIO 3.2

¿Cuál de los siguientes orbitales es más energético? *5d, 4s, 3p, 3s*

5d = 5+2 = 7 Más energético.

4s = 4+0 = 4.

Cuando hay "empate", el que tiene mayor energía es el que tiene mayor n (4s).

3p = 3+1= 4

3s = 3+0 = 3 Menos energético.

3.15.4 Disposición de los electrones en los átomos

Configuración electrónica es la disposición de los electrones en un átomo de un elemento en el estado de energía mínima, esto es, el estado en que los electrones están en los niveles mínimos.

Para determinar la configuración electrónica de los átomos en su estado normal o fundamental o de menor energía deben cumplirse los siguientes principios:

1. **Principio de la energía mínima** según el cual los electrones se disponen comenzando por los orbitales de menor energía siguiendo el siguiente orden:

   $1s^2 < 2s^2 < 2p^6 < 3s^2 < 3p^6 < 4s^2 < 3d^{10} < 4p^6 < 5s^2 < 4d^{10} < 5p^6 < 6s^2 < 4f^{14} < 5d^{10} < 6p^6 < 7s^2 < 5f^{14} < 6d^{10} < 7p^6 <$

2. **Principio de exclusión de *Pauli*** según el cual en un mismo átomo nunca puede haber dos electrones con los 4 números cuánticos idénticos. De este principio se deduce que un mismo orbital sólo puede tener 2 electrones con espines opuestos o antiparalelos (↑↓).

3. **Principio de *Hund* o principio de máxima multiplicidad** según el cual en el llenado de los orbitales degenerados o del mismo nivel de energía, los electrones comienzan disponiéndose con sus espines paralelos mientras ello sea posible. Es decir, primero se colocan todas las flechas (electrones) en paralelo y después se completan con flechas antiparalelas conforme se van añadiendo electrones hasta completar el subnivel.

EJEMPLO

Por ejemplo, en el llenado de los 3 orbitales del tipo 2p con 2 electrones, éstos se dispondrán de la siguiente manera:

$$2p \; \boxed{\uparrow} \; \boxed{\uparrow} \; \boxed{}$$

Cuando un único electrón ocupa un orbital se denomina **electrón desapareado**.

Cuando 2 electrones ocupan el mismo orbital se les denomina **electrones apareados**.

EJEMPLO

Veamos la configuración electrónica del *Mn*.

El *Mn* tiene un número atómico Z = 25. Es decir, tiene 25 protones y 25 electrones. Veamos como se distribuyen los 25 electrones en los orbitales atómicos.

$$1s^2 2s^2 2p^6 3s^2 3p^6 4s^2 3d^5$$

3.15.5 Notación orbital

Nos va a ser muy útil el saber representar cada subnivel en notación orbital:

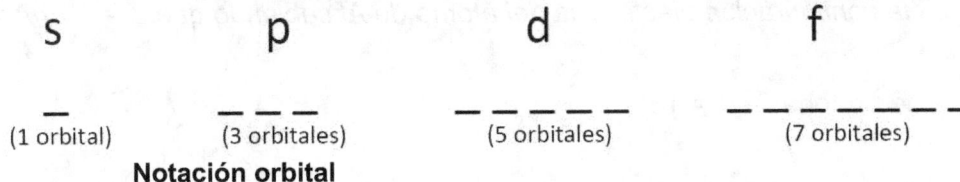

Notación orbital

Cada una de esas "rayas" representa un orbital que va a albergar los electrones (flechas).

3.16 Representación de la configuración electrónica

Existen tres formas de representar la configuración electrónica de un elemento como se muestra en la siguiente figura.

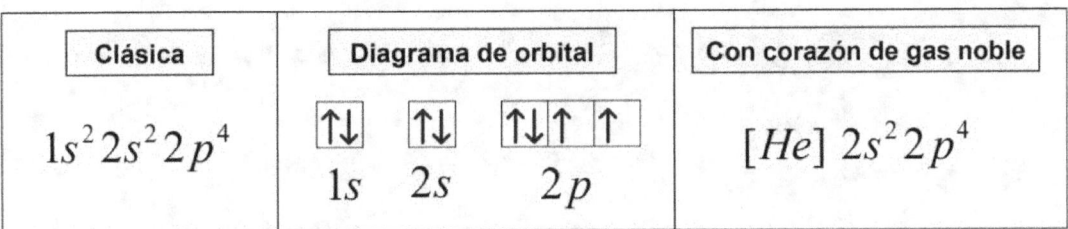

Figura 3.12. Maneras de representar la configuración electrónica de un elemento

---

EJERCICIO 3.3

El Na tiene 11 protones en el núcleo. Escribir su configuración electrónica más estable.

Como el átomo de *Na* tiene 11 electrones, su configuración electrónica más estable será:

$$1s^2 2s^2 2p^6 3s^1$$

Química general

EJERCICIO 3.4

Describir la configuración electrónica del átomo de Al sabiendo que Z = 13 y A = 27.

Número de protones = Z = 13

Número de neutrones = A – Z = 27 -13 = 14

El núcleo está formado por 13 protones y 14 neutrones.

El número de electrones es de 13.

Configuración electrónica: $1s^2 2s^2 2p^6 3s^2 3p^1$

4 Tabla periódica de los elementos

La **tabla periódica** de los elementos es una disposición de los elementos químicos en forma de tabla, ordenados en filas o periodos por su número atómico (número de protones), y en columnas o grupos por su configuración de electrones y sus propiedades químicas.

Las filas de la tabla periódica se denominan **períodos** y las columnas se denominan **grupos.** En la tabla periódica hay 7 periodos y 18 columnas.

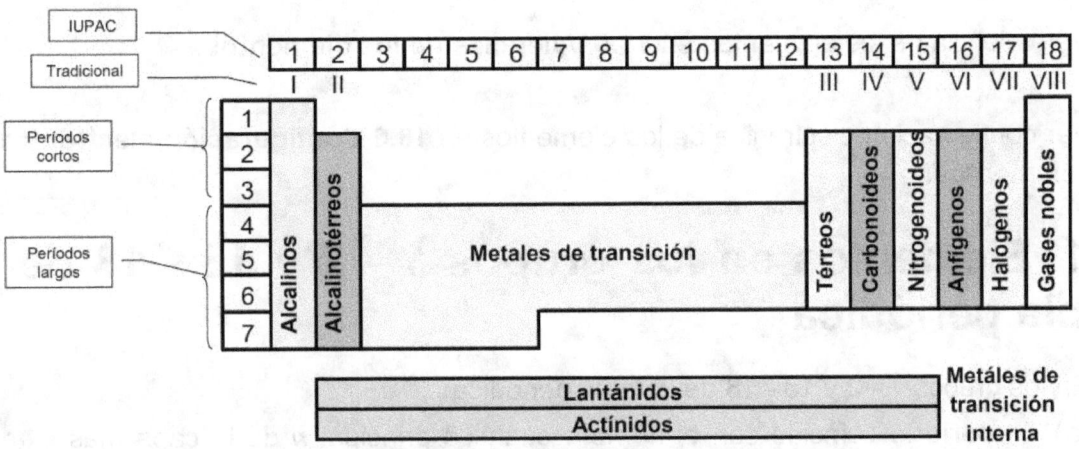

Figura 4.1. Tabla periódica

Ver tabla periódica de los elementos en **18.4,Tabla periódica de los elementos de la IUPAC**.

Los elementos químicos situados en un mismo periodo tienen el mismo número cuántico principal n. Por tanto, el periodo coincide con el número cuántico principal de la capa de valencia.

Química general

Los elementos químicos situados <u>en un mismo grupo</u> poseen igual configuración electrónica externa y parecidas propiedades químicas. Por tanto, las propiedades químicas dependen de la configuración electrónica externa; es decir, de los electrones que ocupan los orbitales de mayor energía. Por tanto, el grupo determina el subnivel en el que se encuentran los electrones de valencia.

El número atómico Z de los elementos, varia del valor 1 del H al 118 del Og, y aumenta:
- dentro de un mismo periodo de izquierda a derecha.
- dentro de un mismo grupo de arriba a abajo.

Los electrones más externos de un elemento químico se denominan **electrones de valencia** por intervenir en la formación de los enlaces químico.

Los **electrones de valencia** son los que se encuentran en el nivel principal de energía (n) más alto del átomo, de un elemento.

Ver valencia de los elementos en **18.5 Valencias de los elementos**.

Ver configuración electrónica de los elementos en **18.6 Configuración electrónica de los elementos**.

4.1 Elementos en los grupos 1 - 2 y 13 - 18 de la tabla periódica

En los grupos 1 - 2 y 13 - 18 de la tabla periódica:
a) El **periodo** coincide con el número cuántico principal n de la capa más externa (capa de valencia).
b) El **grupo** coincide con el número de electrones de valencia.

Elementos de los grupos 1,2 13 – 18 de la tabla periódica:

- Grupo 1. IA. **Metales alcalinos**: $s^1 \rightarrow$ <u>1 electrón</u> en la capa de valencia.
- Grupo 2. IIA. **Metales alcalinotérreos**: $s^2 \rightarrow$ <u>2 electrones</u> en la capa de valencia.
- Grupo 13. IIIA : $s^2p^1 \rightarrow$ <u>3 electrones</u> en la capa de valencia.
- Grupo14. IVA: $s^2p^2 \rightarrow$ <u>4 electrones</u> en la capa de valencia.

Química general

- Grupo 15. VA: s^2p^3 → <u>5 electrones</u> en la capa de valencia.
- Grupo 16. VIA. **Anfígenos**: s^2p^4 → <u>6 electrones</u> en la capa de valencia.
- Grupo 17. VIIA. **Halógenos**: s^2p^5 → <u>7 electrones</u> en la capa de valencia.
- Grupo 18. VIIIA. **Gases nobles**: s^2p^6 → <u>8 electrones</u> en la capa de valencia. La gran estabilidad de los gases nobles se justifica por tener la capa de valencia completa.

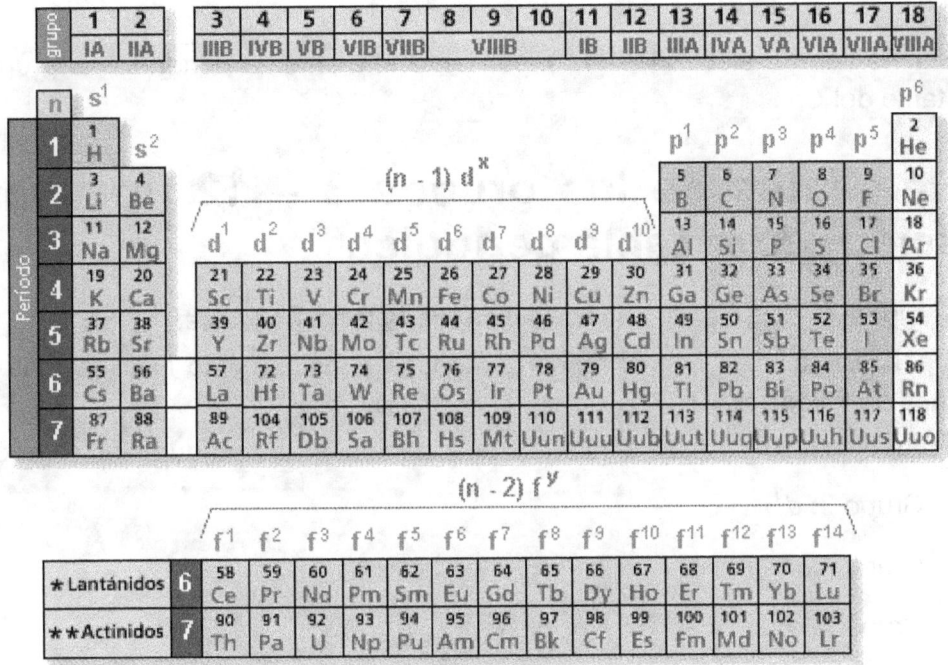

Figura 4.2. Configuración electrónica externa

Química general

EJERCICIO 4.1

Indicar el periodo y el grupo al que pertenece un elemento X si su ión X^{2+} tiene 18 electrones.

El ión X^{2+} resulta de la pérdida de 2 electrones por el elemento X.

Si X^{2+} tiene 18 electrones entonces el elemento X tiene 20 electrones.

Los electrones se distribuyen en los siguientes orbitales ordenados en orden creciente de energía: $1s^2\ 2s^2 2p^6\ 3s^2 3p^6\ 4s^2$.

Los electrones de valencia están en el orbital $4s^2$, por tanto el elemento pertenece al periodo 4.

El orbital 4s tiene 2 electrones ($4s^2$), por tanto el elemento pertenece al grupo 2. Se trata por tanto del Ca.

4.2 Elementos de los grupos 3 – 12 (metales de transición) de la tabla periódica

En los grupos 3 – 12 (metales de transición) de la tabla periódica:

a) El periodo coincide con el número cuántico principal n de la capa más externa (capa de valencia).

b) El grupo coincide con las siguientes terminaciones de configuración electrónica:

- Grupo 3: d^1
- Grupo 4: d^2
- Grupo 5: d^3
- Grupo 6: d^4
- Grupo 7: d^5
- Grupo 8: d^6
- Grupo 9: d^7
- Grupo 10: d^8
- Grupo 11: d^9
- Grupo 12: d^{10}

4.3 Configuración de gas noble

Los elementos químicos del grupo 18 (gases nobles) de la tabla periódica son gaseosos a temperatura ambiente, incoloros, inodoros y no reactivos con otros elementos. Los gases nobles comparten una configuración de electrones en la que los orbitales atómicos externos o de valencia están completamente llenos.

> La configuración electrónica de los orbitales atómicos externos o de valencia es: ns^2p^6.

Los átomos de los elementos químicos de los grupos 1, 2 y 13 al 17, forman iones ganando o perdiendo electrones para adquirir la configuración de gas noble que es más estable.

Los átomos de los elementos químicos de los grupos 1, 2 adquieren la configuración de gas noble ionizándose perdiendo electrones y pasando de X a X^{+1} o X^{+2}.

Los átomos de los elementos químicos del grupo 16 adquieren la configuración de gas noble ionizándose ganando 2 electrones y pasando de X a X^{-2}.

Los átomos de los elementos químicos del grupo 17 adquieren la configuración de gas noble ionizándose ganando 1 electrón y pasando de X a X^{-1}.

Los átomos de los elementos químicos de los grupos 3 al 12 (metales de transición) no adquieren la configuración de gas noble y suelen hacerse estables perdiendo los electrones de su orbital más externo.

4.4 Propiedades periódicas

En la tabla periódica se observa que las estructuras electrónicas más eternas de los átomos se repiten periódicamente cada cierto número de elementos.

Al analizar cada periodo de la tabla periódica de izquierda a derecha e ir aumentando el número atómico Z (número e electrones externos) se observa una gradación en muchas propiedades de los elementos químicos. Por tanto, existe una perioricidad en las propiedades de los elementos químicos listados en cada periodo de la tabla periódica.

Las **propiedades periódicas de los elementos químicos** son aquellas que varían con cierta regularidad cuando pasamos de un elemento a otro a lo largo de un período o un grupo de la tabla periódica. Las propiedades periódicas de los elementos químicos dependen de las estructuras electrónicas más externas de sus átomos.

Química general

Propiedades periódicas:
- El radio atómico.
- La energía de ionización (E_i).
- La afinidad electrónica (E_{ea}) o electroafinidad.
- La electronegatividad.
- El poder oxidante.
- El poder reductor.

4.4.1 Radio atómico

Radio atómico es la distancia que separa al núcleo del átomo de su electrón estable más alejado.

Como resulta imposible determinar tal distancia, se considera radio atómico al denominado radio covalente, iónico, metálico o de *Van der Waals*.

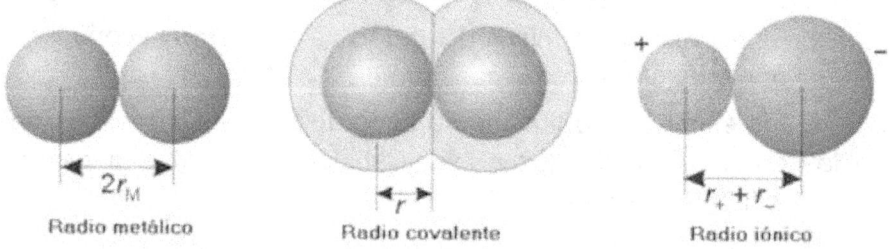

Figura 4.3. Radio atómico

El radio atómico identifica la distancia media entre dos núcleos, de un mismo elemento enlazados entre sí.

Por medio del radio atómico, es posible determinar el tamaño del átomo.

- Cuanto más arriba y hacia la derecha se encuentre el elemento en la tabla periódica, menor será su radio.
- Cuánto más abajo y hacia la izquierda se encuentre el elemento en la tabla periódica, mayor será su radio.
- Dentro del **mismo grupo**, el radio atómico aumenta hacia abajo porque aumenta el período, el número cuántico principal n y el número de niveles energéticos donde se alojan los electrones periféricos.

Química general

> Dentro del **mismo periodo** (misma capa), el radio atómico aumenta hacia la izquierda ya que con ello disminuye Z (protones) y cuanto menos protones tenga el elemento, la atracción del núcleo hacia los electrones periféricos es menor y el radio aumenta de tamaño.

En el caso de <u>especies isoelectrónicas</u> con el mismo número de electrones e idéntica configuración electrónica:

- Tiene **mayor radio atómico** aquel con <u>menor número atómico Z</u> porque, al tener menos protones cargados positivamente, el núcleo atraerá con menos fuerza al mismo número de electrones periféricos.

- Tiene **menor radio atómico** aquel con <u>mayor número atómico Z</u> porque, al tener más protones cargados positivamente, el núcleo atraerá con mayor fuerza al mismo número de electrones periféricos.

Ver tabla **18.7 Radio atómico de los elementos**.

> Al disminuir el radio atómico:
> - Aumenta la energía de ionización del elemento.
> - Aumenta la afinidad electrónica del elemento.
> - Aumenta la electronegatividad del elemento.
> - Aumenta el poder oxidante del elemento.

EJERCICIO 4.2

Dados tres elementos químicos A, B y C cuyas configuraciones electrónicas en el nivel de energía son: $A = 3s^2$, $B = 3s^2 3p^4$, y $C = 3s^2 3p^5$.

Indicar el orden esperado para sus radios atómicos.

Los tres elementos químicos están en el mismo período porque todos tienen el mismo número cuántico principal $n = 3$.

Química general

Dentro de un mismo período el radio atómico aumenta de derecha a izquierda porque de derecha a izquierda al disminuye el valor de Z (número de protones) y la carga nuclear positiva por lo que también disminuye la atracción del núcleo hacia los electrones periféricos lo que se traduce en un aumento en el radio atómico. Por tanto, el orden esperado para los radios atómicos de los elementos es: A > B > C.

4.4.2 Radio iónico

Radio iónico es la distancia desde el centro del ión al más alejado de sus electrones.

El radio iónico es el radio que presenta un ion monoatómico en una estructura cristalina iónica.

- Un **catión**, con uno o menos electrones, tiene menor radio que su átomo neutro porque la nube electrónica se contrae debido a una menor repulsión entre los electrones. Por tanto el radio iónico de un catión es menor que el radio atómico del elemento no ionizado.
- Un **anión**, con uno o más electrones de más, tiene mayor radio que su átomo neutro porque la nube electrónica se expande debido a una mayor repulsión entre los electrones. Por tanto el radio iónico de un anión es mayor que el radio atómico del elemento no ionizado.

EJERCICIO 4.3

¿Quien tendrá mayor radio, el O_2 o su ión O^{2-}?

El ión O^{2-} ha ganado 2 electrones. Como los electrones se repelen entre sí, el radio iónico se expande. Por ello el ión O^{2-} tiene mayor radio que el O_2.

EJERCICIO 4.4

Entre los siguientes iones indicar qué ión posee el mayor radio iónico: F^-, Na^+, Ne, Mg^{2+}, O^{2-}.

F^-: Z = 9 = 9 protones. 10 electrones.
Na^+: Z = 11 = 11 protones. 10 electrones.
Ne : Z = 10 = 10 protones. 10 electrones.

Mg^{2+}: Z = 12 = 12 protones. 10 electrones.

O^{2-}: Z = 8 = 8 protones. 10 electrones.

El ión con menor número de protones será el que tenga mayor radio porque su núcleo atraerá con menos fuerza a los electrones periféricos y por lo tanto el radio aumentará.

Como el O^{2-} es el que tiene menor número de protones que el resto, éste será el de mayor radio iónico.

Ordenación de los iones según su radio iónico: O^{2-} > F^- > Ne > Na^+ > Mg^{2+}

4.4.3 Energía de ionización

Energía de ionización o **potencial de ionización** E_i es la energía mínima que hay que proporcionar a un átomo en estado fundamental, de un elemento en estado gaseoso, para arrancar un electrón de su capa de valencia.

$$X(g) + E_i \rightarrow X^+(g) + e^-$$

La energía de ionización se expresa en *kJ/mol*, *J*/átomo o *eV*/átomo.

Cuanto más arriba y hacia la derecha se encuentre el elemento en la tabla periódica, mayor será esta energía (al contrario que el radio).

Cuando el átomo tiene un radio pequeño los electrones periféricos están muy atraídos por el núcleo, por lo que cuesta más trabajo (requiere mayor energía de ionización) arrancarlos. Por esa razón, los gases nobles son los elementos que tienen la mayor energía de ionización de su periodo, además, también, por su gran estabilidad.

Un elemento tiene sucesivas energías de ionización. La primera energía de ionización es la que se requiere para convertir un átomo en un ión positivo con una carga positiva. La segunda energía de ionización es la que se requiere para convertir a dicho ión en otro con doble carga positiva. Y así sucesivamente.

Química general

Existen varias energías de ionización en función de los electrones que se le puedan arrancar al átomo. Si ponemos el caso del Litio, cuya configuración electrónicas es $1s^2 2s^1$, podemos hablar hasta de 3 energías de ionización (ya que se le pueden arrancar 3 electrones).

Es interesante saber que las sucesivas energías de ionización siempre son mayores que las anteriores, ya que al quitar el primer electrón (tras su primera energía de ionización) hay menos repulsión entre los electrones restantes y así el electrón que vamos a arrancar en segundo lugar se encuentra más atraído por el núcleo (por lo que se requiere más energía de ionización para arrancarlo).

Además, la energía de ionización que coincide con el cambio de capa es mucho mayor ya que ese electrón se arranca de una capa más cercana al núcleo y con configuración del gas noble. Por ejemplo, la 3ª energía de ionización del *Mg* es mucho mayor que la 2ª.

EJERCICIO 4.5

Dados los elementos A con Z = 16 y B con Z = 20, ¿Cual de los dos tiene mayor energía de ionización?

El elemento A tiene menor radio atómico que el elemento B porque tiene un número cuántico principal (n = 3) para sus electrones periféricos menor que el elemento B (n = 4). Por ello, la energía de ionización del elemento A es mayor que la del elemento B.

4.4.4 Afinidad electrónica

La **afinidad electrónica** E_{ea} o **electroafinidad** se define como la energía liberada cuando un átomo gaseoso neutro en su estado fundamental (en su menor nivel de energía) captura un electrón y forma un ion mononegativo (anión).

$$X(g) + e^- \rightarrow X^-(g) + E_{ea}$$

La afinidad electrónica se expresa en *kJ/mol*, *J*/átomo o *eV*/átomo.

Cuanto más arriba y hacia la derecha se encuentre el elemento en la tabla periódica, mayor será la afinidad. Se justifica porque, en este sentido, al ser su radio menor, el núcleo atraerá con más fuerza a ese hipotético electrón para crear el anión.

EJERCICIO 4.6

Dados tres elementos químicos A, B y C cuyas configuraciones electrónicas en el nivel de energía son: $A = 3s^2$, $B = 3s^2 3p^4$, y $C = 3s^2 3p^5$.

Indicar el orden esperado para las afinidades electrónicas.

Los tres elementos químicos están en el mismo período porque todos tienen el mismo número cuántico principal $n = 3$.

Dentro de un mismo período el radio atómico aumenta de derecha a izquierda porque de derecha a izquierda al disminuye el valor de Z (número de protones) y la carga nuclear positiva por lo que también disminuye la atracción del núcleo hacia los electrones periféricos lo que se traduce en un aumento en el radio atómico.

Por consiguiente, dentro de un mismo período la afinidad electrónica aumenta de izquierda a derecha, en el sentido contrario al aumento del radio atómico, porque al disminuir el radio atómico aumenta la atracción del núcleo hacia los electrones periféricos.

Por tanto, el orden esperado para la afinidad electrónica de los elementos es: $C > B > A$.

4.4.5 Electronegatividad

La **electronegatividad** es la fuerza, el poder de un átomo de atraer a los electrones hacia sí.

La electronegatividad es la capacidad que tiene un átomo de un elemento dado de atraer hacia sí el par o pares de electrones compartidos en un enlace covalente.

La electronegatividad de un átomo determinado está afectada fundamentalmente por dos magnitudes: su masa atómica y la distancia promedio de los electrones de valencia con respecto al núcleo atómico.

Cuanto más arriba y hacia la derecha se encuentre el elemento en la tabla periódica, mayor será la electronegatividad. Se justifica porque, en este sentido, al ser su radio menor, el núcleo atraerá con más fuerza a los electrones compartidos en dicho enlace covalente.

- El **poder oxidante** es la capacidad de un elemento de captar electrones.
- El **poder reductor** es la capacidad de un elemento de donar electrones.

Un no metal es más electronegativo y tiene tendencia a ganar electrones formando aniones.

Un metal es menos electronegativo y tiene tendencia a perder electrones formando cationes.

Química general

> **EJERCICIO 4.7**
>
> *Ordenar los siguientes elementos químicos según su electronegatividad decreciente:*
> *B, C, F, I, Mg, N, O.*
>
> Electronegatividad decreciente: $F > O > N > C > I > B > Mg$

4.5 Variación de las propiedades periódicas

Las propiedades periódicas varían tanto entre los elementos químicos de un mismo periodo como entre los elementos químicos de un mismo grupo.

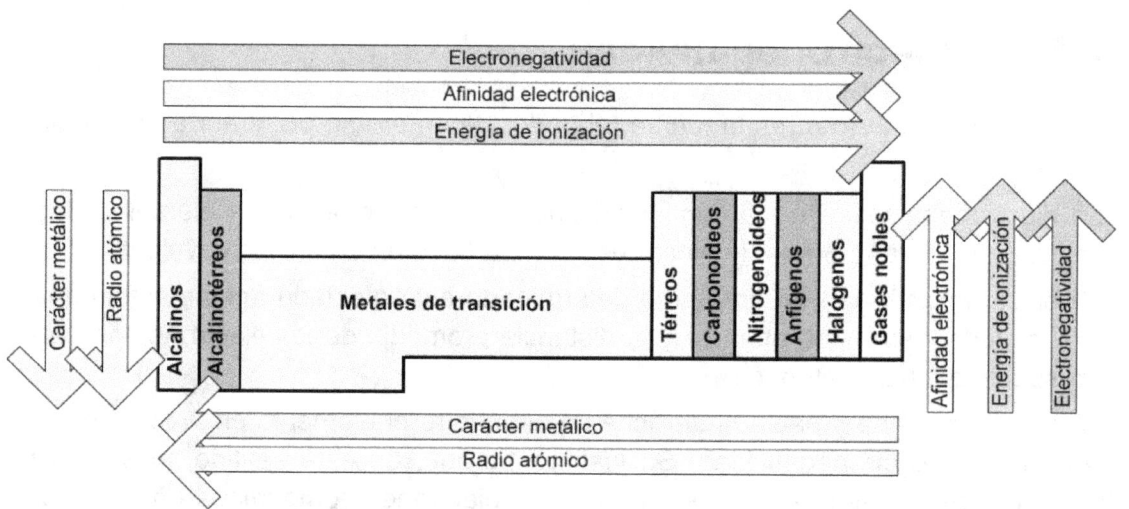

Figura 4.4. Variación de las propiedades periódicas

A menor radio atómico más próximo están los electrones del núcleo y más difícil es separarlos del átomo. Por tanto, a menor radio atómico hay:

- mayor energía de ionización.
- mayor afinidad electrónica.
- mayor electronegatividad.
- mayor poder oxidante.

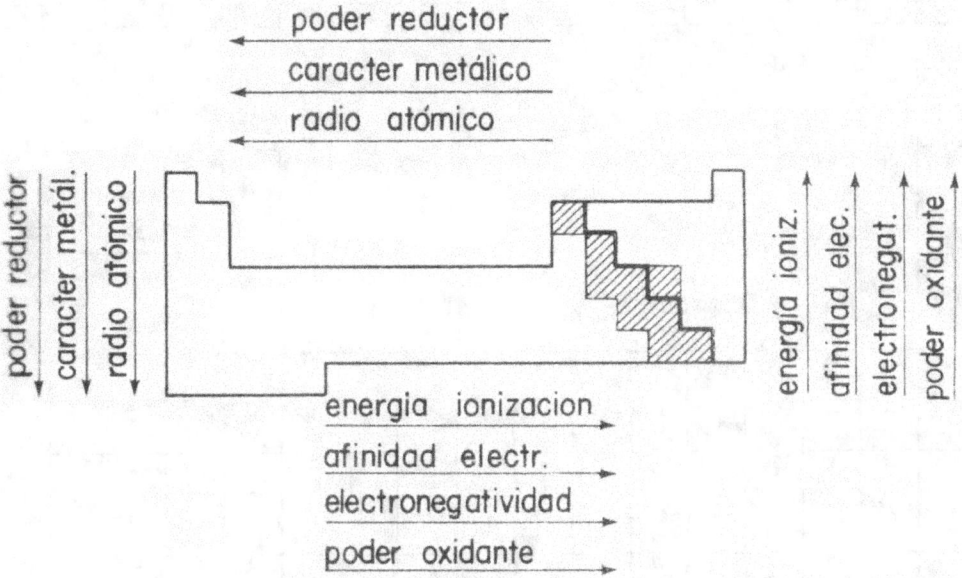

Figura 4.5. Variación de las propiedades periódicas

4.6 Estado de oxidación. Número de oxidación

Estado de oxidación (E.O.) es la carga aparente que tiene un átomo en una especie química, e indica el número de electrones que un átomo puede ganar o perder al formar un compuesto.

El **número** o **estado de oxidación** de un átomo en una entidad molecular es un número positivo o negativo que representa la carga que quedaría en el átomo si los pares electrónicos de cada enlace que forma se asignaran al miembro más electronegativo.

Química general

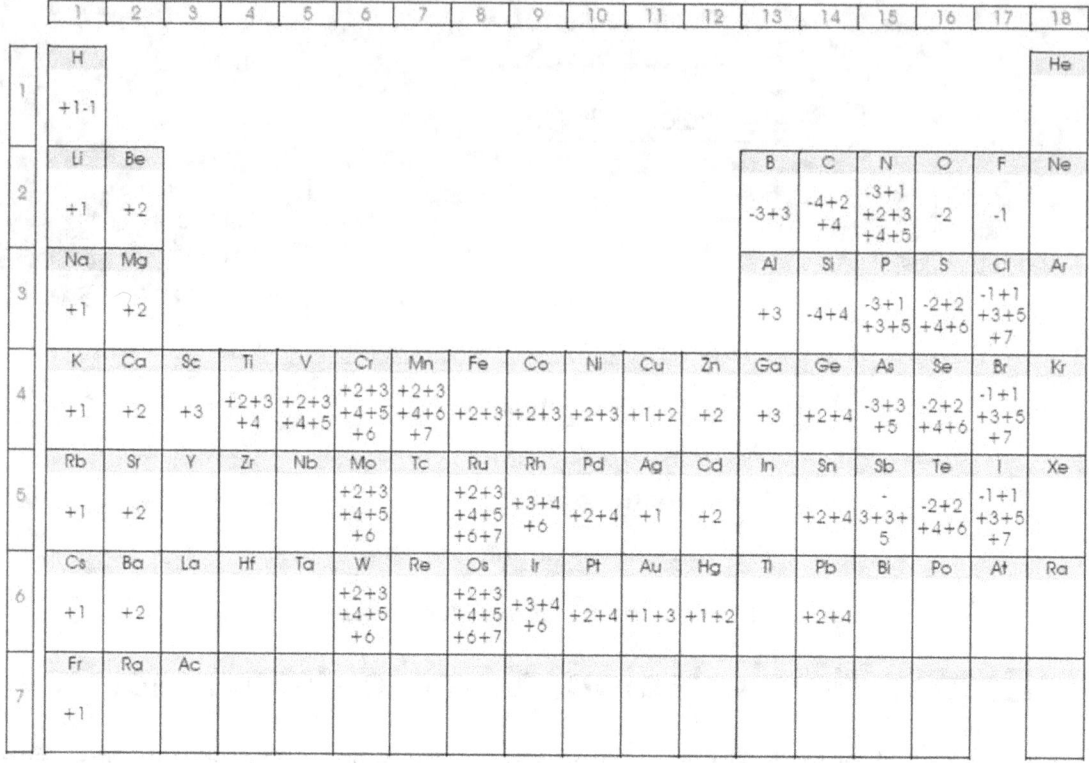

Figura 4.6. Números de oxidación de los elementos

El número de oxidación de un elemento varía según el tipo de compuesto en el que interviene.

Convencionalmente se supone que:

a) El número de oxidación de un ion simple coincide con su carga.

b) En un elemento, el número de oxidación de los átomos es cero.

c) La suma de los números de oxidación de los átomos que constituyen un compuesto, multiplicados por los correspondientes subíndices, es cero en los compuestos neutros y el número de carga en los iones.

La variación en el número de oxidación permite identificar los elementos que se oxidan o reducen. De forma que:

Los elementos que aumentan su número de oxidación se han oxidado.

Los elementos que disminuyen su número de oxidación se han reducido.

Química general

Reglas para asignar los números de oxidación de los elementos:

- A los elementos en estado libre se les asigna el número de oxidación 0.

EJEMPLO

Na, Cu, Mg, H_2, O_2, Cl_2, N_2

- El número de oxidación del hidrógeno (H) cuando está combinado con otro elemento es de +1, excepto en los hidruros metálicos (compuestos formados por H y algún metal), en los que es de -1 (p. ej., NaH, CaH_2).
- El número de oxidación del oxígeno (O) cuando está combinado con otro elemento es de -2. Excepto en los peróxidos en los que tiene un número de oxidación de -1, y cuando se combina con el flúor (F) en cuyo caso su número de oxidación es +2.
- Los metales de los grupos 1 (grupo IA, metales alcalinos) y 2 (grupo IIA, metales alcalinotérreos) de la tabla periódica tienen un número de oxidación de +1 y +2, respectivamente.
- Los elementos del grupo 17 (grupo VIIA, halógenos) de la tabla periódica tienen un número de oxidación de -1.
- En los iones monoatómicos el número de oxidación coincide con la carga del ión.
- En un compuesto neutro (molécula) la suma algebraica de los números de oxidación multiplicados por los correspondientes subíndices debe ser 0.

EJEMPLO

H_2SO_4

H: +1

S: +6

O: -2

$(1·2) + (6·1) + (-2·4) = 0$

- En un ión poliatómico, la suma algebraica de los números de oxidación multiplicados por los correspondientes subíndices debe coincidir con la carga del ión.

EJEMPLO

MnO_4^-

Mn: +7

O: -2

$(1*7) + (-2·4) = -1$

Química general

5 Nomenclatura química inorgánica

5.1 Formulación

Formulación es el conjunto de normas que sirven para escribir las fórmulas de las sustancias químicas. En la fórmula química de una sustancia deben aparecer: Los símbolos de los elementos que la forman y la proporción en la que están, mediante subíndices.

En nomenclatura de química inorgánica se utilizan los siguientes tipos de fórmulas:
- **Fórmula empírica** formada por la yuxtaposición de los símbolos atómicos con los apropiados subíndices para dar la expresión de la composición estequiométrica del compuesto en cuestión. La fórmula empírica se emplea para sustancias que no contienen moléculas discretas (redes iónicas, metálicas, polímeros, etc.): *NaCl, Cu,* etc. La fórmula empírica se emplea también para referirse de forma genérica a sustancias que pueden presentarse en varias formas dependiendo de la temperatura u otras condiciones; por ejemplo: *S* en lugar de S_8, *P* en lugar de P_4.
- **Fórmula molecular**. La fórmula molecular de un compuesto formado por moléculas discretas es aquella que concuerda con la masa molecular relativa. La fórmula molecular se emplea para sustancias formadas por moléculas discretas.
- **Fórmula estructural**. La fórmula estructural indica, total o parcialmente, las conexiones entre los átomos y su disposición espacial en una molécula.

5.2 Clasificación de las sustancias químicas inorgánicas

Las sustancias químicas inorgánicas se clasifican en:
a) Elementos químicos o sustancias químicas simples.
b) Compuestos químicos.
c) Iones. Partículas que se forman cuando un átomo neutro o un grupo de átomos ganan o pierden uno o más electrones. Pérdida de electrones: cationes. Ganancia de electrones: aniones

5.2.1 Elementos químicos o sustancias químicas simples

Sustancias constituidas por átomos de un solo elemento químico, cuyo nombre corresponde al del elemento químico y su "fórmula" a su símbolo.

Las sustancias simples se clasifican como:
a) Sustancias formadas por un solo átomo (Gases nobles).
   Fórmula: Símbolo del elemento químico correspondiente: Helio - *He*
b) Moléculas formadas por la unión de dos o más átomos iguales. (Sustancias moleculares).
   Fórmula: X_n.
c) Sustancias covalentes atómicas (diamante, grafito, silicio,...) o cristales metálicos (todos los metales)
   Fórmula: el símbolo del elemento químico correspondiente.

5.2.2 Compuestos químicos

Los compuestos químicos se clasifican como:
a) Compuestos binarios.
b) Compuestos ternarios.
c) Compuestos cuaternarios.

Clasificación	Compuesto químico	Fórmula
Compuesto binario con el hidrógeno	Hidruros metálicos.	MH_m
	Hidruros no metálicos. El no metal es un elemento de los grupos 13, 14 y 15.	NH_n
	Haluros de hidrógeno. Hidrácidos. El no metal es un elemento de los grupos 16 o 17.	HN_h
Compuesto binario con el oxígeno	Óxidos metálicos	M_2O_m
	Óxidos no metálicos	N_2O_n
	Peróxidos	$M_2(O_2)_m$
	Haluros de oxígeno	O_nN_o
	Sales binarias. Sales hidrácidas.	M_nN_m
	Sales volátiles	N'_nN_n'
Compuesto ternario	Hidróxidos	$M(OH)_m$
	Oxoácidos simples	$H_aN_bO_c$
	Oxoácidos polihidratados	$H_aN_bO_c$
	Oxisales neutras	$M_a(N_bO_c)_m$
	Oxisales ácidas	$M_a(H_bN_cO_d)_m$

Figura 5.1.Tipos de compuestos químicos

5.3 Electronegatividad

La electronegatividad y el orden alfabético son dos principios utilizados tradicionalmente en la ordenación de símbolos en fórmulas.

La electronegativad determina el orden de escritura de los elementos químicos en una fórmula química. Siempre se escribe a la derecha el elemento más electronegativo y a la izquierda el elemento menos electronegativo.

En una fórmula química, los símbolos se escriben según las electronegatividades relativas de los elementos representados, de manera que se coloca en primer lugar el elemento menos electronegativo (más electropositivo) y a su derecha el resto de elementos en orden creciente de electronegatividad.

Química general

Por simplicidad práctica, la IUPAC recomienda utilizar la secuencia de electronegatividad que se recoge en la siguiente tabla. Por convenio, el elemento menos electronegativo es el más próximo al final de la secuencia al recorrerla por completo en el sentido que indican las flechas. Por tanto, la secuencia comienza en el elemento más electronegativo y termina en el elemento más electropositivo.

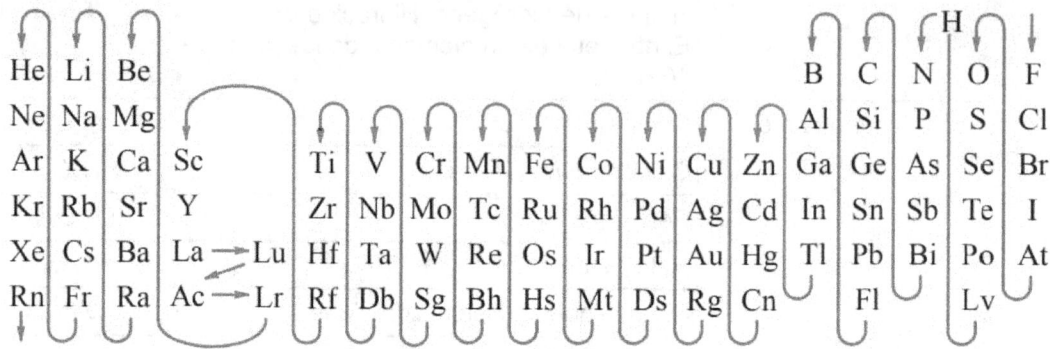

Figura 5.2. Secuencia de los elementos químico según su electronegatividad decreciente. (Libro Rojo IUPAC 2005)

La secuencia de electronegatividades de la tabla de la IUPAC no sigue necesariamente el orden de las escalas de electronegatividad convencionales. Así:

- El hidrógeno se sitúa por delante del nitrógeno y que el oxígeno, a pesar de ser el segundo elemento más electronegativo, se sitúa por detrás de los elementos del grupo 17.
- El oxígeno tiene una electronegatividad mayor que el *Cl*, *Br* o *I*, pero aparece por detrás de dichos elementos en la secuencia de la tabla de la IUPAC.

5.4 Valencia química y números de oxidación.

Los elementos químicos no se combinan entre sí en cualquier proporción. Depende de su configuración electrónica y, por tanto, del número de electrones que pueda ganar, ceder o compartir, formando enlaces químicos, para adquirir una configuración electrónica más estable.

Los gases nobles son las únicas sustancias simples estables, que se encuentran en la naturaleza como átomos individuales. Los gases nobles no se combinan con ningún otro elemento. Ello es debido a que tienen 8 electrones en su capa de valencia, excepto el *He*, con 2.

La **valencia química** es la capacidad de combinación de un elemento con otros. La valencia química se representa con números romanos, entre paréntesis y sin signo. El valor numérico de la valencia coincide con el número de oxidación.

Química general

La valencia se determina en relación al hidrógeno a quien se le atribuye arbitrariamente una valencia de 1.

- En los compuestos iónicos, la valencia coincide con la carga iónica. Por ejemplo, en el cloruro de sodio, *NaCl*, el ion sodio *Na⁺*, y el cloruro, *Cl⁻*, tienen valencia 1.
- En los compuestos covalentes, la valencia coincide con los electrones que pueden compartir (covalencia). Así, en el dióxido de carbono, CO_2, el carbono tiene valencia 4 y el oxígeno valencia 2.

El **número de oxidación** es un número entero que representa el número de electrones que el átomo de un elemento químico pone en juego cuando forma un compuesto químico determinado.

El número de oxidación es positivo si el átomo del elemento químico pierde electrones, o los comparte con un átomo que tenga tendencia a captarlos.

El número de oxidación es negativo cuando el átomo del elemento químico gane electrones, o los comparta con un átomo de un elemento químico que tenga tendencia a cederlos.

Los gases nobles tienen un número de oxidación de 0 ya que no se combinan con ningún elemento.

5.5 Nomenclatura química

Nomenclatura es el conjunto de normas o de reglas según las cuales se da nombre a las distintas sustancias químicas.

La *IUPAC* es el organismo internacional encargado de elaborar las normas y recomendaciones relativas a la nomenclatura en Química.

En el caso concreto de la nomenclatura en Química Inorgánica, estas recomendaciones están recogidas en Nomenclatura de Química Inorgánica. Recomendaciones *IUPAC* 2005 (Libro Rojo 2007).

El fin principal de la nomenclatura química es proporcionar una metodología para asignar nombres y fórmulas a las sustancias químicas, de manera que puedan identificarse sin ambigüedad.

Según la *IUPAC*, la nomenclatura en química inorgánica se puede clasificar en tres tipos: sis-temática semi-sistemática y tradicional o vulgar.

- La **nomenclatura sistemática** recoge el nombre de identificación de una sustancia química que se obtiene por aplicación de las reglas sistemáticas de la nomenclatura química y a partir del cual se puede inferir, al menos, su composición química. A su vez, la nomenclatura sistemática se puede subdividir en otros tres tipos: adición, composición y sustitución.

Química general

- La **nomenclatura semi-sistemática** es la que contiene el nombre de identificación de una sustancia química cuya construcción sigue algún tipo de reglas pero del que <u>no se puede inferir la composición química</u> de la misma. Muchos nombres de oxoácidos y de sus sales pertenecen a esta categoría.
- La **nomenclatura tradicional (o vulgar)** contiene el nombre que identifica a una sustancia química, pero que no ha sido obtenido por aplicación de las reglas sistemáticas de la nomenclatura.

Compuesto químico	Fórmula	Nomenclatura
Hidruros metálicos.	MH_m	Nomenclatura de composición.
Hidruros no metálicos. El no metal es un elemento de los grupos 13, 14 y 15.	NH_n	Nomenclatura de composición.
Haluros de hidrógeno. Hidrácidos. El no metal es un elemento de los grupos 16 o 17.	HN_h	Nomenclatura de composición. Nomenclatura tradicional.
Óxidos metálicos	M_2O_m	Nomenclatura de composición.
Óxidos no metálicos	N_2O_n	Nomenclatura de composición.
Peróxidos	$M_2(O_2)_m$	Nomenclatura de composición.
Haluros de oxígeno	O_nN_o	Nomenclatura de composición.
Sales binarias. Sales hidrácidas.	M_nN_m	Nomenclatura de composición.
Sales volátiles	$N'_nN_{n'}$	Nomenclatura de composición.
Hidróxidos	$M(OH)_m$	Nomenclatura de composición.
Oxoácidos simples	$H_aN_bO_c$	Nomenclatura tradicional. Nomenclatura de hidrógeno. Nomenclatura de adición.
Oxoácidos polihidratados	$H_aN_bO_c$	Nomenclatura tradicional. Nomenclatura de hidrógeno. Nomenclatura de adición.
Oxisales neutras	$M_a(N_bO_c)_m$	Nomenclatura tradicional. Nomenclatura de composición. Nomenclatura de adición con indicación de carga.
Oxisales ácidas	$M_a(H_bN_cO_d)_m$	

Tabla 5.1. Fórmulas de compuestos químicos

5.5.1 Nomenclatura de adición

La **nomenclatura de adición** recoge el nombre de las sustancias químicas en las que a un átomo central se le unen los demás átomos (o grupos de átomos) como si fueran ligandos.

La nomenclatura de adición es útil para nombrar los oxocompuestos y los compuestos de coordinación.

La nomenclatura de adición considera que un compuesto o especie es una combinación de un átomo central o átomos centrales con ligandos asociados.

En la nomenclatura de adición los nombres se construyen colocando los nombres de los ligandos como prefijos del nombre (o nombres) del (de los) átomo(s) central(es).

FÓRMULA

La fórmula de la parte compleja se escribe siempre de la misma manera, independientemente de si es catiónica, aniónica o neutra.

[*Átomo central* (orden alfabético, si hubiera varios distintos) | *Ligandos* (orden alfabético)].

La parte compleja se escribe siempre entre corchetes. Los paréntesis, corchetes y llaves se usan en las fórmulas según la siguiente secuencia de prioridad: [ ], [( )], [{( )}], [({( )})], [{({( )})}], etc.

5.5.2 Nomenclatura de composición o estequiométrica

La **nomenclatura de composición** (también llamada **nomenclatura estequiométrica**) está basada en la composición y no en la estructura.

La nomenclatura de composición muestra el nombre de las sustancias químicas basada en los distintos tipos de átomos que la integran.

La nomenclatura de composición da información sobre los tipos de átomos presentes y en qué proporción, y se expresa por prefijos numerales, números de oxidación y números de carga (compuestos iónicos).

La nomenclatura de composición a veces, puede ser la única opción si no se dispone de (o no se pretende dar) información estructural.

FÓRMULA

Para formular un compuesto químico se se escribe primero el símbolo del elemento menos electronegativo (más electropositivo) y luego el símbolo del elemento más electronegativo.

Química general

Para determinar la electronegatividad de un elemento químico hay que tener en cuenta el orden mostrado en la *Secuencia de los elementos químico según su electronegatividad decreciente. (Libro Rojo IUPAC 2005)*.

NOMBRE

Un compuesto químico representado por su fórmula se nombra de izquierda a derecha.

Para nombrar un compuesto químico se nombra primero el elemento más electronegativo y luego el elemento menos electronegativo (más electropositivo).

[*Nombre del componente más electronegativo* **de** [*Nombre del componente menos electronegativo (más electropositivo)*]

PROPORCIONES

Las proporciones de los elementos constituyentes en los nombres estequiométricos se unen a ellos sin espacios ni guiones. Estas proporciones pueden indicarse de tres maneras: i) mediante prefijos multiplicadores; ii) números de oxidación, y iii) números de carga.

En la nomenclatura de composición se indica la proporción de los elementos químicos constituyentes a partir de la fórmula empírica o la molecular.

La proporción de los elementos o constituyentes puede indicarse de varias formas:

- **Usando prefijos multiplicadores** (*mono-*, *di-*, *tri-*, etc...). 1 (mono); 2 (di), (bis) para nombres compuestos; 3 tri (tris), 4 tetra (tetrakis); 5 penta (pentakis), 6 hexa (hexakis), 7 hepta (heptakis), 8 octa (octakis), 9 nona (nonakis), 10 deca (decakis), 11 undeca (undecakis), 12 dodeca (dodecakis), 20 icosa (icosakis).

  Cuando no hay ambigüedad en la estequiometría de un compuesto, no es necesario utilizar los prefijos multiplicativos. Esto ocurre cuando se forma un único compuesto entre dos elementos.

- **Notación de *Stock*.** Usando el número de oxidación de los elementos mediante números romanos. Se indica con un número romano encerrado entre paréntesis que sigue inmediatamente al nombre del elemento al que se refiere, modificado si fuese necesario. El número de oxidación puede ser positivo, negativo o cero (0)

- **Notación de Evans-Basset.** Usando el número de carga de los iones mediante números arábigos seguido del signo correspondiente.

EJEMPLO

Fe_2O_3 trióxido de dihierro.

Fe_2O_3 óxido de hierro(III).

Na^+: sodio(1+); *Cu^+*: cobre(1+).

Química general

OBSERVACIONES

La nomenclatura de composición o estequiométrica es la que debe prevalecer en los estudios no universitarios, al menos en el nivel de la ESO y con aportaciones de los otros dos sistemas en el nivel de Bachillerato.

5.5.3   Nomenclatura de sustitución

La **nomenclatura de sustitución** está basada en los hidruros no metálicos, que se nombran como los hidrocarburos y empleando los sufijos necesarios.

La nomenclatura de sustitución se utiliza ampliamente en los compuestos orgánicos y se basa en la idea de un hidruro progenitor que se modifica al sustituir los átomos de hidrógeno por otros átomos y/o grupos.

Los nombres se forman citando los prefijos o sufijos pertinentes de los grupos sustituyentes que reemplazan los átomos de hidrógeno del hidruro progenitor, unidos, sin separación, al nombre del hidruro padre sin sustituir.

5.5.4   Nomenclatura de hidrógeno

La nomenclatura de hidrógeno es un tipo de nomenclatura que se puede utilizar para nombrar compuestos que contienen hidrógeno.

5.5.5   Nomenclatura tradicional

En la nomenclatura tradicional se indica la valencia del elemento de nombre específico con una serie de prefijos y sufijos.

Cuando el elemento solo tiene una valencia, simplemente se coloca el nombre del elemento precedido de la sílaba "de" o bien se termina el nombre del elemento con el sufijo –*ico*.

EJEMPLO

K_2O, óxido de potasio u óxido potásico.

Cuando el elemento tiene dos valencias diferentes se usan los siguientes sufijos:
- –*oso* cuando el elemento usa la valencia menor.
- –*ico* cuando el elemento usa la valencia mayor.

Química general

EJEMPLO

FeO, $Fe^{+2}O^{-2}$, hierro con la valencia 2, (estado de oxidación +2), óxido ferroso.

Fe_2O_3, $Fe_2^{+3}O_3^{-2}$, hierro con valencia 3, (estado de oxidación +3), óxido férrico.

Cuando el elemento tiene tres valencias distintas se usan los siguientes prefijos y sufijos:

- *hipo-* ... *-oso* (para la menor valencia).
- *-oso* (para la valencia intermedia).
- *-ico* (para la mayor valencia).

EJEMPLO

P_2O, $P_2^{+1}O^{-2}$, fósforo con la valencia 1, (estado de oxidación +1), óxido hipofosforoso.

P_2O_3, $P_2^{+3}O_3^{-2}$, fósforo con valencia 3, (estado de oxidación +3), óxido fosforoso.

P_2O_5, $P_2^{+5}O_5^{-2}$, fósforo con valencia 5, (estado de oxidación +5), óxido fosfórico.

Cuando el elemento tiene cuatro valencias diferentes se usan los siguientes prefijos y sufijos:

- *hipo-* ... *-oso* (para la valencia más pequeña).
- *-oso* (para la valencia pequeña).
- *-ico* (para la valencia grande).
- *per-* ... *-ico* (para la valencia más grande).

Cuando el elemento tiene cinco valencias diferentes se usan los prefijos y sufijos:

- *hipo-* ... *-oso* (para la valencia más pequeña).
- *-oso* (para la valencia media-menor).
- *-ico* (para la media).
- *per-* ... *-ico* (para la valencia media-mayor).
- *hiper-* ... *-ico* (para la valencia mayor).

5.6 Nomenclatura de las sustancias químicas simples

Sustancia química inorgánica elemental es la formada por un único tipo de elemento químico.

Hay dos tipos de sustancias químicas elementales:

a) **Sustancia química elemental con fórmula química definida** se nombra añadiendo el prefijo numeral apropiado al nombre del elemento.

EJEMPLO

Xe xenon, H monohidrógeno o hidrógeno atómico, Cl_2 dicloro, N_2 dinitrógeno, H_2 dihidrógeno o hidrógeno molecular, P_4 tetrafósforo.

b) **Sustancia química elemental con fórmula química indefinida o infinita** se nombra como el elemento.

EJEMPLO

Zn zinc.

5.7 Nomenclatura de los compuestos químicos

Sustancia química inorgánica compuesta es la formada por dos o más elemento químicos distintos.

Las sustancias químicas inorgánicas compuestas pueden nombrarse según los siguientes sistemas de nomenclatura:

a) **Nomenclatura de composición** o **estequiométrica** utilizada para dar la composición estequiométrica de la sustancia, pero no aporta información estructural. Se usa para sustancias que no contienen moléculas discretas (por ejemplo, $NaCl$) o para sustancias de estructura indefinida o desconocida. También se usa para cuando no se desea suministrar información de composición molecular o estructural, especialmente en compuestos binarios.

b) **Nomenclatura de adición**. Procede de la química de la coordinación (compuestos formados por "coordinación" de ligandos en torno de un átomo central). Actualmente es el procedimiento más general para dar nombre sistemático a todo tipo de entidades moleculares (moléculas y iones moleculares).

EJEMPLO

$SiCl_4$ tetraclorurosilicio

c) **Nomenclatura de sustitución**. Procedente de la química orgánica. Es muy utilizada para los compuestos moleculares del hidrógeno con los no metales y semimetales de los grupos 14, 15, 16 y 17, y especialmente para sus derivados.

Estos derivados se nombran tomando como base el nombre sistemático del hidruro acabado en *–ano*. Da información sobre la composición y estructura molecular:

EJEMPLO

CH_4 metano, CH_2Cl_2 diclorometano ($2H$ sustituidos por $2Cl$).

PH_3 fosfano, PCl_3 triclorofosfano ($3H$ sustituidos por $3Cl$).

SiH_4 silano, $SiCl_4$ tetraclorosilano ($4H$ sustituidos por $4Cl$).

5.8 Nomenclatura de los hidruros

Un hidruro es una combinaciones binaria de un elemento químico con el hidrógeno.

Clasificación de los hidruros:

a) Hidruros metálicos.
b) Hidruros no metálicos.
c) Haluros de hidrógeno.

5.8.1 Nomenclatura de los hidruros metálicos

Los hidruros metálicos resultan de la combinación de un elemento químico *metal* + *hidrógeno*.

Los hidruros metálicos tienen la fórmula: M_hH_m
donde:

- M es el elemento químico metal.
- H es el hidrógeno.
- m es el subíndice que representa el número de oxidación positivo del elemento químico metal.
- h es el subíndice que representa el número de oxidación del hidrógeno que es -1.

Química general

Los hidruros metálicos se nombran:
- Nomenclatura de composición con prefijos multiplicadores.
  Prefijo multiplicativo *hidruro de* + nombre del elemento metal.

EJEMPLO

FeH$_2$ dihidruro de hierro

- Nomenclatura de composición con número de oxidación.
  Hidruro de + nombre del elemento metal (notación de *Stock*).

EJEMPLO

FeH$_2$ hidruro de hierro (II).

- Nomenclatura de adición.
  Prefijo multiplicativo *hidruro* nombre del elemento metal (todo junto).

EJEMPLO

FeH$_2$ dihidrurohierro.

5.8.2 Nomenclatura de los hidruros no metálicos. Hidruros volátiles.

Los hidruros no metálicos resultan de la combinación de un no metal (elementos de los grupos 13, 14 y 15, con nº de oxidación positivo) con el hidrógeno, que actúa con número de oxidación -1

Los hidruros no metálicos tienen la fórmula: NH_n

donde:
- N es el elemento químico no metal.
- H es el hidrógeno.
- n es el subíndice que representa el número de oxidación negativo o positivo del elemento químico no metal.
- h es el subíndice que representa la valencia del hidrógeno que es +1 o -1.

Los hidruros no metálicos se nombran:
- Nomenclatura de composición con prefijos multiplicadores.
  Prefijo multiplicativo *hidruro de* nombre del elemento no metal.

EJEMPLO

NH$_3$ trihidruro de nitrógeno.

Química general

- Nomenclatura de composición con número de oxidación.

  Hidruro de nombre del elemento metal y número de oxidación en números romanos en paréntesis.

  EJEMPLO

  NH_3 hidruro de nitrógeno(III).

- Nomenclatura de adición.

  Prefijo multiplicativo **hidruro** nombre del elemento no metal. Sin separación.

  EJEMPLO

  NH_3 trihidruronitrógeno.

- Nombre de los hidruros progenitores.

  Terminaos en *-ano*.

  EJEMPLO

  BH_3 borano.

  B_2H_6 diborano.

  AlH_3 alumano.

  CH_4 metano.

  SiH_4 silano.

  Si_2H_6 disilano.

  NH_3 amoniaco.

  N_2H_4 diazano.

  PH_3 fosfano.

  AsH_3 arsano.

  SbH_3 estibano.

5.8.3   Haluros de hidrógeno. Hidrácidos

Los haluros de hidrógeno resultan de la combinación de un no metal (elementos de los grupos 16 y 17, con nº de oxidación negativo) con el hidrógeno, que actúa con número de oxidación +1

Los haluros de hidrógeno son los denominados hidroácidos. Son sustancias gaseosas que presentan carácter ácido cuando están disueltas en el agua.

El hidrógeno presenta el estado de oxidación +1, mientras el no metal tiene número de oxidación negativo.

Química general

Los elementos que forman ácidos hidrácidos son: flúor, cloro, bromo e iodo (grupo 17, estado de oxidación −1), y azufre, selenio y teluro (grupo 16, estado de oxidación −2).

Los haluros de hidrógeno tienen la fórmula: HN_h
donde:
- N es el no metal.
- H es el hidrógeno.
- n es el subíndice que representa la valencia negativa del elemento químico no metal.
- h es el subíndice que representa la valencia del hidrógeno que es +1.

Los haluros de hidrógeno se nombran:
- Nomenclatura de composición con prefijos multiplicadores.
  Raíz del nombre del elemento no metal -*uro de* (prefijo multiplicador) *hidrógeno*.

EJEMPLO

H_2S sulfuro de dihidrógeno
- Nomenclatura de adición.
  Raíz del nombre del elemento no metal -*uro de* (prefijo numeral que indica si hay más de un hidrógeno de hidrógeno, todo junto)

EJEMPLO

H_2S sulfurodihidrógeno
- Nombre de los hidruros progenitores.
  Terminación en -*ano*.

EJEMPLO

H_2S sulfano.
- Nomenclatura tradicional.
  Ácido raíz del nombre del elemento no metal -*hídrico*.

EJEMPLO

H_2S ácido sulfhírido.
H_2Se ácido selenhídrico.
H_2Te ácido telurhídrico.
HF ácido fluorhídrico.

Química general

HCl ácido clohrhídrico.

HI ácido yodhídrico.

5.9 Óxidos

Un óxido es una combinaciones binaria del oxígeno con cualquier otro elemento químico menos los del grupo 17.

El oxígeno presenta el estado de oxidación −2, el otro elemento, que da nombre al óxido, actúa siempre con estado de oxidación positivo.

Clasificación de los óxidos:

a) Óxidos metálicos.

b) Óxidos no metálicos.

c) Haluros de oxígeno.

5.9.1 Óxidos metálicos

Los óxidos metálicos resultan de la combinación de un elemento químico *metal* + *oxígeno*.

Los óxidos metálicos tienen la fórmula: M_2O_m

donde:

- *M* es el elemento químico metal.
- *O* es el oxígeno.
- *m* es el subíndice que representa el número de oxidación del elemento químico metal.
- *o* es el subíndice que representa el número de oxidación del oxígeno que es -2.

Los óxidos metálicos se nombran:

- Nomenclatura de composición con prefijos multiplicadores.

    Prefijo multiplicador *óxido de* (prefijo multiplicador) nombre del elemento químico metal.

EJEMPLO

Fe_2O_3 trióxido de dihierro

Química general

- Nomenclatura de composición con número de oxidación.

    Óxido de nombre del elemento químico metal (número de oxidación del elemento químico metal en notación *Stock*).

EJEMPLO

Fe_2O_3 óxido de hierro (III).

5.9.2 Óxidos no metálicos

Los óxidos no metálicos resultan de la combinación de un elemento químico *no metal* + *oxígeno*.

Los óxidos no metálicos tienen la fórmula: N_2O_n

donde:
- N es el elemento químico *no* metal.
- O es el oxígeno.
- n es el subíndice que representa el número de oxidación del elemento químico no metal.
- o es el subíndice que representa el número de oxidación del oxígeno que es -2.

Los óxidos no metálicos se nombran:
- Nomenclatura de composición con prefijos multiplicadores.

    Prefijo multiplicador *óxido de* prefijo multiplicador nombre del elemento químico no metal.

EJEMPLO

SO monóxido de azufre

- Nomenclatura de composición con número de oxidación.

    Óxido de nombre del elemento químico no metal (número de oxidación del elemento químico metal en notación *Stock*).

EJEMPLO

SO óxido de azufre (II).

5.10 Peróxidos

Los peróxidos resultan de la combinación del grupo *peroxo*, $(O_2)^{2-}$ (–O–O–), con metales o el hidrógeno, de los que recibe el nombre.

El oxígeno del grupo *peroxo*, o *peróxido*, presenta el estado de oxidación –1, mientras que el otro elemento, que da nombre al peróxido, actúa siempre con estado de oxidación positivo.

Los peróxidos tienen la fórmula: $M_2(O_2)_m$

donde:
- M es el elemento químico metal o el hidrógeno.
- O_2 son dos átomos de oxígeno.
- *m* es el subíndice que representa el número de oxidación del elemento químico metal.

El oxígeno del grupo *peroxo* o *peróxido*, presenta el estado de oxidación –1, mientras que el otro elemento, que da nombre al peróxido, actúa siempre con estado de oxidación positivo.

Los peróxidos se nombran:
- Nomenclatura de composición con prefijos multiplicadores.

  Prefijo multiplicador *óxido de* prefijo multiplicador nombre del elemento químico metal.

• **EJEMPLO**

Li_2O_2 dióxido de litio.

H_2O_2 dióxido de dihidrógeno.

- Nomenclatura de composición con número de oxidación.

  Peróxido de nombre del elemento químico metal (número de oxidación del elemento químico metal en notación *Stock*).

EJEMPLO

Li_2O_2 peróxido de litio (II).

H_2O_2 peróxido de hidrógeno

5.11 Haluros de oxígeno

Los haluros de oxígeno resultan de la combinación de un elemento químico no *metal* del grupo 17 + oxígeno

Los haluros de oxígeno tienen la fórmula: $O_n N_o$
donde:
- N es el no metal del grupo 17.
- O es el oxígeno.
- n es el subíndice que representa el número de oxidación del elemento químico no metal del grupo 17.
- o es el subíndice que representa el número de oxidación del oxígeno que es +2.

Los haluros de oxígeno se nombran:
- Nomenclatura de composición con prefijos multiplicadores.

    Prefijo multiplicador *raíz* del nombre del no metal *-uro de* prefijo multiplicador oxígeno.

EJEMPLO

OF_2 difloruro de oxígeno.

OCl_2 dicloruro de oxígeno.

O_3Cl_2 dicloruro de trioxígeno

5.12 Hidróxidos

Los hidróxidos resultan de la combinación de un elemento químico metal + oxígeno + hidrógeno.

Los hidróxidos tienen la fórmula: $M(OH)_m$
donde:
- M es el elemento químico metal.
- OH es el grupo OH.
- m es el subíndice que representa el número de oxidación del elemento químico metal.

Los hidróxidos se nombran:
- Nomenclatura de composición con prefijos multiplicadores.

Prefijo multiplicador *hidróxido de* prefijo multiplicador nombre del elemento químico metal.

EJEMPLO

Fe(OH)₃ trihidróxido de hierro.

- Nomenclatura de composición con número de oxidación.

  Hidróxido de nombre del elemento químico metal (número de oxidación del elemento químico metal en notación *Stock*).

EJEMPLO

Fe(OH)₃ hidróxido de hierro (III).

5.13 Compuestos binarios metal-no metal: sales binarias. Sales hidrácidas.

Las combinaciones metal-no metal son compuestos resultantes de la unión de un metal y un no metal de los grupos 16 y 17 ó de la sustitución de los hidrógenos de un ácido hidrácido por un metal, por lo que también se denominan sales hidrácidas.

Los elementos no metálicos que intervienen son: flúor, cloro, bromo e iodo (grupo 17, número de oxidación −1) y azufre, selenio y teluro (grupo 16, número de oxidación −2).

Las sales binarias (sales hidrácidas) tienen la fórmula: M_nN_m

donde:
- *N* es el no metal del grupo 16 o 17.
- *M* es el metal
- *n* es el subíndice que representa el número de oxidación del elemento químico no metal del grupo 16 o 17. Si N pertenece al grupo 17 su estado de oxidación es −1 y si pertenece al grupo 16 es −2.
- *m* es el subíndice que representa el número de oxidación del metal *M*.

Los sales binarias (sales hidrácidas) se nombran:
- Nomenclatura de composición con prefijos multiplicadores.

  Prefijo multiplicador raíz del nombre del elemento químico no metal *N -uro de* prefijo multiplicador nombre del elemento químico metal *M*.

Química general

EJEMPLO

$FeCl_3$ Tricloruro de hierro.

CrI_2 Diyoduro de cromo.

- Nomenclatura de composición con número de oxidación.

    Raíz del nombre del elemento químico no metal *N* -*uro de* nombre del elemento químico metal *M* (número de oxidación del elemento químico metal en notación *Stock*).

EJEMPLO

$FeCl_3$ tricloruro de hierro(III).

CrI_2 Yoduro de cromo(II).

- Nomenclatura de adición.

    Prefijo multiplicador raíz del nombre del elemento químico no metal *N* -*uro* prefijo multiplicador nombre del elemento químico metal *M*. Sin separación.

EJEMPLO

$FeCl_3$ Triclorurohierro.

CrI_2 Diyodurocromo.

5.14 Compuestos binarios no metal-no metal: sales volátiles.

Compuestos químicos resultantes de la combinación de dos no metales, distintos del oxígeno y del hidrógeno, donde uno de los no metales actúa con estado de oxidación positivo.

Las sales volátiles tienen la fórmula: $N'_{n'}N_{n}$

donde:

- *N´* es el no metal que actúa con estado de oxidación positivo.
- *N* es el no metal que actúa con estado de oxidación negativo.
- *n´* es el subíndice que representa el número de oxidación del no metal *N´*.
- *n* es el subíndice que representa el número de oxidación del no metal *N*.

Los sales volátiles se nombran:

- Nomenclatura de composición con prefijos multiplicadores.

    Prefijo multiplicador raíz del nombre del elemento químico no metal *X* -*uro de* prefijo multiplicador nombre del elemento químico no metal *Y*.

EJEMPLO

CS_2 Disulfuro de carbono.

- Nomenclatura de composición con número de oxidación.

Raíz del nombre del elemento químico no metal *N -uro de* nombre del elemento químico metal *N´* (número de oxidación del elemento químico metal en notación *Stock*).

EJEMPLO

CS_2 Sulfuro de carbono(IV).

- Nomenclatura de adición.

Prefijo multiplicador raíz del nombre del elemento químico no metal *N -uro* prefijo multiplicador nombre del elemento químico no metal N´ *(todo junto).*

EJEMPLO

CS_2 Sulfurocarbono.

5.15 Oxoácidos

Los oxoácidos son combinaciones ternarias formadas por hidrógeno, oxígeno y un elemento no metálico o metálico de transición con un elevado número de oxidación. En su estructura el oxígeno y el no metal están agrupados formando un anión.

Los oxoácidos se clasifican en:
- Oxoácidos simples.
- Oxoácidos polihidratados.

5.15.1 Oxoácidos simples

Los oxoácidos simples son compuestos químicos formados por la unión de oxígeno, hidrógeno y un elemento normalmente no metálico, aunque puede ser también un metal (*Cr, Mn, Mo, W, Tc* y *Re*; cuando actúan con un nº de oxidación mayor o igual que 4.

Los oxoácidos se forman cuando el óxido correspondiente del metal reacciona con agua.

Química general

Los oxoácidos tienen la fórmula: $H_aN_bO_c$

donde:

- H es el hidrógeno que tiene un número de oxidación de +1.
- N es un elemento químico no metal que da el nombre al oxoácido y cuya valencia positiva se calcula: (2c -a)/b
- O es el oxígeno que tiene un número de oxidación de -2.
- a, b y c números relacionados con los estados de oxidación pero no son los estados de oxidación

Los oxoácidos simples se nombran:

- Nomenclatura tradicional.

    Ácido prefijo *hipo-* o *per-* nombre del elemento químico no metálico.

    Una valencia: Ácido ...ico.

    Dos valencias:
    - Menor estado de oxidación: Ácido ...*oso*.
    - Mayor estado de oxidación: Ácido ...*ico*.

    Tres valencias:
    - Menor estado de oxidación: Ácido *hipo*...*oso*.
    - Estado de oxidación intermedio: Ácido ...*oso*.
    - Mayor estado de oxidación: Ácido ...*ico*.

    Cuatro valencias:
    - Primer estado de oxidación: (baja): Ácido *hipo*...oso.
    - Segundo estado de oxidación: Ácido ...oso.
    - Tercer estado de oxidación: Ácido ...*ico*.
    - Cuarto estado de oxidación: (alta): Ácido *per*...*ico*.

Química general

EJEMPLO

HBrO ácido hipobromoso.

HBrO$_2$: ácido bromoso.

HBrO$_3$ ácido brómico.

HBrO$_4$ ácido perbrómico.

- Nomenclatura de hidrógeno.

Prefijo multiplicativo *hidrogeno* ((prefijo multiplicativo) *oxido* (prefijo multiplicativop)raíz del átomo central acabado en *-ato*). Todo sin separación.

EJEMPLO

- *H$_2$SO$_4$* Dihidrogeno(tetraoxidosulfato).
- H$_2$S$_2$O$_7$ Dihidrogeno(heptaoxidodisulfato).
- Nomenclatura de adición.

Prefijo multiplicativo *hidroxido* prefijo multiplicativo *oxido* nombre del elemento central. Todo sin separación.

EJEMPLO

*H$_2$*SO$_4$ Dihidroxidodioxidoazufre.

H$_2$Cr$_2$O$_7$ Dihidroxidopentaoxidodicromato.

Química general

Fórmula	F. Estructural	Nomenclatura de adición	Nomenclatura de hidrógeno
$HClO$	$Cl(OH)$	hidroxidocloro	hidrogeno(oxidoclorato)
$HClO_2$	$ClO(OH)$	hidroxidooxidocloro	hidrogeno(dioxidoclorato)
$HClO_3$	$ClO_2(OH)$	hidroxidodioxidocloro	hidrogeno(trioxidoclorato)
$HClO_4$	$ClO_3(OH)$	hidroxidotrioxidocloro	hidrogeno(tetraoxidoclorato)
H_2SO_3	$SO(OH)_2$	dihidroxidooxidoazufre	dihidrogeno(trioxidosulfato)
H_2SO_4	$SO_2(OH)_2$	dihidroxidodioxidoazufre	dihidrogeno(tetraoxidosulfato)
HNO_2	$NO(OH)$	hidroxidooxidonitrógeno	hidrogeno(dioxidonitrato)
HNO_3	$NO_2(OH)$	hidroxidodioxidonitrógeno	hidrogeno(trioxidonitrato)
H_3PO_3	$P(OH)_3$	trihidroxidofósforo	trihidrogeno(trioxidofosfato)
H_3PO_4	$PO(OH)_3$	trihidroxidooxidofósforo	trihidrogeno(tetraoxidofosfato)
H_2CO_3	$CO(OH)_2$	dihidroxidooxidocarbono	dihidrogeno(trioxidocarbonato)
H_4SiO_4	$Si(OH)_4$	tetrahidroxidosilicio	tetrahidrogeno(tetraoxidosilicato)
H_2CrO_4	$CrO_2(OH)_2$	dihidroxidodioxidocromo	dihidrogeno(tetraoxidocromato)
$H_2Cr_2O_7$	$(HO)Cr(O)_2O$ $Cr(O)_2(OH)$	μ-oxidobis(hidroxidodioxidocromo).	dihidrogeno(heptaoxidodicromato)
H_2MnO_4	$MnO_2(OH)_2$	dihidroxidodioxidomanganeso	dihidrogeno(tetraoxidomanganato)
$HMnO_4$	$MnO_3(OH)$	hidroxidotrioxidomanganeso	hidrogeno(tetraoxidomanganato)
En los ejercicios se usará en vez de la letra griega "μ" la letra "m", pero sólo por necesidades del teclado.			

Tabla 5.2. Fórmulas de los oxoácidos simples

5.15.2   Oxoácidos polihidratados

Hay elementos elementos químicos que pueden, con un mismo estado de oxidación, formar os o tres oxoácidos diferentes, el ácido meta, el ácido orto y el ácido di o (piro). Los elementos químicos P, As, Sb, B y Si, con un misma estado de oxidación, pueden formar dos ácidos oxácidos que se diferencian en las moléculas de agua añadidas al óxido inicial.

Un oxoácido *meta* resulta al añadir H_2O a un óxido.

Un oxoácido *di* o *piro* resulta al añadir $2H_2O$ a un óxido.

Un oxoácido *orto* resulta al añadir $3H_2O$ a un óxido.

Química general

$$X_2O_n + mH_2O \rightarrow H_{2m}X_2O_{n+m} \text{ (simplificar si es posible)}$$

EJEMPLO

$P_2O_5 + 3H_2O \rightarrow H_6P_2O_8$ que simplificado queda: H_3PO_4 ácido ortofosfórico

Por tanto hay elementos químicos que pueden, con un mismo estado de oxidación, formar os o tres oxoácidos diferentes, el ácido meta, el ácido orto y el ácido di o (piro).

Nombre ácido	Óxido	Prefijos			Grupo
		Meta	Di (o piro)	Orto	
Bórico	B_2O_3	$B_2O_3+H_2O=HBO_2$	$B_2O_3+2H_2O=H_4B_2O_5$	$B_2O_3+3H_2O=H_3BO_3$	13
Silícico	SiO_2	$SiO_2+H_2O=H_2SiO_3$ ()	$2SiO_2+3H_2O=H_6Si_2O_7$	$SiO_2+2H_2O=H_4SiO_4$	14
Hipofosforoso (fosfínico)	P_2O	$P_2O+H_2O=HPO$	$P_2O+2H_2O=H_4P_2O_3$	$P_2O+3H_2O=H_3PO_2$	-15
Fosforoso (fosfónico)	P_2O_3	$P_2O_3+H_2O=HPO_2$	$P_2O_3+2H_2O=H_4P_2O_5$	$P_2O_3+3H_2O=H_3PO_3$	15
Fosfórico	P_2O_5	$P_2O_5+H_2O=HPO_3$	$P_2O_5+2H_2O=H_4P_2O_7$	$P_2O_5+3H_2O=H_3PO_4$	15
Arsenioso	As_2O_3	$As_2O_3+H_2O=HAsO_2$	$As_2O_3+2H_2O=H_4As_2O_5$	$As_2O_3+3H_2O=H_3AsO_3$	15
Arsénico	As_2O_5	$As_2O_5+H_2O=HAsO_3$	$As_2O_5+2H_2O=H_4As_2O_7$	$As_2O_5+3H_2O=H_3AsO_4$	15
Antimonioso	Sb_2O_3	$Sb_2O_3+H_2O=HSbO_2$	$Sb_2O_3+2H_2O=H_4Sb_2O_5$	$Sb_2O_3+3H_2O=H_3SbO_3$	15
Antimónico	Sb_2O_5	$Sb_2O_5+H_2O=HSbO_3$	$Sb_2O_5+2H_2O=H_4Sb_2O_7$	$Sb_2O_5+3H_2O=H_3SbO_4$	15
Telúrico	TeO_3			$TeO_3+3H_2O=H_6TeO_6$	16
Peryódico	I_2O_7	$I_2O_7+H_2O=HIO_4$ ()		$HIO_4+2H_2O=H_5IO_6$	17

Tabla 5.3. Fórmulas de los oxoácidos polihidratados

<u>Los oxoácidos polihidratados se nombran</u>:
- Nomenclatura tradicional.
- Nomenclatura de hidrógeno.
- Nomenclatura de adición.

Las nomenclaturas de hidrógeno y de adición coinciden con las de los oxoácidos simples.

La nomenclatura tradicional incluye los prefijos *meta*, *di* y *piro*.

5.16 Oxisales. Sales oxoácidas neutras.

Las oxisales son consideradas como las sales de los ácidos oxoácidos, ya que éstas se forman por la sustitución de todos los hidrógenos del oxoácido por un metal.

Las oxisales o sales ternarias están formadas por: un elemento químico metal, un elemento químico no metal y el oxígeno.

Química general

Las oxisales tienen la fórmula general: $M_a(N_bO_c)_m$
donde:
- M es un elemento químico metal.
- N es un elemento químico no metal.
- O es el oxígeno.
- m puede corresponder al número de oxidación del elemento químico metal

Las oxisales se nombran:
- Nomenclatura tradicional.

    Raíz del nombre del elemento químico no metálico e indicando el número de oxidación con la que actúa al sustituir la terminación -*oso* por -*ito* y la terminación -*ico* por -*ato* seguido del elemento metálico terminado en:
    - -ico (si tiene una valencia).
    - -oso, -ico (si tiene 2 valencias).
    - hipo...oso, -oso, -ico (si tiene 3 valencias).
    - hipo...oso, -oso, -ico, per...ico (si tiene 4 valencias).

EJEMPLO

$CuBrO$ hipobromito de cobre(I).
- Nomenclatura de composición con prefijos numerales.

    Prefijo multiplicador –**oxido** raíz del nombre del elemento central -**ato de** prefijo multiplicador nombre del elemento metálico.

EJEMPLO

Na_3PO_4 tetraoxidofosfato de trisodio.
Hg_2SiO_3 trioxidosilicato de dimercurio.

Si la sal está formada por dos o más oxoaniones, se indicará su número con los prefijos multiplicadores bis-, tris, tetrakis, etc., seguidos del nombre del oxoanión correspondiente, escrito entre corchetes.

EJEMPLO

$Fe_3(PO_4)_2$ bis[tetraoxidofosfato] de trihierro.

$Pb_3(BO_3)_4$ tetrakis[trioxidoborato] de triplomo.

- Nomenclatura de adición con indicación de carga.

    Nombre del oxoanión y carga del oxoanión en paréntesis *de* nombre del metal con su número de oxidación entre paréntesis.

    Nombre del oxoanión: Prefijo multiplicador –**oxido** raíz del nombre del elemento central -**ato**.

EJEMPLO

Na_3PO_4 tetraoxidofosfato(3-) de sodio

$FePO_3$ trioxidofosfato(3-) de hierro(3+)

5.17 Oxisales ácidas

Las sales ácidas son las derivadas de los oxácidos que mantienen átomos de hidrógeno en su molécula, es decir, el elemento metálico no sustituye la totalidad de los hidrógenos del oxoácido.

Las oxisales ácidas están formadas por: un elemento químico metal, uno o varios hidrógenos, un elemento químico no metal y el oxígeno.

Las oxisales ácidas tienen la fórmula: $M_a(H_bN_cO_d)_m$

<u>Las oxisales ácidas se nombran</u>:
- Nomenclatura de hidrógeno.

    Prefijo multiplicativo *hidrogeno raíz* del nombre del no metal -*ato de* nombre del metal nombre del metal con su número de oxidación entre paréntesis

EJEMPLO

$Cu(H_2PO_4)_2$ dihidrogenofosfato de cobre (II).

Química general

5.18 Nomenclatura de cationes monoatómicos

Los cationes monoatómicos proceden de átomos que han perdido electrones.

La fórmula general de los cationes monoatómicos es la siguiente: X^{n+}
donde:
- X es el elemento químico que da lugar al catión.
- $n+$ es la carga del catión y coincide con el número de electrones perdidos por el elemento químico X.

Los cationes monoatómicos se nombran:
- Nomenclatura de composición utilizando el número de oxidación.
- Nomenclatura de composición utilizando el número de carga.

NOMENCLATURA DE COMPOSICIÓN UTILIZANDO EL NÚMERO DE OXIDACIÓN

Ion nombre elemento X(n.o. oxidación en números romanos).

EJEMPLO

Fe^{2+} ión hierro(II).

NOMENCLATURA DE COMPOSICIÓN UTILIZANDO EL NÚMERO DE CARGA

Elemento X(carga del catión).

EJEMPLO

Fe^{2+} hierro(2^+).

5.19 Nomenclatura de cationes poliatómicos

Los cationes poliatómicos son cationes heteropoliatómicos derivados de los hidruros progenitores.

Los cationes poliatómicos se nombran:
- Nomenclatura tradicional.

EJEMPLO

Química general

NH_4^+ amonio.
- Nomenclatura de sustitución derivada del hidruro progenitor.

EJEMPLO

NH_4^+ azanio.
- Nomenclatura de adición.

EJEMPLO

NO^+ oxidonitrógeno(1+)
SO_2^{2+} dioxidoazufre(2+)
MnO_2^{2+} dioxidomanganeso(2+)

5.20 Nomenclatura de los aniones monoatómicos

Los aniones monoatómicos proceden de átomos de no metales que captan electrones.

La fórmula general de los aniones monoatómicos es la siguiente: N^{n-}

donde:

- N es el elemento químico que da lugar al anión
- n^- es la carga del anión y coincide con el número de electrones ganados por el elemento químico N.

Los aniones monoatómicos se nombran:
- Añadiendo la terminación –*uro* a la raíz del nombre del elemento no metal y a continuación, el número de carga entre paréntesis sin separación.

EJEMPLO

S^{2-} sulfuro(2-).
C^{4-} Carburo(4-).
- Nomenclatura de composición utilizando el número de carga..

EJEMPLO

S_2^{2-} disulfuro(2–).

5.21 Nomenclatura de los aniones poliatómicos

Los aniones poliatómicos son los iones derivados de los ácidos oxoácidos, que resultan de la pérdida de iones hidrogeno, H^+.

La fórmula general de los aniones poliatómicos es la siguiente: $(X_bO_c)^{a-}$

donde:
- X el elemento central que da el nombre al anión.
- a, b y c números relacionados con los estados de oxidación pero no son los estados de oxidación.

Los aniones poliatómicos se nombran:
- Nomenclatura tradicional.

    Ión raíz del nombre del elemento central sufijo *-ito* o *-ato*.

EJEMPLO

PO_4^{3-} ión fosfato.

- Nomenclatura de composición con prefijos multiplicativos.

    Prefijo multiplicativo -**oxido** raíz del nombre del elemento central -**ato** (número de carga).

EJEMPLO

PO_4^{3-} tetraoxidofosfato(3-).

6 Enlace químico

Enlace químico es la fuerza de unión que aparece entre átomos para formar unidades de rango superior, tales como moléculas o redes cristalinas.

Tipos de enlace químico:
a) Enlace iónico.
b) Enlace covalente.
c) Enlace metálico.

6.1 Longitud de enlace

La **longitud de enlace** es la distancia promedio en el tiempo entre los núcleos de dos átomos unidos por un enlace químico.

La longitud de enlace está inversamente relacionada con el orden de enlace. Es decir, cuanto mayor es el orden de enlace entre dos átomos determinados, menores serán las longitudes de enlaces que ellos forman entre sí.

	C-C (simple)	C=C (doble)	C≡C (triple)
Orden de enlace	1	2	3
Distancia de enlace	154 pm	134 pm	120

Tabla 6.1. Longirud de enlace entre átomos de carbobo

La longitud del enlace es aproximadamente igual a la suma de los radios covalentes de los átomos participantes en ese enlace. Si los átomos que se unen tienen radios grandes, la distancia de enlace también lo será.

La longitud de enlace también se relaciona inversamente con la fuerza de enlace y con la energía de disociación de enlace, dado que un enlace más fuerte también es un enlace más corto.

6.2 Energía de enlace

La **energía de enlace** *EE* es la energía total promedio que se desprendería por la formación de un *mol* de enlaces químicos, a partir de sus fragmentos constituyentes (todos en estado gaseoso).

La energía de enlace *EE* es la energía total promedio que se necesita para romper un *mol* de enlaces dado de un compuesto químico en estado gaseoso.

Para que un determinado enlace se forme, tiene que haber necesariamente un desprendimiento de energía. Es decir, el compuesto químico o molécula formada tiene que ser más estable que los átomos de los que se parte, pues de lo contrario no se formará el enlace.

Se produce un enlace químico cuando el agregado atómico resultante (molécula,o red cristalina) del enlace químico resulta en una disminución de energía de 40 *kJ/mol* (10 *kcal/mol*) respecto a los átomos separados. Por lo tanto, la unión entre dos átomos lleva a una situación de mínima energía haciendo que dicha unión persista en el tiempo de forma macroscópica.

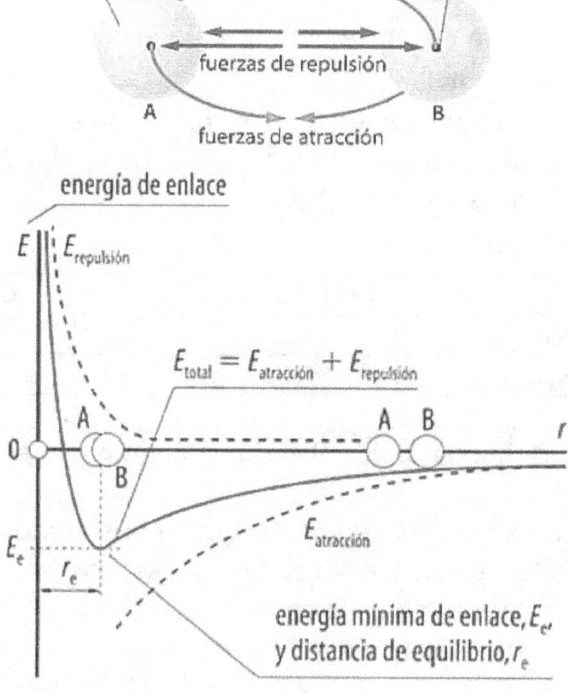

Figura 6.1. Energía de enlace

La energía de enlace se calcula a partir de la suma de las energías de disociación de enlace de todos los enlaces en una molécula.

EJEMPLO

Romper los dos enlaces O-H en el agua no requiere la misma energía (D_0), el primero necesita más que el segundo: 493,4 *kJ/mol* y 424,4 *kJ/mol*. Sin embargo, calculamos la energía de enlace O-H como la media de esos dos valores: 463 *kJ/mol*.

6.3 Energía de disociación de enlace

La **energía de disociación de enlace** D_0 es el cambio de entalpía estándar (por *mol*) cuando se rompe un determinado enlace de una entidad molecular específica por homólisis a 0 K (cero absoluto).

Las unidades de D_0 son *kJ/mol*

Cuanto más estable sea un enlace mayor será la cantidad de energía que se requiere para romperlo.

En química, la energía de disociación de enlace, D_0, es una medida de la fuerza de enlace en un enlace químico.

EJEMPLO

$$CH_3CH_2\text{-}H \rightarrow CH_3CH_2 + H$$

$D_0 = \Delta H = 101,1$ *kcal/mol* (423.0 *kJ/mol*)

6.4 Valencia

Valencia es un valor real, sin signo, que representa el número de electrones en la capa más externa de un elemento químico y que están implicados en la formación de enlaces con otros átomos. Estos electrones son los que pone en juego durante una reacción química o para establecer un enlace químico con otro elemento.

La valencia coincide con el número de electrones que un determinado átomo de un elemento químico necesita ganar o perder para completar su capa más externa.

La valencia indica el número de enlaces químicos que un elemento puede formar.
La valencia de un elemento químico no varía.
La valencia de un elemento nunca puede ser 0.

El concepto de valencia ha sido reemplazado por el número de oxidación.

6.5 Enlace iónico

Enlace iónico o **enlace electrovalente** es el formado a partir de la atracción electroestática mutua entre un par de iones de carga opuesta.

Los iones se forman al producirse una transferencia completa de electrones entre los átomos que intervienen en el enlace, desde el elemento menos electronegativo (que formará un catión) al más electronegativo (que formará un anión).

El enlace iónico se produce entre elementos de electronegatividad muy diferente como un metal (baja electronegatividad, baja energía de ionización, baja afinidad electrónica) y un no metal (alta electronegatividad, alta energía de ionización, alta afinidad electrónica).

El enlace iónico se produce entre elementos que son metales de los grupos IA (grupo 1) y IIA (grupo 2) y elementos que son no metales de los grupos VIA (grupo 16) y VIIA (grupo 17) de la tabla periódica. Excepto el H y Be que forman enlaces covalenes.

El enlace iónico origina sólidos cristalinos con los átomos situados en los nudos de redes tridimensionales cristalinas.

6.5.1 Energía reticular

La **energía reticular** o energía de red (U_0) es la energía requerida para formar un *mol* de un compuesto sólido iónico a partir de sus iones gaseosos.

La energía reticular es una medida de la estabilidad de la red cristalina.

La energía reticular U_0 presenta dimensiones de energía/*mol* y las mismas unidades que la entalpía estándar (kJ/*mol*), pero de signo contrario, es decir:

$$\Delta H^o = - U_0$$

No es posible medir la energía reticular directamente. Sin embargo, si se conoce la estructura y composición de un compuesto iónico, puede calcularse, o estimarse, mediante la ecuación que proporciona el modelo iónico y que se basa entre otras leyes en la ley de *Coulomb*. Alternativamente, se puede calcular indirectamente a través de ciclos termodinámicos.

Según la ley de *Coulomb*.

$$F = k \cdot \frac{q_1 \cdot q_2}{d^2}$$

donde:
- F es la fuerza eléctrica de atracción o repulsión en Newtons (N). Las cargas iguales se repelen y las cargas opuestas se atraen.
- k es la constante de *Coulomb* o constante eléctrica de proporcionalidad. La fuerza varía según la permitividad eléctrica (ε) del medio, bien sea agua, aire, aceite, vacío, entre otros.
- q_i es el valor de las cargas eléctricas medidas en *Coulomb* (C).
- r es la distancia que separa a las cargas y que es medida en metros (m).

De la ecuación de la ley de *Coulomb* se deduce que <u>iones pequeños y con carga elevada presentan mayor energía reticular</u> porque la atracción entre los iones será mayor.

Energía reticular	$MgCl_2 > CaCl_2 > NaF > NaBr$
Punto de fusión / ebullición	$MgCl_2 > CaCl_2 > NaF > NaBr$
Solubilidad	$NaBr > NaF > CaCl_2 > MgCl_2$

La **energía reticular de disociación** U_d que el energía necesaria para separar completamente un *mol* de un compuesto iónico sólido en sus iones en estado gaseoso (energía positiva, que es como suele tabularse).

La **energía reticular de formación** ($U_f = -U_d$, energía negativa) es la energía que se desprende cuando un sólido cristalino se forma a partir de los correspondientes iones en estado gaseoso.

Los <u>compuestos iónicos con mayor energía reticular</u> estarán formados por <u>iones de gran carga y pequeño tamaño</u>.

La relación entre el punto de fusión y la energía reticular es directamente proporcional. Por tanto, <u>cuanto mayor es la energía reticular de un compuesto mayor es su punto de fusión</u>, ya que debemos aportar mayor cantidad de energía para lograr separar los iones entre sí.

EJERCICIO 6.1

¿Que compuesto químico tiene mayor energía reticular el MgO o el BaO?

Ambos tienen las mismas cargas pero como el Mg^{2+} tiene un radio iónico menor que el Ba^{2+}, el MgO tiene mayor energía reticular.

EJERCICIO 6.2

¿Que compuesto químico es más soluble en el agua el MgO o el BaO?

Ambos tienen las mismas cargas pero como el Mg^{2+} tiene un radio iónico menor que el Ba^{2+}, el MgO tiene mayor energía reticular.

El *BaO* es más soluble en el agua que el *MgO* ya que al tener menor energía reticular, al agua le costará menos trabajo separar las cargas.

6.5.2 Sistemas cristalinos

En un compuesto iónico, cada ión se rodea de otros de signo contrario formando una red tridimensional que está formada por una unidad básica de construcción, o **"celdilla unidad"**, que se repite en las tres direcciones del espacio (es decir, es la unidad estructural más pequeña que representa por completo la simetría u orden espacial de la estructura).

La **distancia interiónica** r_0 es distancia de equilibrio entre el catión y el anión.

El **factor de empaquetamiento** es la fracción de volumen de una celdilla unidad ocupada por átomos.

En función de cómo se combinan las tres aristas y los tres ángulos (denominados parámetros de red) que definen el paralelepípedo de la celda unidad podemos tener 7 redes cristalinas o **sistemas cristalinos**: Cúbico, Tetragonal, Ortorrómbico, Trigonal, Hexagonal, Monoclínico y Triclínico.

En función de cómo los iones se pueden disponer en estas celdillas unidad, tenemos 4 **tipos de celdas**: primitiva (P), centrada en el cuerpo (I), centrada en una cara (C) y centrada en las caras (F).

Química general

Existen 7 sistemas cristalinos y 4 tipos de celdas los cuales originan 14 tipos de redes posibles denominadas **redes de Bravais**.

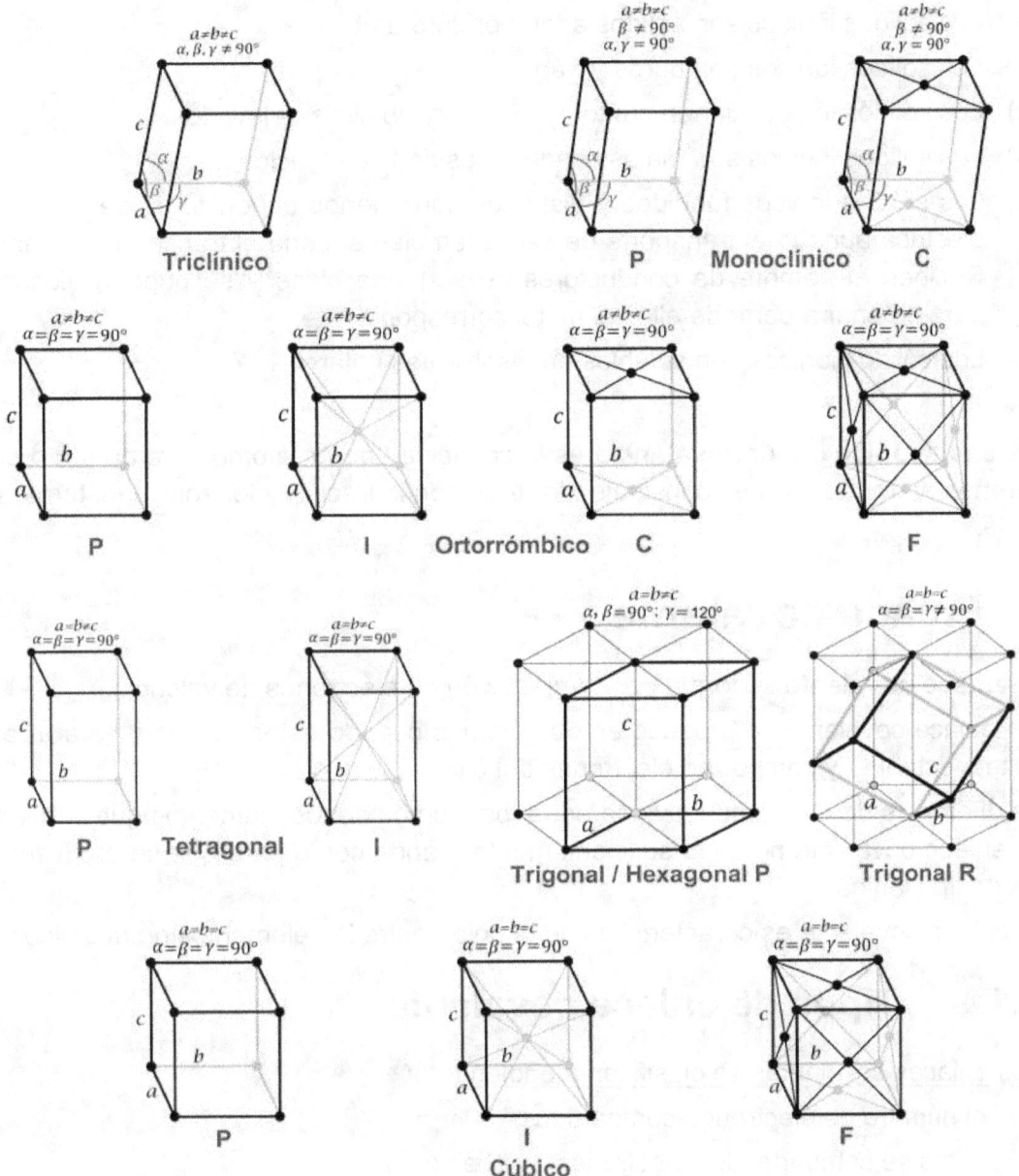

Figura 6.2. Redes de *Bravais*

6.5.3 Propiedades de los sólidos iónicos

Propiedades de los sólidos iónicos:
a) Los sólidos iónicos son sólidos a temperatura ambiente.
b) Los sólidos iónicos son duros y frágiles.
c) Los sólidos iónicos tienen puntos de fusión y ebullición elevados.
d) Los sólidos iónicos son malos conductores de la electricidad.
e) Los sólidos iónicos fundidos y disueltos son buenos conductores de la corriente eléctrica aunque el transporte de carga también supone el transporte de materia. Reciben el nombre de conductores de segunda clase y se pueden electrolizar para obtener a partir de ellos el metal correspondiente.
f) Los sólidos iónicos son solubles en disolventes polares.

Valencia iónica o electrovalencia es la capacidad de un átomo para perder o ganar electrones y formar iones consiguiendo una configuración electrónica externa más estable.

6.6 Enlace covalente

El **enlace covalente** se forma por compartición de electrones de valencia.

Un enlace covalente se produce en dos átomos cuando estos se unen, para alcanzar el "octeto estable", y comparten electrones del último nivel.

La diferencia de electronegatividad entre los átomos de los elementos que intervienen en el enlace covalente no es lo suficientemente grande como para que se produzca una unión de tipo iónica.

El enlace covalente es característico de la unión entre los elementos no metálicos.

6.6.1 Tipos de enlace covalente

Los enlaces covalentes se clasifican atendiendo a:
a) el número de electrones compartidos.
b) cómo se comparten los electrones en el enlace.

Tipos de enlace covalente atendiendo al número de electrones compartidos:
a) **Enlace covalente simple** en el que cada átomo aporta un electrón al enlace. Es decir, se comparte un par de electrones entre dos átomos.

b) **Enlace covalente doble** en el que cada átomo aporta dos electrones al enlace. Es decir, se comparten dos pares de electrones entre dos átomos.

c) **Enlace covalente triple** en el que cada átomo aporta tres electrones al enlace. Es decir, se comparten tres pares de electrones entre dos átomos.

A medida que se compartan más pares de electrones en el enlace covalente, la distancia entre los átomos unidos será menor y el enlace será más fuerte y por tanto hará falta más energía para romperlo.

Tipos de enlace covalente atendiendo a cómo se comparten los electrones en el enlace:

a) **Enlace covalente apolar** cuando los átomos de los elementos unidos por el enlace tienen la misma o similar electronegatividad. En este caso los electrones enlazantes se comparten por igual entre los átomos que intervienen en el enlace.

b) **Enlace covalente polar** cuando los átomos de los elementos unidos por el enlace tienen la distinta electronegatividad. En este caso los electrones enlazantes no se comparten por igual entre los átomos que intervienen en el enlace. El átomo más electronegativo, atrae más a los electrones compartidos del enlace y queda con un exceso de carga negativa (δ^-) y el menos electronegativo con un defecto de carga negativa (δ^+).

c) **Enlace covalente coordinado** o **dativo** es un enlace covalente en el cual, el par de electrones compartidos ha sido proporcionado por uno solo de los átomos implicados.

A medida que aumenta la diferencia de electronegatividad, el enlace covalente va adquiriendo un carácter iónico creciente. La polaridad del enlace se mide por medio de una magnitud física llamada momento dipolar μ.

6.6.1.1 Polaridad de las moléculas

Un enlace resulta polar cuando los átomos enlazados cuentan con electronegatividades diferentes.

La polaridad es tanto mayor cuanto mayor sea la diferencia de electronegatividad y la distancia internuclear.

Se define el **momento dipolar** de un enlace μ, como el producto de la carga desplazada por la distancia entre ambos centros de carga.

$$\vec{\mu}_{enlace} = \delta \cdot \vec{r}_{enlace}$$

Química general

La unidad para el momento dipolar es el *Debye* (*D*). Siendo, $1D = 3{,}338 \cdot 10^{-30} C \cdot m$

El **momento dipolar de una molécula** es la suma vectorial de los momentos dipolares de sus enlaces.

$$\vec{\mu}_{molécula} = \sum \vec{\mu}_{enlace}$$

Una **molécula es polar** cuando su momento dipolar es distinto de cero.

Una **molécula es apolar** cuando su momento dipolar es cero.

Una molécula diatómica es polar siempre que su enlace covalente lo sea.

Así las moléculas diatómicas homonucleares (O_2, Cl_2, N_2...) son siempre apolares mientras que otras diatómicas como el *HBr* son polares porque existe diferencia de electronegatividad entre sus átomos.

En el caso de moléculas triatómicas y superiores la presencia de enlaces polares no garantiza que la molécula en conjunto lo sea. Esto es debido a que al tratarse de una magnitud vectorial, los momentos dipolares de varios enlaces pueden anularse mutuamente.

Por lo tanto, para estudiar la polaridad de las moléculas debemos:
1. Dibujar la geometría de la molécula. ¡Importante! Si no dibujamos su geometría sino solo la estructura de *Lewis* podemos equivocarnos fácilmente.
2. Dibujar los momentos dipolares individuales de los enlaces (dirigido desde el elemento menos electronegativo hacia el más electronegativo) y sumarlos vectorialmente para obtener el momento dipolar total. Si la suma es 0, la molécula es apolar, de lo contrario es polar.
3. Como factor secundario, la presencia de pares de electrones no enlazantes en el átomo central (acumulación de carga negativa) acrecienta o debilita el efecto polar.

EJEMPLO

BeCl₂

Cl — Be — Cl   μ=0

Molécula apolar. Aunque tiene enlaces polares, los momentos dipolares individuales se anulan por la propia geometría de la molécula y el momento dipolar total es 0.

BF₃

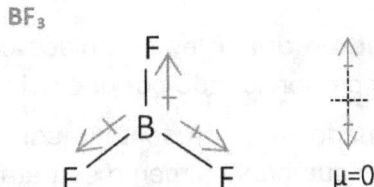

μ=0

Molécula apolar. Aunque tiene enlaces polares, los momentos dipolares individuales se anulan por la propia geometría de la molécula y el momento dipolar total es 0.

CCl₄

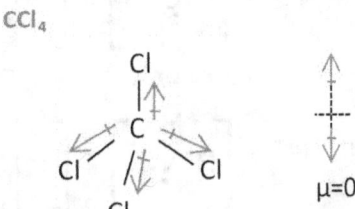

μ=0

Molécula apolar. Aunque tiene enlaces polares, los momentos dipolares individuales se anulan por la propia geometría de la molécula y el momento dipolar total es 0.

H₂O

:O:
H   H   μ≠0

Molécula polar. Los momentos dipolares individuales se refuerzan y se dirigen hacia el O. Los pares de electrones solitarios del oxígeno en el mismo sentido que el vector resultante aumentan el efecto polar.

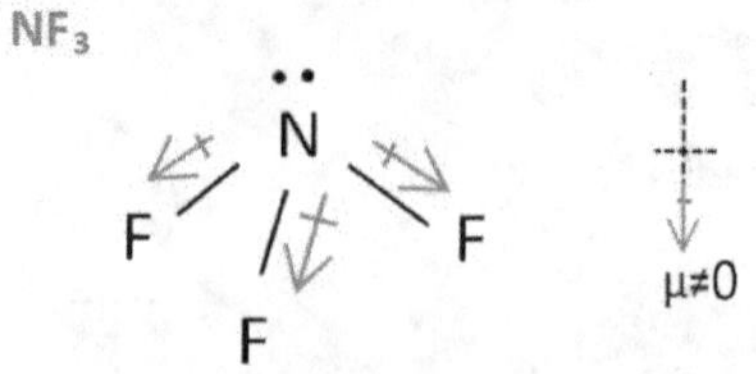

Química general

NF₃

Molécula polar. Los momentos dipolares individuales se refuerzan y se dirigen hacia los *F*. Los pares de electrones solitarios del *N* en el sentido opuesto al vector resultante disminuyen el efecto polar.

6.6.1.2 Enlace covalente coordinado o dativo

Enlace covalente coordinado o **dativo** es un enlace covalente en el cual, el par de electrones compartidos ha sido proporcionado por uno solo de los átomos implicados.

El enlace covalente coordinado se representa mediante una estructura de *Lewis* encerrado entre corchetes, dado que habitualmente se trata de iones poliatómicos.

EJEMPLO

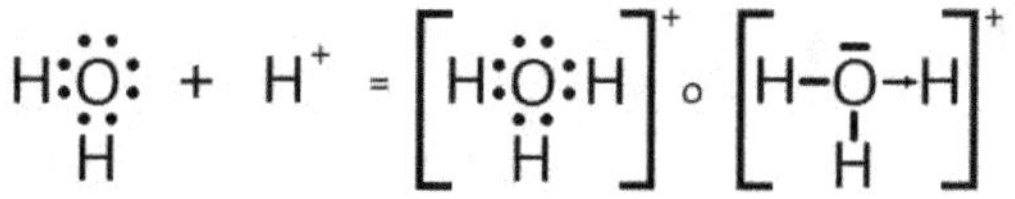

Ión oxonio.

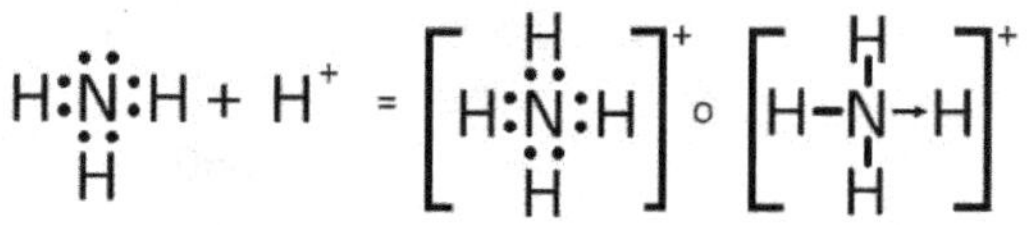

Ión amonio.

Química general

6.6.2 Estructuras de *Lewis*

La estructura de *Lewis* es una representación de cómo se enlazan los átomos pero en ningún caso refleja la geometría de la molécula.

IA	IIA	IIIA	IVA	VA	VIA	VIIA	VIIIA
H•							•He•
Li•	•Be•	•B•	•C•	•N•	•O•	•F•	•Ne•
Na•	•Mg•	•Al•	•Si•	•P•	•S•	•Cl•	•Ar•
K•	•Ca•	•Ga•	•Ge•	•As•	•Se•	•Br•	•Kr•
Rb•	•Sr•	•In•	•Sn•	•Sb•	•Te•	•I•	•Xe•
Cs•	•Ba•	•Tl•	•Pb•	•Bi•	•Po•	•At•	•Rn•
Fr•	•Ra•						

Electrones de valencia

Grupo	Electrones de valencia
1	1
2	2
13	3
14	4
15	5
16	6
17	7
18	8 Excepto el He que tiene 2

Electrones de valencia de los elementos de la tabla periódica

Química general

La estructura de *Lewis* es la representación de cómo se enlazan esos electrones de valencia (representados por puntos) de cada átomo para formar finalmente un conjunto en el que cada uno de ellos queda rodeado por 8 electrones (regla del octeto).

En esta estructura los electrones pueden estar compartidos formando parte del enlace covalente o bien no compartidos a los que llamamos solitarios o no enlazantes.

EJEMPLO

Estructura de *Lewis* del O_2

<u>Reglas para enlaces covalentes utilizando las estructuras de *Lewis*</u>:

a) En caso de especies triatómicas o superiores, debemos elegir un átomo central. Éste será el que tiene mayor covalencia (ya que podrá formar mayor número de enlaces con otros átomos). También solemos decir que el átomo central será el menos electronegativo.

Por el contrario, algunos como el *H* siempre ocupan una posición periférica.

b) Podemos usar la siguiente ecuación para obtener las estructuras de *Lewis*:
- Electrones compartidos = Electrones necesarios – Electrones disponibles.
  - Electrones necesarios = (numero de átomos enlazados) · 8
- Enlaces = (Electrones compartidos) /2
- Electrones solitarios = Electrones disponibles – Electrones compartidos.

Electrones necesarios son los electrones a los que debe llegar cada elemento (siempre serán 8; exceptuando el *H* que es 2).

Electrones disponibles son los electrones que tiene cada elemento en la capa de valencia.

EJERCICIO

Escribir la estructura de Lewis del CO.

Electrones necesarios = 8*2 = 16

Electrones compartidos = 16 – (4+6) = 6

Enlaces = 6/2 = 3

Electrones solitarios = (4+6) - 6 = 4

Química general

$$\overline{C} \equiv \overline{O}$$
Estructura de *Lewis* del CO

EJERCICIO

Escribir la estructura de Lewis del CO_2.

Electrones necesarios = 8*3 = 24

Electrones compartidos = 24 − (4+2*6) = 8

Enlaces = 8/2 = 4

Electrones solitarios = (2*6+4) - 8 = 8

$$\overline{O} = C = \overline{O}$$
Estructura de *Lewis* del CO_2

6.6.3 Resonancia

Existen algunas moléculas que presentan lo que llamamos **mesomería** o **resonancia**, lo cual implica que no son satisfactoriamente representadas mediante una única estructura de *Lewis* que sea consistente con sus propiedades reales. Por lo tanto, la estructura correcta es una combinación de dos o más estructuras de *Lewis*. En este caso, a cada estructura de *Lewis* se denomina **resonante** y al conjunto de estructuras de *Lewis* se denomina **híbrido de resonancia.**

La resonancia consiste en la combinación lineal de estructuras teóricas de una molécula (estructuras resonantes o en resonancia) que no coinciden con la estructura real, pero que mediante su combinación nos acerca más a su estructura real.

Requisitos para escribir estructuras de *Lewis* resonantes:

a) Las estructuras resonantes sólo suponen movimiento de electrones (NUNCA de átomos) desde posiciones adyacentes.

b) Las estructuras resonantes en la que todos los átomos del 2º período poseen octetes completos son más importantes (contribuyen más al híbrido de resonancia) que las estructuras que tienen los octetes incompletos.

c) Las estructuras más importantes son aquellas que supongan la mínima separación de carga.

d) En los casos en que una estructura de *Lewis* con octetes completos no puede representarse sin separación de cargas, la estructura más importante será aquella en la que la carga negativa se sitúa sobre el átomo más electronegativo y la carga positiva en el más electropositivo.

EJEMPLO

Estructuras resonantes del ion nitrato NO_3^-

Estructuras resonantes del benzeno

6.6.4 Teorías del enlace covalente

Teorías del enlace covalente:
a) Teoría del octete de *Lewis*.
b) Teoría de repulsión de pares de electrones de la capa de valencia (TRPECV).
c) Teoría del enlace de valencia (TEV).
d) Teoría de los enlaces moleculares (TOM).

6.6.4.1 Teoría del octeto de *Lewis*

El objetivo del enlace covalente es estabilizar la configuración electrónica de los átomos que se unen y puesto que lo más estable que conocemos son los gases nobles (con 8 electrones en la capa de valencia) lo lógico será que el fin de nuestra unión sea hacer que coincida con la de ellos. Esta tendencia se conoce como la **regla del Octeto.**

Según la teoría del octeto de *Lewis* los átomos se unen compartiendo electrones de valencia hasta conseguir completar la última capa con 8 e⁻ (4 pares de e⁻) y conseguir la configuración estable de un gas noble: s^2p^6. Es decir, al aproximarse se produce un reajuste mutuo de las nubes electrónicas externas de forma que cada átomo adquiere la configuración estable de un gas noble (s^2p^6).

La regla del octeto sólo es estrictamente válida para algunos elementos de los grupos principales, generalmente los elementos no metálicos del segundo periodo.

Química general

Los elementos del grupo 1 (como el *H* y el *He*) se rodean de 2 electrones y los del grupo 2 (como *Be*) se rodean de 4 e⁻ en la mayoría de los compuestos. El grupo 13, como el *B*, se rodea de 6 e⁻ en muchos casos.

El fósforo se rodea de 10 electrones y el azufre de hasta 12 (suele explicarse por la presencia de orbitales d vacíos en los elementos del tercer período, que permiten la extensión de su capa de valencia).

Hipovalencia resulta del incumplimiento de la regla del octeto por defecto.

Hipervalencia resulta del incumplimiento de la regla del octeto por exceso.

6.6.4.2 Teoría de repulsión de pares de electrones de la capa de valencia (TRPECV)

Las estructuras de *Lewis* son útiles para establecer la distribución de los pares electrónicos en las moléculas pero no aportan nada sobre su previsible geometría.

Un modelo simple pero útil para racionalizar la estructura molecular de un compuesto es el conocido con el acrónimo VSPR (Valence Shell Electronic Pair Repulsion) o en su traducción española RPECV (Repulsión entre Pares de Electrones de la Capa de Valencia) o bien TRPECV (Teoría de Repulsión entre Pares de Electrones de la Capa de Valencia).

El método **Repulsión de los pares de electrones de la capa de valencia** (RPECV) nos permite predecir la geometría de la molécula y su hipótesis central se basa en que: *Las nubes electrónicas de los pares de electrones de la capa de valencia que rodean al átomo central se repelen entre sí, adoptando la disposición espacial que minimice la repulsión eléctrica.*

Nube de electrones, **nube atómica** o **corteza electrónica** es la parte periférica del átomo, región que rodea al núcleo atómico y en la cual los electrones están en movimiento permanente, en estados descriptos por los orbitales atómicos.

Una nube electrónica no es un orbital.

El modelo RPECV funciona aceptablemente para compuestos formados por átomos de los bloques *s* y *p* pero en absoluto es aplicable a los formados por elementos de transición.

Química general

El modelo asume como base que cada par de electrones de la capa de valencia, sean de enlace PE o solitarios PS, tiene asociado un dominio espacial en el que existe una alta probabilidad de encontrarlos.

En el modelo de RPECV se suelen utilizar las siguientes letras para representar a los compuestos:

- A: átomo central.
- X: Ligandos o átomos unidos al átomo central. Pares de electrones compartidos (PE) en un enlace o nubes electrónicas enlazantes.
- E: Pares de electrones solitarios (PS) asociados al átomo central o nubes electrónicas no enlazantes.

Para predecir la geometría de una molécula se procede del siguiente modo:

1. Se escribe la estructura de *Lewis* de la cual se deduce el número de pares de electrones presentes en el átomo central, ya sean solitarios o de enlace. Se trata un enlace doble de forma equivalente a uno sencillo.
2. Se distribuyen dichos pares de electrones espacialmente de forma que se minimicen las repulsiones. Cuando los pares solitarios pueden ser situados en mas de una posicion no equivalentes se sitúan alli donde se reduzcan las repulsiones cuanto sea posible.
3. La geometría molecular viene determinada por la posición de los átomos periféricos unidos al átomo central.

Química general

PS+PE	Distribución	Fórmula Molecular	Geometría Molecular	Ejemplos
2	Lineal (180°)	AX_2	Lineal	BeH_2
3	Triangulo equilatero (120°)	AX_3	Trigonal Plana	BCl_3, $AlCl_3$
		AX_2E	Angular	$SnCl_2$
4	Tetraedro (109.5°)	AX_4	Tetraédrica	CH_4, $SiCl_4$
		AX_3E	Pirámide Trigonal	NH_3, PCl_3
		AX_2E_2	Angular	H_2O, SCl_2
		AXE_3	Angular	HF
5	Bipirámide Trigonal (90°, 120°)	AX_5	Bipirámide Trigonal	PCl_5, AsF_5
		AX_4E	Disferoidal	SF_4
		AX_3E_2	Forma de T	ClF_3
		AX_2E_3	Lineal	XeF_2
6	Octaédro (90°)	AX_6	Octaédrica	SF_6
		AX_5E	Pirámide base cuadrada	BrF_5
		AX_4E_2	Cuadrada plana	XeF_2

Geometría molecular según TRPECV

Generalmente las moléculas no presentan unas geometrías tan regulares como las hasta aquí mostradas. En el mundo real, se observan notables distorsiones respecto de dichas geometrías ideales. Estas desviaciones tienen su origen en tres factores diferentes:

1.- Coexistencia de pares de electrones enlazantes y no enlazantes.

2.- Coexistencia de átomos diferentes (y con diferente electronegatividad).

3.- Presencia de enlaces múltiples.

EJERCICIO 6.1

¿Cuál será la geometría de los siguientes iones y moléculas: $SiBr_4$, SF_6, BF_4^-, PCl_5, $SbCl_6^-$, SiF_6^{2-}, PCl_3, y PCl_6^- ?

Solución:

Ión o molécula	Geometría
$SiBr_4$	Tetraédrica
SF_6	Octaédrica
BF_4^-	Tetraédrica
PCl_5	Bipirámide trigonal
$SbCl_6^-$	Octaédrica
SiF_6^{2-}	Octaédrica
PCl_3	Bipirámide trigonal
PCl_6^-	Octaédrica

6.6.4.2.1 Coexistencia de pares de electrones enlazantes y no enlazantes

Un par de electrones no enlazantes (par solitario, PS) esta sometido exclusivamente a la Z de su propio núcleo mientras que un par de electrones enlazantes (PE) lo está a los dos núcleos a los que enlaza y por tanto esta fuertemente localizado en la región internuclear.

Por tanto, es lógico pensar que dado que <u>el dominio espacial de un PS está más deslocalizado ocupará por tanto un volumen mayor que un PE</u>. La consecuencia inmediata es que las repulsiones ® que generan los PS y los PE no son equivalentes, pudiéndose establecer la siguiente secuencia de repulsiones:

$$R(PS-PS) \gg R(PS-PE) > R(PE-PE)$$

Así, una molécula que tenga 1PS y 3PE que en principio debería tener unos ángulos de enlace próximos a los 109,5° teóricos para un tetraedro, en realidad estos ángulos serán mucho menores.

Química general

H—C(H)(H)—H 109.5	N(H)(H)—H 107	O(H)—H 105
Metano	Amoníaco	Agua
4 pares de enlace	3 pares de enlace	2 pares de enlace
tetraédrica	1 par solitario	2 pares solitarios
	piramidal	angular

6.6.4.2.2 Coexistencia de átomos diferentes y de distinta electronegatividad

La presencia de diversos átomos periféricos dentro de una molécula (AX_3Y) introduce distorsiones respecto de la geometría ideal.

Comparemos dos moléculas AX_3 y AY_3 donde X e Y son átomos periféricos de diferente electronegatividad. Si la X es más electronegativo que Y, cabe esperar que atraiga más eficazmente a los electrones del par de enlace, disminuyendo las repulsiones que generan entre ellos en las proximidades del átomo central y por tanto facilitando que el ángulo en XAX sea mas cerrado que en YAY.

6.6.4.2.3 Presencia de enlaces múltiples

La coexistencia de enlaces simples y múltiples en una misma molécula origina una cierta asimetría en las repulsiones siempre que estén localizados. Un enlace múltiple supone una mayor densidad electrónica en la región interatómica lo que conlleva mayores repulsiones electrostáticas frente a las que pueda originar uno sencillo.

Cuando en la molécula tenemos enlaces que pueden resonar entre todas las posiciones posibles la molécula adopta la geometría ideal prevista por el modelo.

6.6.5 Teoría del enlace de valencia (TEV)

La **Teoría el enlace de valencia** (TEV) establece que los enlaces se forman como consecuencia de solapamiento de los orbitales atómicos con electrones desapareados y espines opuestos.

La formación del enlace entre dos átomos se produce por la interpenetración de las nubes electrónicas (solapamiento) y apareamiento (espines antiparalelos) de los electrones. El enlace es tanto más fuerte cuanto mayor sea el solapamiento.

Los electrones ya apareados no formarán enlaces; por tanto un elemento puede formar un número de enlaces covalentes igual al número de electrones desapareados. Es decir, el número de electrones desapareados de un átomo se denomina **covalencia**.

Las <u>condiciones para un buen solapamiento entre orbitales de enlace</u> son:
- Aproximación con orientación adecuada.
- Energía orbital similar (tamaño parecido de los orbitales).
- Orbitales con electrones desapareados

El enlace se forma cuando la energía potencial del sistema alcanza un valor mínimo (punto de máxima estabilidad).

En la teoría de los enlaces de valencia (TEV), los orbitales moleculares se forman por solapamiento de los orbitales atómicos. Para un mejor solapamiento de los orbitales atómicos de partida, estos deben tener tamaño y energías parecidas, así como estructuras espaciales adecuadas. La simetría de los orbitales moleculares formados, depende de los orbitales atómicos que participan en el enlace y de la forma en que se solapan.

Existen dos posibilidades de solapamiento de orbitales atómicos:
a) **Enlace σ** formado por solapamiento frontal de orbitales.
b) **Enlace π** formado por solapamiento lateral de orbitales.

El enlace π es más débil que el enlace σ.

Química general

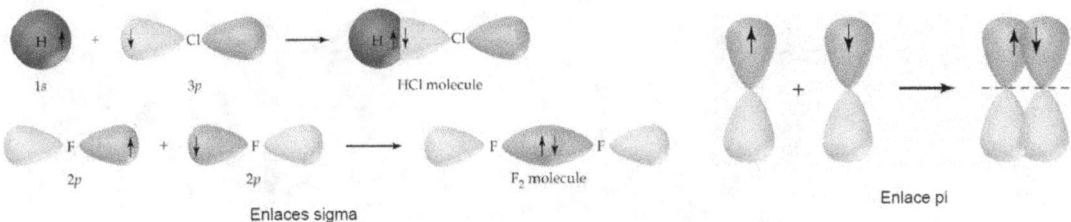

Enlaces sigma   Enlace pi

Enlaces σ y enlaces π

6.6.5.1 Orbitales moleculares sigma (σ).

Los orbitales atómicos se solapan frontalmente y se produce un único solapamiento de las respectivas nubes electrónicas. Tiene un eje de simetría con respecto a la línea que une los dos núcleos. Una rotación con respecto a dicho eje no produce ningún cambio. La máxima probabilidad de encontrar a los electrones en este tipo de orbitales, se concentra entre los dos núcleos fundamentalmente.

EJEMPLO

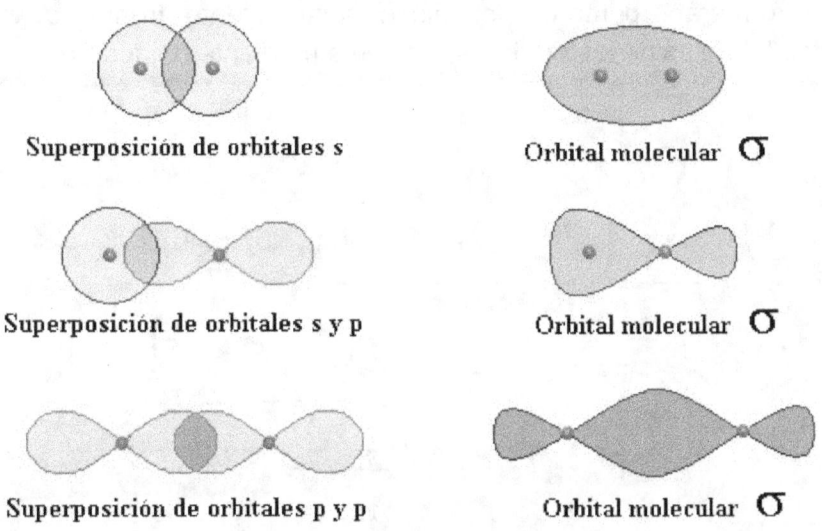

Orbitales moleculares sigma

6.6.5.2 Orbitales moleculares *pi* (π)

Los orbitales atómicos se solapan lateralmente y se produce dos o más solapamiento de las respectivas nubes electrónicas. Existe un plano nodal de simetría que incluye a los núcleos y la máxima probabilidad de encontrar a los electrones en el orbital molecular formado no se concentra entre los núcleos

Química general

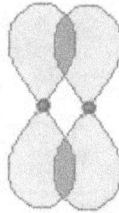 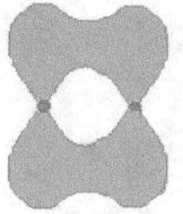

Superposición de orbitales p   Orbital molecular π

Orbitales moleculares pi.

Un orbital molecular es tanto más estable cuanto mayor es el grado de solapamiento entre los orbitales atómicos que lo forman. Los orbitales moleculares s son más estables que los p porque el grado de solapamiento de los orbitales s es mayor que el de los p.

> Los enlaces simples se forman siempre por solapamiento frontal mediante enlace tipo σ y puesto que <u>no puede haber más de un solapamiento frontal</u>, los enlaces múltiples se formarán, primero, por dicho solapamiento frontal σ y el resto por solapamientos laterales de los orbitales restantes mediante enlaces π.

EJEMPLO

H_2 $\quad\quad\quad\quad$ H → **$1s^1$**

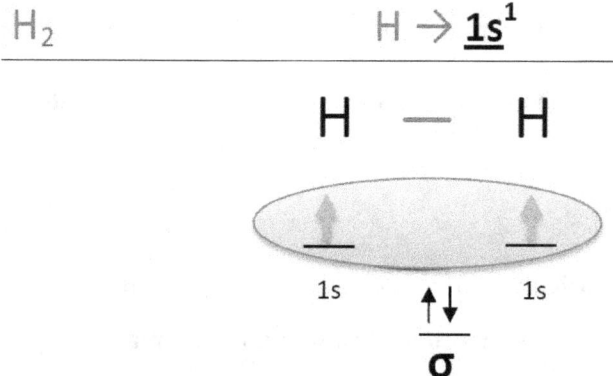

Ejemplo de un enlace σ. Cada átomo de Hidrógeno presenta 1 solo electrón desapareado en un orbital tipo 1s. La unión entre los dos átomos de Hidrógeno tiene lugar al solaparse frontalmente mediante enlace σ dichos orbitales (1 enlace tipo σ)

Química general

O_2 $\qquad$ $O \rightarrow 1s^2\,\underline{2s^2 2p^4}$

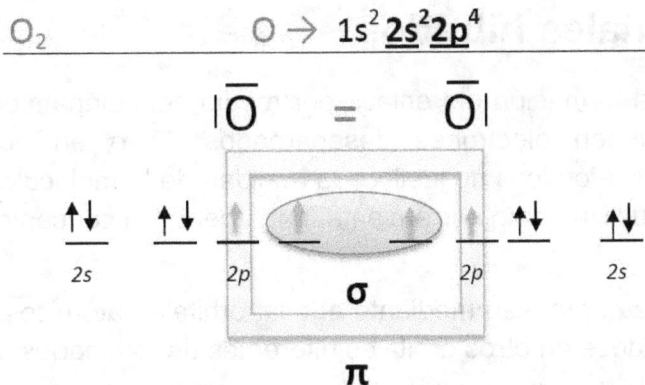

Ejemplo de un enlace σ y π. Cada átomo de Oxígeno presenta 2 electrones desapareados en dos orbitales tipo 2p. La unión entre los dos átomos de oxígeno tiene lugar al solaparse frontalmente mediante enlace σ un orbital 2p de cada uno de ellos y al solaparse lateralmente mediante enlace π el otro orbital 2p restante de cada uno de ellos. (1 σ + 1π).

N_2 $\qquad$ $N \rightarrow 1s^2\,\underline{2s^2 2p^3}$

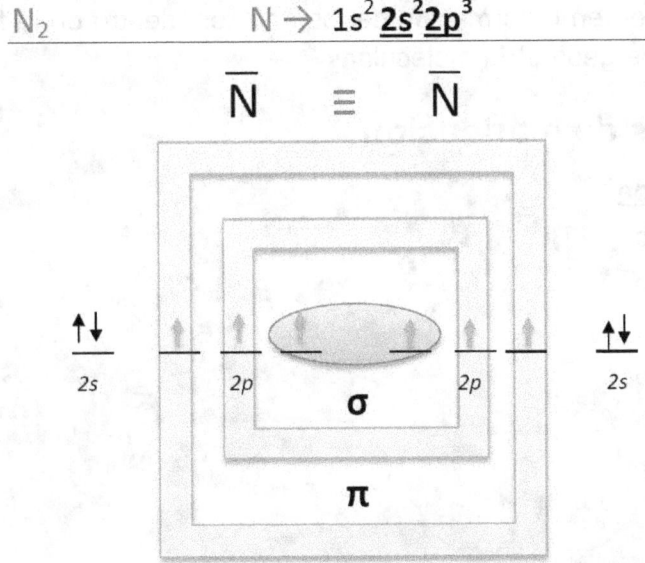

Ejemplo de un enlace σ y π y π. Cada átomo de Nitrógeno presenta tres electrones desapareados en tres orbitales tipo 2p. La unión entre los dos átomos de Nitrógeno tiene lugar al solaparse frontalmente mediante enlace σ un orbital 2p de cada uno de ellos. El resto de los orbitales 2p se solapan lateralmente originando dos enlaces tipo π. (1 σ + 2 π)

6.6.6 Orbitales híbridos

La TEV justifica la formación del enlace por medio del solapamiento de dos orbitales atómicos que contienen electrones desapareados. Pero en numerosos casos la utilización de orbitales atómicos no justifica la realidad de la molécula. Para justificar este aspecto, esta teoría utiliza como herramienta fundamental el concepto de orbital híbrido.

La **hibridación** es el proceso mediante el cual orbitales atómicos puros se combinan entre sí, transformándose en otros orbitales diferentes denominados orbitales híbridos:
- Se forman tantos orbitales híbridos como orbitales atómicos puros se combinen.
- Todos los orbitales híbridos son idénticos en forma y energía.
- Los orbitales híbridos son muy direccionales y los enlaces que se obtiene con ellos son más fuertes.

En química, se conoce como **hibridación** a la interacción de orbitales atómicos dentro de un átomo para formar nuevos orbitales híbridos. Los orbitales atómicos híbridos son los que se superponen en la formación de los enlaces, dentro de la teoría del enlace de valencia, y justifican la geometría molecular.

6.6.6.1 Tipos de hibridación

Tipos de hibridación:
- Hibridación sp.
- Hibridación sp^2.
- Hibridación sp^3.
- Hibridación sp^3d.
- Hibridación sp^3d^2.

Química general

En la hibridación de orbitales atómicos hay que tener en cuenta lo siguiente:

- Los orbitales híbridos no existen en átomos aislados. Se forman solo en átomos unidos covalentemente.
- Los orbitales híbridos tienen formas y orientaciones que son muy diferentes de las de los orbitales atómicos en átomos aislados.
- Se genera un conjunto de orbitales híbridos combinando orbitales atómicos. El número de orbitales híbridos en un conjunto es igual al número de orbitales atómicos que se combinaron para producir el conjunto.
- Todos los orbitales en un conjunto de orbitales híbridos son equivalentes en forma y en energía.
- El tipo de orbitales híbridos formados en un átomo unido depende de su geometría de par de electrones según lo predicho por la teoría VSEPR.
- Los orbitales híbridos se superponen para formar enlaces σ. Los orbitales no hibridados se superponen para formar enlaces π.

6.6.6.1.1 Hibridación *sp*

Hibridación *sp* se define como la combinación de un orbital *s* y un orbital *p*, para formar 2 orbitales híbridos *sp*, con orientación lineal.

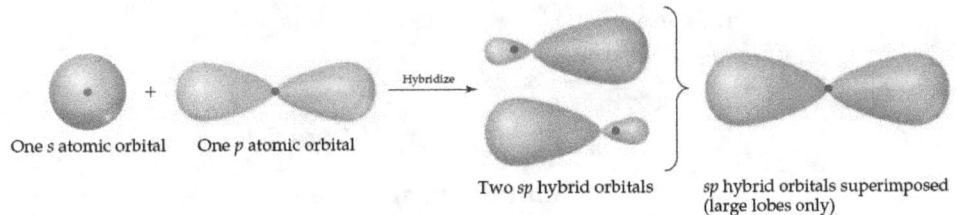

Hibridación *sp*

EJEMPLO

$BeCl_2$

Química general

6.6.6.1.2 Hibridación sp^2

Hibridación sp^2 se define como la combinación de un orbital s y dos orbitales p, para formar 3 orbitales híbridos sp^2, que se disponen en un plano formando ángulos de 120°, dando lugar a una estructura trigonal plana.

Los átomos que forman hibridaciones sp^2 pueden formar compuestos con enlaces dobles.

A los enlaces simples se les conoce como enlaces sigma (σ) y los enlaces dobles están compuestos por un enlace sigma y un enlace pi (π).

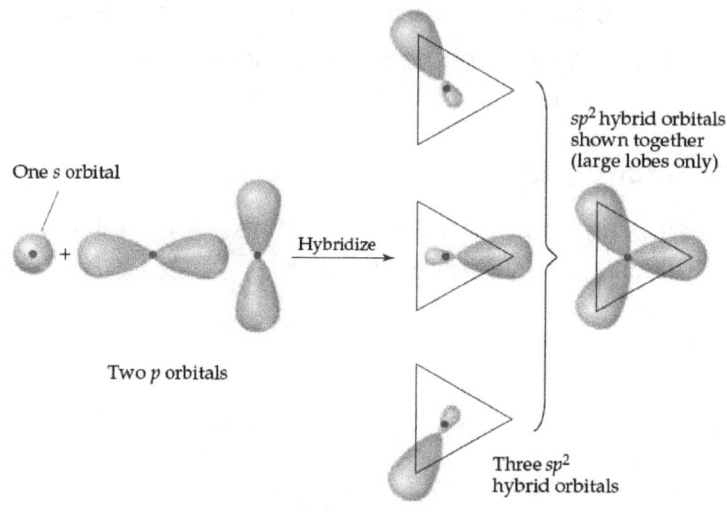

Hibridación sp^2

EJEMPLO

BCl$_3$

6.6.6.1.3 Hibridación sp^3

Hibridación sp^3 se define como la combinación de un orbital s y tres orbitales p, para formar 4 orbitales híbridos sp^3, que se disponen en un plano formando ángulos de 109,5°, dando lugar a una estructura tetraédrica.

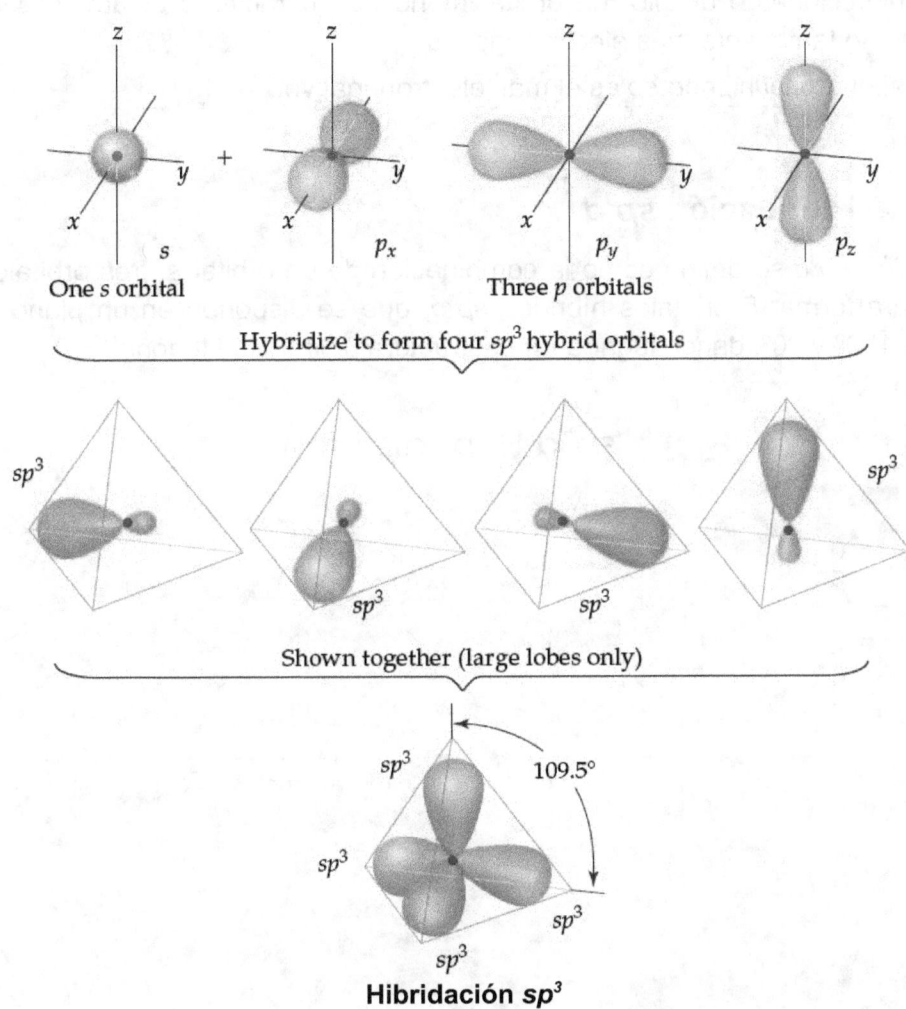

Hibridación sp^3

EJEMPLO

CCl_4

Química general

> **EJERCICIO 6.2**
>
> ¿Cual de los siguientes orbitales híbridos es el más electronegativo: sp, sp^2 y sp^3?
>
> El porcentaje de carácter s en el carbono hibridado sp, sp^2 y sp^3 es del 50 %, 33,33 % y 25 %, respectivamente.
>
> Debido a la forma esférica del orbital s, el núcleo lo atrae de manera uniforme desde todas las direcciones. Por ello, un orbital híbrido de carácter s estará más cerca del núcleo y, por lo tanto, será más electronegativo.
>
> Así pues, el orbital hibrido sp es el más electronegativo.

6.6.6.1.4 Hibridación sp^3d

Hibridación sp^3d se define como la combinación de un orbital s, tres orbitales p, y un orbital d para formar 5 orbitales híbridos sp^3d, que se disponen en un plano formando ángulos de 120° y 90°, dando lugar a una estructura bipiramidal trigonal.

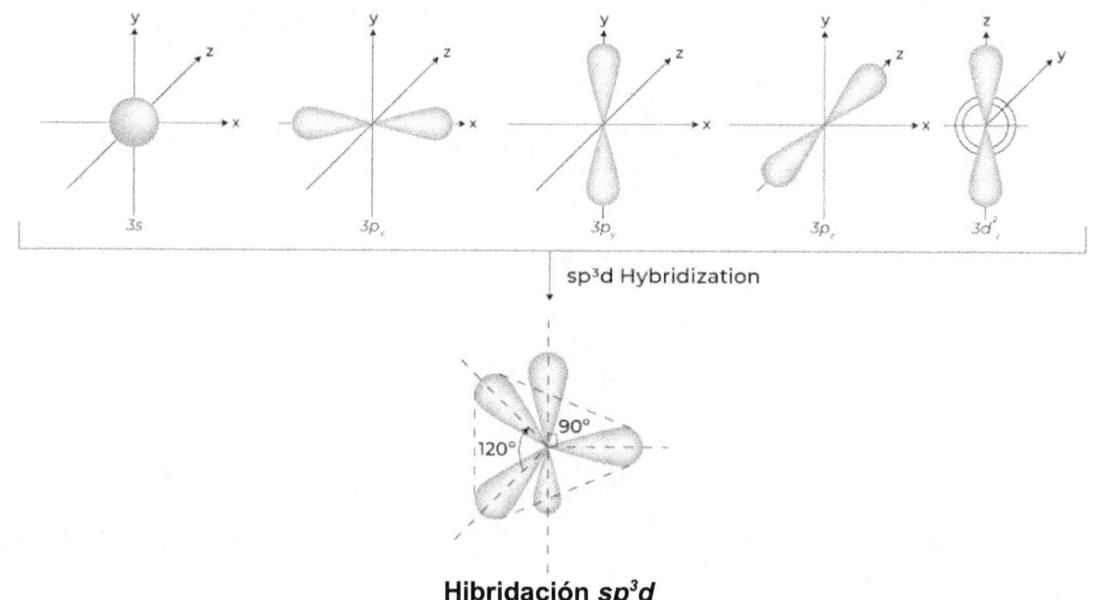

Hibridación sp^3d

6.6.6.1.5 Hibridación sp^3d^2

Hibridación sp^3d se define como la combinación de un orbital *s*, tres orbitales *p*, y dos orbitales *d* para formar 6 orbitales híbridos sp^3d^2, que se disponen en un plano formando ángulos de 90°, dando lugar a una estructura octaédrica.

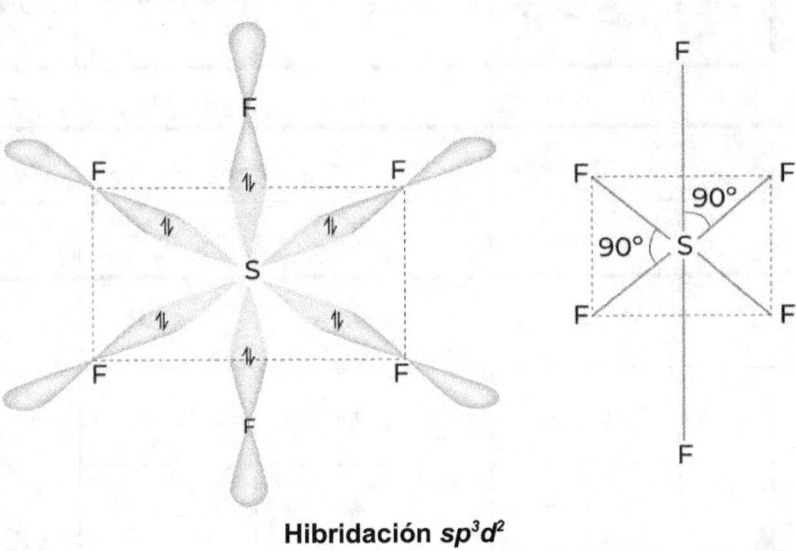

Hibridación sp^3d^2

Química general

6.6.7 Geometría molecular e hibridación

La geometría tridimensional de las moléculas está determinada por la orientación relativa de sus enlaces covalentes.

Nubes Electrónicas	Nubes de Enlace	Nubes Libres	Distribución de las Nubes Electrónicas	Geometría Molecular:	Hibridación:	Figura Representativa:
2	2	0	Lineal	Lineal	sp	
3	3	0	Trigonal plana	Trigonal plana	sp^2	
3	2	1	Trigonal plana	Angular	sp^2	
4	4	0	Tetraédrica	Tetraédrica	sp^3	
4	3	1	Tetraédrica	Piramidal trigonal	sp^3	
4	2	2	Tetraédrica	Angular	sp^3	
5	5	0	Bipiramidal Trigonal	Bipiramidal Trigonal	sp^3d	
5	4	1	Bipiramidal Trigonal	Tetraedro distorsionado	sp^3d	
5	3	2	Bipiramidal Trigonal	Forma de T	sp^3d	
5	2	3	Bipiramidal Trigonal	Lineal	sp^3d	
6	6	0	Octaédrica	Octaédrica	sp^3d^2	
6	5	1	Octaédrica	Piramidal cuadrada	sp^3d^2	
6	4	2	Octaédrica	Cuadrada plana	sp^3d^2	

Química general

Nubes Electrónicas	Nubes Electrónicas de Enlace	Nubes electrónicas Libres	Distribución de las Nubes Electrónicos	Geometría Molecular:	Hibridación:	Figura Representativa:
2	2	0	Lineal	Lineal	sp	B—A—B
3	3	0	Trigonal plana	Trigonal plana	sp^2	
3	2	1	Trigonal plana	Angular	sp^2	
4	4	0	Tetraédrica	Tetraédrica	sp^3	
4	3	1	Tetraédrica	Piramidal trigonal	sp^3	
4	2	2	Tetraédrica	Angular	sp^3	
5	5	0	Bipiramidal Trigonal	Bipiramidal Trigonal	sp^3d	
5	4	1	Bipiramidal Trigonal	Tetraedro distorsionado	sp^3d	
5	3	2	Bipiramidal Trigonal	Forma de T	sp^3d	
5	2	3	Bipiramidal Trigonal	Lineal	sp^3d	
6	6	0	Octaédrica	Octaédrica	sp^3d^2	
6	5	1	Octaédrica	Piramidal cuadrada	sp^3d^2	
6	4	2	Octaédrica	Cuadrada plana	sp^3d^2	

> **EJERCICIO 6.3**
>
> ¿Cuales son las cinco geometrías moleculares de hibridación de orbitales?
>
> Las cinco geometrías moleculares de hibridación de orbitales son: la ineal, la trigonal plana, la tetraédrica, la trigonal bipiramidal y la octaédrica.

6.6.8 Teoría de los enlaces moleculares (TOM)

Dentro del marco de la mecánica cuántica, existe otra teoría que también trata de explicar el enlace covalente. Esta es la teoría de los orbitales moleculares (TOM).

La teoría de los enlaces moleculares (TOM):
a) Considera que los electrones se encuentran deslocalizados por toda la molécula.
b) Combina orbitales atómicos para formar orbitales moleculares (σ, σ^*, π, π^*).
c) Produce interacciones enlazantes o antienlazantes en base a los orbitales que se han llenado de electrones.
d) Predice la disposición de electrones en la molécula.

Los orbitales moleculares se forman por combinación de orbitales atómicos. Si esta combinación da lugar a un orbital molecular de menor energía que los dos orbitales atómicos de partida se llama **enlazante**, y si es de mayor energía **antienlazante**. En general, los e^- sólo se disponen en orbitales moleculares antienlazantes cuando la molécula se encuentra en estado excitado, al haber absorbido energía.

Los orbitales moleculares se forman por combinación lineal de orbitales atómicos (LCAO). La combinación de funciones de onda puede venir acompañada de interferencia constructiva o destructiva que daría lugar a regiones con alta probabilidad de densidad electrónica o regiones con densidad electrónica nula (nodos).

El solapamiento de orbitales atómicos s puede dar lugar a dos tipos de orbitales moleculares σ dependiendo de si la interferencia ha sido constructiva o destructiva:
a) Orbital enlazante σ_s
b) Orbital anienlazante σ_s^*

Química general

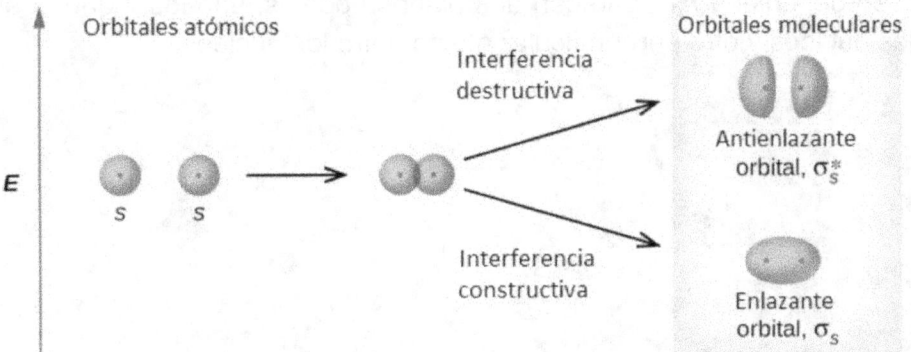

Solapamiento de orbitales atómicos s.

En el solapamiento de los orbitales atómicos p hay que tener en cuenta que el solapamiento de los orbitales p se puede producir frontalmente o lateralmente.

Cuando se solapan frontalmente dos lóbulos de orbitales p con la misma fase se produce interferencia constructiva y aumenta la densidad electrónica. Se produce entonces un orbital enlazante σ_{px} (si se produce a lo largo del eje X).

Cuando el solapamiento frontal se produce entre regiones de fases contrarias se produce interferencia destructiva, disminuye la densidad electrónica y aparece un nodo. Se produce entonces un orbital antienlazante σ_{px}^{*} (si se produce a lo largo del eje X).

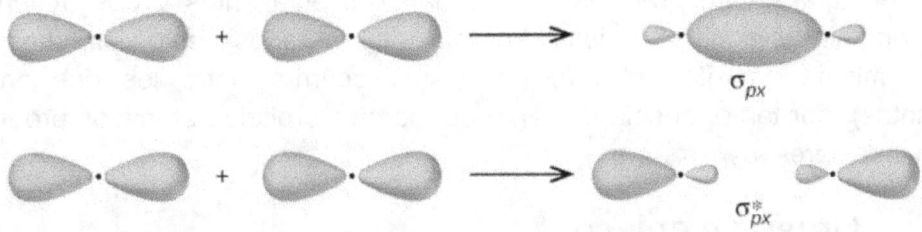

Solapamiento frontal de orbitales p.

El solapamiento lateral de dos orbitales p produce dos orbitales moleculares, uno π_p enlazante y otro π_p^{*} antienlazante dependiendo de la orientación de las fases.

El enlace π_p contiene un plano nodal en el que están los núcleos y es perpendicular a los orbitales p que se han solapado. En este caso, los electrones del enlace interactúan con los dos núcleos contribuyendo a unir los átomos.

En el caso del enlace π_p^* aparecen dos planos nodales, uno igual que el anterior que contiene los núcleos y otro perpendicular a este entre los núcleos.

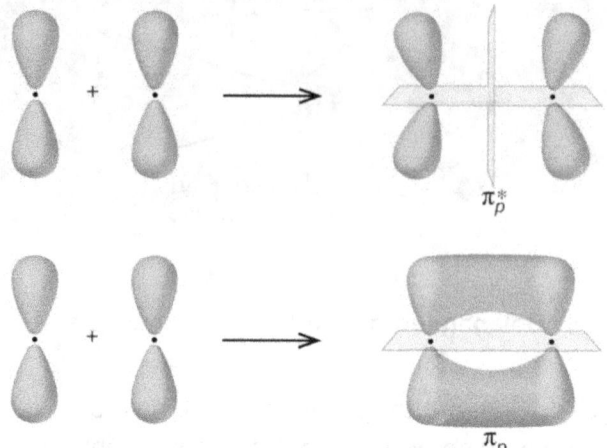

Solapamiento lateral de orbitales *p*.

En la formación de moléculas diatómicas hay que tener en cuenta que cada átomo aporta tres orbitales *p*.

En el caso del orbital p_x se producirá un solapamiento frontal con formación de dos orbitales $\sigma_p x$, uno enlazante y otro antienlazante.

En el caso de los orbitales p_y y p_z se producen dos solapamientos laterales que producirán en total cuatro orbitales π, dos de ellos enlazantes y dos antienlazantes. Como los orbitales *p* tienen la misma energía (degenerados), estos orbitales π_{py} y π_{pz} tendrán la misma energía entre sí (lo mismo ocurrirá entre los dos orbitales π antienlazantes). por tanto, el solapamiento de los seis orbitales atómicos producirá seis orbitales moleculares: σ_{px} ; σ_{px}^* ; π_{py} ; π_{py}^* ; π_{pz} y π_{pz}^*.

6.6.8.1 Orden de enlace

El **orden de enlace (OE)**, tal como lo introdujo Linus Pauling, se define como la diferencia entre el número de enlaces y anti-enlaces.

El número de enlace en sí es el número de pares de electrones (enlaces) entre un par de átomos.

EJEMPLO

En el etino $H-C\equiv C-H$ el número de enlace entre los dos átomos de carbono $C\equiv C$ es 3 y el orden de enlace entre el a´tomo de carbono e hidrógeno C-H es 1

En moléculas que tienen resonancia o enlaces no clásicos, el número de enlace puede no ser un número entero.

EJEMPLO

En el benceno, los orbitales moleculares deslocalizados contienen 6 electrones pi sobre seis carbonos, lo que esencialmente produce la mitad de un enlace pi junto con el enlace sigma para cada par de átomos de carbono, lo que da un número de enlace calculado de 1,5.

En la teoría de los orbitales moleculares, el orden de enlace se define como la mitad de la diferencia entre el número de electrones enlazados y el número de electrones antienlazantes según la siguiente ecuación:

$$OE = \frac{número\ de\ electrones\ enlazantes - número\ de\ electrones\ antienlazantes}{2}$$

Generalmente, cuanto mayor es el orden de enlace, más fuerte es el enlace. Por tanto, el número de enlace da una indicación de la estabilidad de un enlace químico.

6.6.8.2 Diagramas de energía de los orbitales moleculares

Para construir los diagramas de energía de los orbitales moleculares se disponen los niveles de energía correspondiente a los orbitales de los átomos que se van a unir, uno a la derecha y otro a la izquierda.

En el centro se colocan tantas líneas horizontales como orbitales moleculares se forman. A cada una de estas líneas llegan otras líneas con guiones desde los orbitales atómicos que producen el orbital molecular. Por cada par de orbitales atómicos que se combinen se producirar dos orbitales moleculares, uno de baja energía (enlazante) y otro de alta energía (antienlazante).

El llenado con electrones de los orbitales moleculares sigue los mismo principios que el de los orbitales atómicos (Principio de *Aufbau*, Principio de exclusión de *Pauli* y Principio de máxima multiplicidad de *Hunt*).

Química general

Los electrones entran, por tanto, en el orbital molecular de mínima energía disponible. Si entran en orbitales degenerados lo harán lo más desapareados posible. El número máximo de electrones en un orbital es dos con espines contrarios.

De la misma manera que existe la configuración electrónica de los átomos, existe también la configuración electrónica de las moléculas.

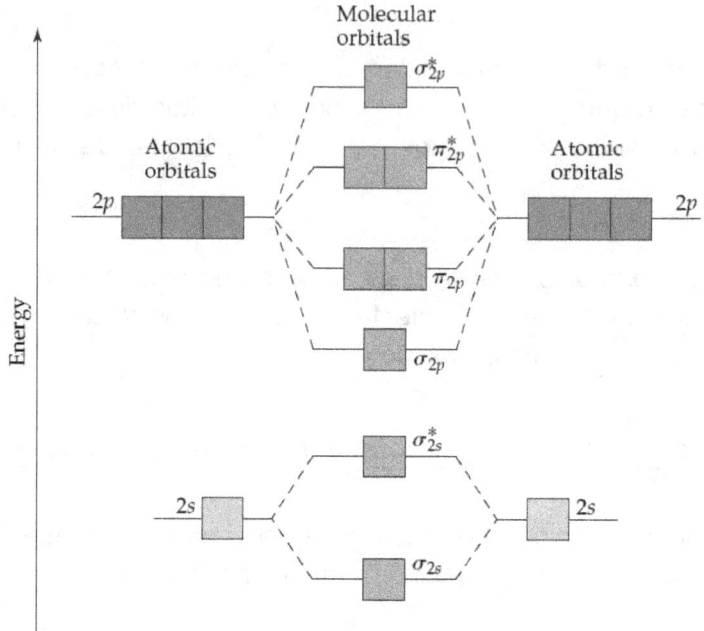

Diagrama de energía orbitales moleculares para *n* = 2.

Química general

EJEMPLO

HIDRÓGENO

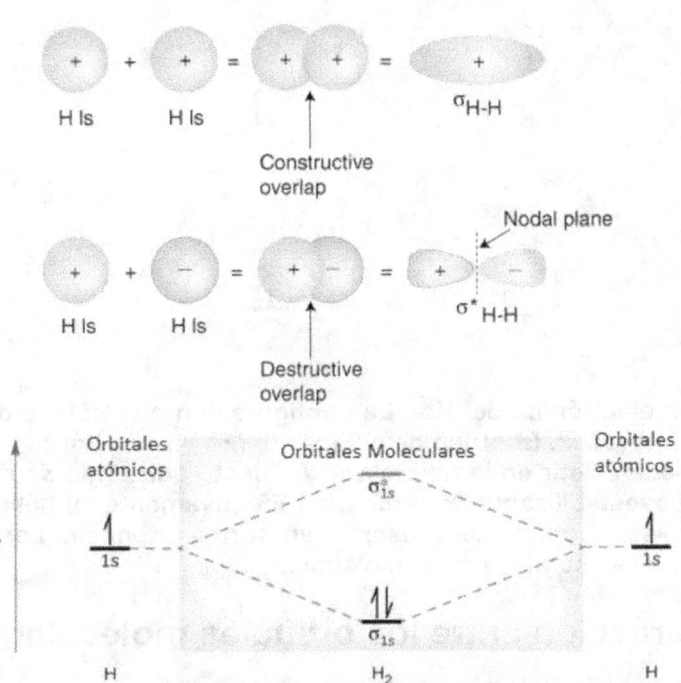

Configuración electrónica del H_2. La configuración electrónica de la molécula de hidrógeno es $(\sigma_{1s})^2$. El orden de enlace es: $(2-0)/2 = 1$. Por tanto, la molécula de hidrógeno es más estable que los dos átomos por separado y en ella se produce un enlace covalente sencillo.

Química general

HELIO

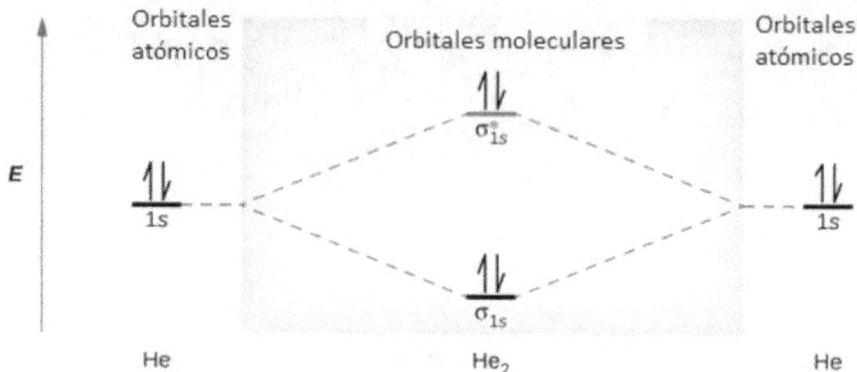

Configuración electrónica del He_2. La configuración electrónica de la molécula de helio es $(\sigma_{1s})^2 (\sigma_{1s}*)^2$. El orden de enlace es: (2-2)/2 = 0. Por tanto, la molécula de helio no debe existir en la naturaleza. Al efecto enlazante de dos electrones se opone el desestabilizante de otros dos. Efectivamente, el helio, al igual que los demás gases nobles se presenta en forma atómica. Los átomos por separado son más estables que la molécula.

6.6.8.3 Interacción entre los orbitales moleculares σ_{2s} y σ_{2p}

La interacción entre los orbitales moleculares σ_{2s} y σ_{2p} es responsable de la alteración en sus niveles de energía.

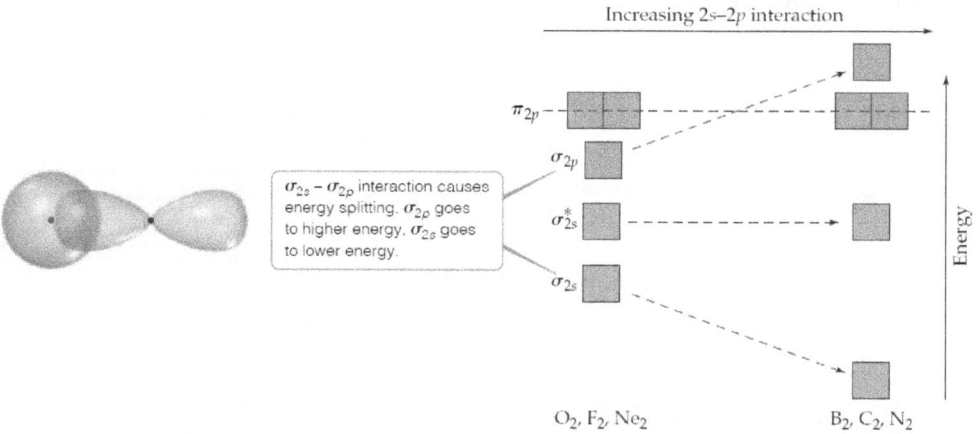

Interacción entre los orbitales moleculares σ_{2s} y σ_{2p}

Química general

Para el Li_2, Be_2, B_2, C_2, y N_2 el orbital molecular σ_{2px} tiene mayor energía que los orbitales moleculares π_{2py}, π_{2pz}. Para el O_2, F_2 y Ne_2 el molecular σ_{2px} tiene menorr energía que los orbitales moleculares π_{2py}, π_{2pz}, como era de esperar. En el nivel 2 ($n = 2$) la diferencia de energía entre los orbitales s y p se invierte.

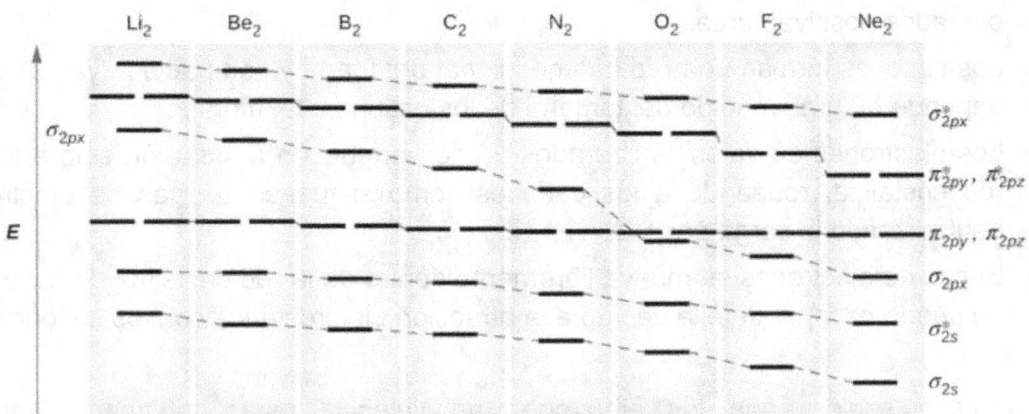

Nivel de energía de los orbitales moleculares de bihomomoléculas de elementos del segundo período.

6.7 Enlace metálico

El **enlace metálico** es un enlace químico que mantiene unidos los átomos de los metales entre sí.

Estudios de rayos X confirman la estructura cristalina de los metales.

Todavía hoy no se conoce un modelo que explique de forma convincente como se unen los átomos de los metales.

Dos <u>teorías intentan explicar el enlace metálico</u>:
a) El modelo del gas de electrones.
b) La teoría de las bandas de energía.

6.7.1 El modelo del gas de electrones.

El modelo del gas de electrones es el modelo más sencillo basado en la intuición más que en conocimientos científicos rigurosos y está sustentado en las siguientes hipótesis:

a) Los átomos metálicos pierden sus electrones de la capa de valencia quedándose cargados positivamente.

b) Los cationes forman una red tridimensional ordenada y compacta cuya estructura depende en gran medida del tamaño de los cationes del metal.

c) Los electrones de valencia liberados ya no pertenecen a cada ión sino a toda la red cristalina, rodeando a los cationes como si fuesen un gas de electrones, neutralizando la carga positiva.

d) El gas de electrones se mueve libremente dentro de la red cristalina de cationes y no puede escapar de ella debido a la atracción electrostática con los cationes

El modelo sugiere que los electrones de valencia están totalmente libres y deslocalizados, formando una nube electrónica.

6.7.2 La teoría de las bandas de energía

En función de su conductividad eléctrica, los sólidos se pueden clasificar en tres grupos: aislantes, conductores y semiconductores. Esta última propiedad, la semiconductividad, no puede ser explicada a partir del modelo del gas de electrones visto hasta ahora para el enlace metálico. Se requiere una teoría más profunda que es la teoría de bandas la cual, además de explicar la semiconductividad, explica también por qué los metales son muy buenos conductores de la electricidad.

La teoría de las bandas de energía está basada en la mecánica cuántica y procede de la teoría de los orbitales moleculares (TOM). En esta teoría, se considera el enlace metálico como un caso extremo del enlace covalente, en el que los electrones de valencia son compartidos de forma conjunta y simultánea por todos los cationes. Desaparecen los orbitales atómicos y se forman orbitales moleculares con energías muy parecidas, tan próximas entre ellas que todos en conjunto ocupan lo que se franja de denomina una "banda de energía".

La banda ocupada por los orbitales moleculares con los electrones de valencia se llama **banda de valencia**, mientras que la banda formada por los orbitales moleculares vacíos se llama **banda de conducción**.

Química general

En **los metales conductores** de la electricidad la banda de valencia se solapa energéticamente con la banda de conducción que está vacía, disponiendo de orbitales moleculares vacíos que pueden ocupar con un mínimo aporte de energía, es decir, que los electrones están casi libres pudiendo conducir la corriente eléctrica.

En **los semiconductores y en los aislantes**, la banda de valencia no se solapa con la de conducción. Hay una zona intermedia llamada banda prohibida.

En **los semiconductores**, como el Silicio (*Si*) o el Germanio (*Ge*), la anchura de la banda prohibida no es muy grande y los electrones con suficiente energía cinética pueden pasar a la banda de conducción, por esa razón, los semiconductores conducen la electricidad mejor en caliente. Sin embargo, en **los aislantes**, la banda prohibida es tan ancha que ningún electrón puede saltarla. La banda de conducción está siempre vacía.

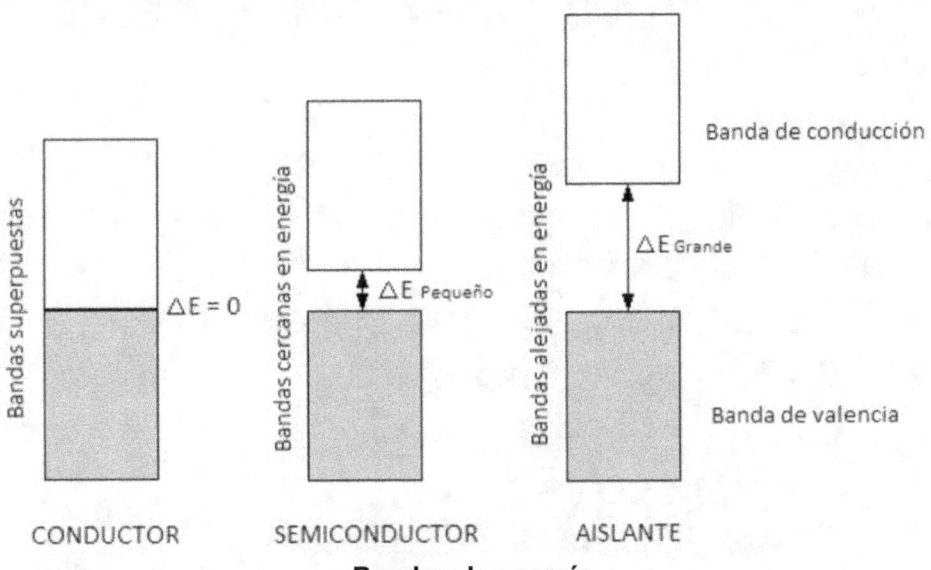

Bandas de energía

Química general

7 Fuerzas intermoleculares

Las **fuerzas intramoleculares** (enlace químico) son las que hacen que se formen las moléculas con una determinada composición y mantengan unidos sus átomos.

Las **fuerzas intermoleculares** son las que actúan sobre distintas moléculas o iones y que hacen que éstos se atraigan o se repelan. Estas fuerzas son las que determinan las propiedades físicas de las sustancias como, por ejemplo, el estado de agregación, el punto de fusión y de ebullición, la solubilidad, la tensión superficial, la densidad, etc.

Tipos de fuerzas intermoleculares:
a) Fuerzas ión - ión. Fuerzas electrostáticas.
b) Fuerzas ión – dipolo.
c) Fuerzas ión – dipolo inducido.
d) Fuerzas hidrofóbicas.
e) Fuerzas de *Van der Waals*.

Cuanto mayor es la fuerza de atracción entre las unidades estructurales de las sustancias químicas, mayor energía será necesaria para separarlas.

La siguiente secuencia es ilustrativa de la fortaleza relativa de las distintas interacciones: enlace covalente (~ 400 *kcal*) > enlace de hidrógeno (12 - 16 *kcal*) > interacciones dipolo-dipolo (2 - 0.5 *kcal*) > fuerzas de dispersión de *London* (menos de 1 *kcal*).

7.1 Fuerzas ión - ión. Fuerzas electrostáticas.

Fuerzas ión – ión o fuerzas electrostáticas son las que se establecen entre iones de igual o distinta carga.

Así:

- Los iones con cargas de signo opuesto se atraen.
- Los iones con cargas del mismo signo se repelen.

Cargas eléctricas iguales se repelen

Cargas eléctricas diferentes se atraen

Figura 7.1. Fuerzas ión -ión

La magnitud de la fuerza electrostática viene definida por la ley de *Coulomb* y es directamente proporcional a la magnitud de las cargas e inversamente proporcional al cuadrado de la distancia que las separa.

$$F = k \cdot \frac{q_1 \cdot q_2}{d^2}$$

donde:

- F es la fuerza eléctrica de atracción o repulsión en Newtons (N). Las cargas iguales se repelen y las cargas opuestas se atraen.
- k es la constante de *Coulomb* o constante eléctrica de proporcionalidad. La fuerza varía según la permitividad eléctrica (ε) del medio, bien sea agua, aire, aceite, vacío, entre otros.
- q es el valor de las cargas eléctricas medidas en *Coulomb* (C).
- r es la distancia que separa a las cargas y que es medida en metros (m).

Con frecuencia, este tipo de interacción recibe el nombre de **puente salino**. Son frecuentes entre una enzima y su sustrato, entre los aminoácidos de una proteína o entre los ácidos nucleicos y las proteínas.

7.2 Fuerzas ión – dipolo

Fuerzas ión – dipolo son las que se establecen entre un ión y una molécula polar.

La capa de agua de hidratación que se forma en torno a ciertas proteínas y que resulta tan importante para su función también se forma gracias a estas interacciones.

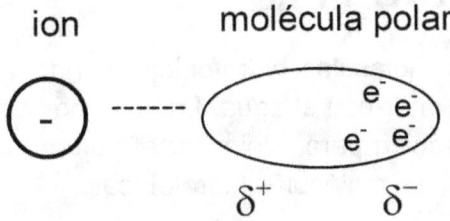

Figura 7.2. Fuerza ión – molécula polar

EJEMPLO

Por ejemplo, el *NaCl* se disuelve en agua por la atracción que existe entre los iones *Na⁺* y *Cl⁻* y los correspondientes polos con carga opuesta de la molécula de agua. Esta solvatación de los iones es capaz de vencer las fuerzas que los mantienen juntos en el estado sólido.

7.3 Fuerzas ión – dipolo inducido.

Las **fuerzas ión – dipolo inducido** tienen lugar entre un ión y una molécula apolar.

La proximidad del ión provoca una distorsión en la nube electrónica de la molécula apolar que convierte (de modo transitorio) en una molécula polarizada. En este momento se produce una atracción entre el ión y la molécula polarizada.

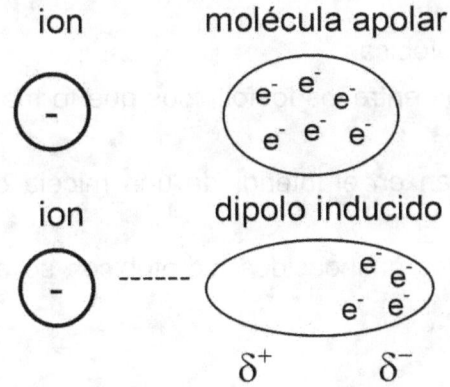

Figura 7.3. Fuerza ión – dipolo inducido

EJEMPLO

Un ejemplo de esta interacción es la interacción entre el ión Fe^{++} de la hemoglobina y la molécula de O_2, que es apolar. Esta interacción es la que permite la unión reversible del O_2 a la hemoglobina y el transporte de O_2 desde los pulmones hacia los tejidos.

7.4 Fuerzas hidrofóbicas

En un medio acuoso, las moléculas hidrofóbicas tienden a asociarse por el simple hecho de que evitan interaccionar con el agua. Lo hace por razones termodinámicas: las moléculas hidrofóbicas se asocian para minimizar el número de moléculas de agua que puedan estar en contacto con las moléculas hidrofóbicas.

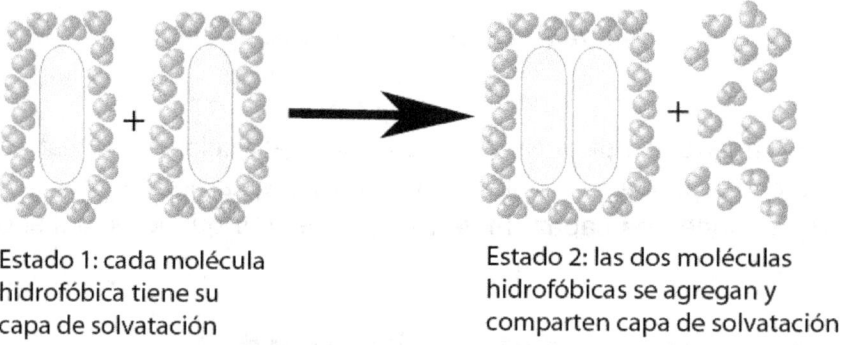

Estado 1: cada molécula hidrofóbica tiene su capa de solvatación

Estado 2: las dos moléculas hidrofóbicas se agregan y comparten capa de solvatación

Figura 7.4. Asociación de moléculas hidrofóbicas

Este fenómeno se denomina efecto hidrofóbico y es el responsable de que determinados lípidos formen agregados supramoleculares.

EJEMPLO

Ejemplos de fuerzas hidrofóbicas:
- las que se establecen entre los fosfolípidos que forman las membranas celulares (forman bicapas).
- las que se establecen en el interior de una micela durante la digestión de los lípidos.
- las que hacen que los aminoácidos hidrofóbicos se apiñen en el interior de las proteínas globulares.

7.5 Fuerzas de *Van der Waals*

Las fuerzas de *Van der Waals* o interacciones de *Van der Waals* son las fuerzas, atractivas o repulsivas entre moléculas, distintas a aquellas debidas a un enlace intermolecular (enlace iónico, enlace metálico y enlace covalente de tipo reticular) o a la interacción electrostática de iones con moléculas neutras.

La mayoría de las fuerzas intermoleculares de *Van der Waals* son de tipo electrostático y se originan por la atracción entre dipolos.

Las fuerzas de *Van der Waals* permiten explicar el comportamiento de la mayoría de los compuestos con enlaces covalentes.

Todas las fuerzas intermoleculares de *Van der Waals* presentan **anisotropía**, excepto aquellas entre átomos de dos gases nobles, lo que significa que dependen de la orientación relativa de las moléculas.

Las fuerzas de *Van der Waals* incluyen:

a) Fuerzas dipolo - dipolo (también llamadas fuerzas de *Keesom*), entre las que se incluyen los puentes de hidrógeno. Es la fuerza establecida entre dos dipolos permanentes.

b) Fuerzas dipolo - dipolo inducido (también llamadas fuerzas de *Debye*). Es la fuerza entre un dipolo permanente y otro inducido.

c) Fuerzas dipolo instantáneo - dipolo inducido (también llamadas fuerzas de dispersión o fuerzas de *London*).

7.5.1 Fuerzas dipolo - dipolo entre dipolos permanentes. Fuerzas de *Keeson*.

Una molécula es un dipolo cuando existe una distribución asimétrica de los electrones debido a que la molécula está formada por átomos de distinta electronegatividad. Como consecuencia de ello, los electrones se encuentran preferentemente en las proximidades del átomo más electronegativo. Se crean así dos regiones (o polos) en la molécula, una con carga parcial negativa y otra con carga parcial positiva.

Cuando dos moléculas polares (dipolos) se aproximan, se produce una atracción entre el polo positivo de una de ellas y el negativo de la otra. Esta fuerza de atracción entre dos dipolos es tanto más intensa cuanto mayor es la polarización de dichas moléculas polares o, dicho de otra forma, cuanto mayor sea la diferencia de electronegatividad entre los átomos enlazados.

Química general

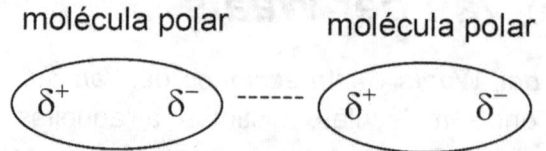

Figura 7.5. Fuerzas dipolo – dipolo permanente

Las fuerzas dipolo – dipolo entre dipolos permanentes son las más frecuentes e intensas. Se establecen entre moléculas polares. Las moléculas se orientan por sí mismas de forma que se enfrentan los polos de signo contrario de moléculas contiguas.

Los dipolos se atraen entre sí y el ordenamiento se extiende a todo el material. Evidentemente <u>estas fuerzas serán más intensas cuanto mayor sea la polaridad de las moléculas</u> y también <u>cuanto mayor sea el tamaño de los átomos que las constituyen</u>, dado que los dipolos serán más intensos cuanto mayor sea el número de electrones involucrados.

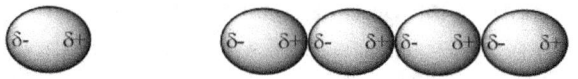

Figura 7.6. Moléculas unidas por fuerzas dipolo – dipolo

7.5.1.1 Enlace por puente de hidrógeno

El enlace por puente de hidrógeno constituye un caso especial de interacción dipolo - dipolo.

El enlace por puente de hidrógeno se producen cuando un átomo de hidrógeno está unido covalentemente a un elemento que sea:

a) muy electronegativo y con dobletes electrónicos sin compartir.

b) de muy pequeño tamaño y capaz, por tanto, de aproximarse al núcleo del hidrógeno.

Estas condiciones se cumplen en el caso de los átomos de *F, O* y *N*.

El enlace por puente de hidrógeno se produce por la fuerte atracción eléctrica entre el *H* y los electrones solitarios pertenecientes al átomo pequeño, electronegativo de la molécula vecina.

Figura 7.7. Enlace de hidrógeno entre dos moleculas de H_2O.

Química general

> El enlace por puente de hidrógeno se ha observado fundamentalmente en sistemas en los que se unen F, O, N (y con mucha menor fuerza Cl) al H.

La distancia entre los átomos electronegativos unidos mediante un puente de hidrógeno suele ser de unos 3 Å. El hidrógeno se sitúa a 1Å del átomo al que está covalentemente unido y a 2 Å del átomo que cede sus e⁻ no apareado.

Cada molécula de agua es capaz de formar 4 puentes de hidrógeno, lo que explica su elevado punto de ebullición, ya que es necesario romper gran cantidad de puentes de hidrógeno para que una molécula de agua pase al estado gaseoso.

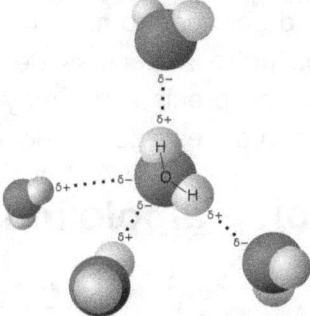

Figura 7.8. Enlaces de hidrógeno entre 4 moléculas de H$_2$O.

El enlace por puente de hidrógeno es responsable de muchas de las anómalas propiedades del agua que, como sus elevados puntos de fusión y ebullición, su alta capacidad calorífica o su elevada tensión superficial.

Otra propiedad extraordinaria del agua es la variación de su densidad con la temperatura. La densidad del agua en estado sólido es menor que en estado líquido, a diferencia de lo que ocurre con las demás sustancias. Además la densidad aumenta entre 0 y 4°C (para los que alcanza su máximo valor de 1 $g.cm^{-3}$) y disminuye a temperaturas superiores.

La causa de esta anómala variación de densidad radica en los enlaces de hidrógeno. En el hielo, y debido a estos enlaces se forma una estructura muy abierta, con una coordinación 4 para cada molécula de agua, quedando numerosos espacios vacíos en la estructura lo que provoca una disminución de densidad importante. Al aumentar la temperatura parte de los enlaces de hidrógeno se van rompiendo (un 10% a 4 °C), disminuyendo la coordinación hasta aproximadamente 3 y formándose una estructura más compacta y densa. Por encima de 4 °C el comportamiento del agua es semejante al del resto de los líquidos, la movilidad térmica tiende a separar las moléculas y la densidad disminuye.

El enlace por puente de hidrógeno es más fuerte que uno dipolo-dipolo pero menos que uno covalente.

El enlace por puente de hidrógeno es una fuerza intermolecular mucho mayor que las de *Van der Waals*.

EJERCICIO 7.1

¿Porqué el punto de ebullición del etanol (C_2H_5OH) es mayor que el del dimetiléter (CH_3OCH_3) si ambas moléculas tienen la misma fórmula molecular?

El punto de ebullición del etanol es mayor que el del dimetiléter porque el etanol puede formar enlaces de puente de hidrógeno mientras que el dimetiléter no. Esto hace que las fuerzas intermoleculares entre moléculas de etanol sean mayores que entre moléculas de dietiléter y por ello se precisa una mayor temperatura para separar las moléculas de etanol para que pasen del estado líquido al gaseoso.

7.5.2 Fuerzas dipolo - dipolo inducido. Fuerzas de *Debye*.

Fuerza dipolo - dipolo inducido es la fuerza entre un dipolo permanente y otro inducido.

Las fuerzas dipolo - dipolo inducido tienen lugar entre una molécula polar y una molécula apolar. En este caso, la carga de una molécula polar provoca una distorsión en la nube electrónica de la molécula apolar y la convierte, de modo transitorio, en un dipolo. En este momento se establece una fuerza de atracción entre las moléculas.

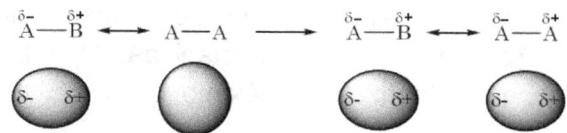

Figura 7.9. Fuerzas dipolo – dipolo inducido

Las fuerzas dipolo – dipolo inducido son muy poco frecuentes y sólo aparecen en sistemas complejos con partes polares y partes apolares.

Gracias a esta interacción, gases apolares como el O_2, el N_2 o el CO_2 se pueden disolver en agua.

7.5.3 Fuerzas dipolo instantáneo - dipolo inducido. Fuerzas de *London*.

Las fuerzas de dipolo instantáneo – dipolo inducido son <u>fuerzas atractivas débiles</u> que se establecen fundamentalmente entre sustancias no polares, aunque también están presentes en las sustancias polares. Se deben a las irregularidades que se producen en la nube electrónica de los átomos de las moléculas por efecto de la proximidad mutua. La formación de un dipolo instantáneo en una molécula origina la formación de un dipolo inducido en una molécula vecina de manera que se origina una débil fuerza de atracción entre las dos.

El movimiento continuo de los electrones alrededor del núcleo origina situaciones en las que la distribución de cargas no es homogénea, es decir dipolos instantáneos. La polaridad de estos dipolos cambia rápidamente con el tiempo con lo cual el momento resultante es cero. Pero si el sistema está a una temperatura lo suficientemente baja, los movimientos de reordenación serán muy lentos de manera que un dipolo instantáneo tiene tiempo para inducir otro dipolo en una molécula vecina y ésta a su vez en otra, etc., de manera que se extiende la polarización a todo el material y se produce la cohesión entre todas las moléculas.

Evidentemente la magnitud de estas fuerzas aumenta con el tamaño de las moléculas. Cuanto mayor es el tamaño más lejos del núcleo están los electrones y por tanto más fácilmente polarizable es la molécula.

> Las fuerzas de dispersión son mayores al aumentar el tamaño y la asimetría de las moléculas.

Este fenómeno es la única fuerza intermolecular atractiva a grandes distancias, presente entre átomos neutros (vg. un gas noble), y es la principal fuerza atractiva entre moléculas no polares (vg. dinitrógeno o metano). Sin las fuerzas de *London*, no habría fuerzas atractivas entre los átomos de un gas noble, y no podrían existir en la forma líquida.

Química general

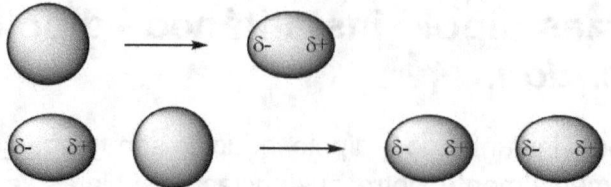

Figura 7.10. Fuerzas dipolo instantáneo – dipolo inducido

7.6 Relación entre las fuerzas intermoleculares y las propiedades físicas de las sustancias químicas.

Las fuerzas intermoleculares influyen en las propiedades físicas de los gases, líquidos y sólidos, que son los tres estados de agregación en que comúnmente encontramos a las sustancias químicas.

Las **propiedades físicas** de la materia son observadas o medidas sin requerir ningún conocimiento de la reactividad o del comportamiento químico de la sustancia y sin la alteración de su composición o de su naturaleza química.

Punto de fusión. Para que un sólido funda hay que romper una gran parte de sus enlaces intermoleculares (interiónicos, si se trata de un compuesto iónico). Cuanto mayores sean las fuerzas intermoleculares, mayor será su punto de fusión y habrá que proporcionar mayor energía para romper esas uniones. Así, los compuestos iónicos presentan puntos de fusión superiores a los de los compuestos covalentes y dentro de éstos, los compuestos polares poseen puntos de fusión superiores a los apolares.

Cuanto más intensa es la fuerza intermolecular que une las moléculas mayor será el punto de fusión.

Punto de ebullición es la temperatura a la que una sustancia química pasa del estado líquido al estado de gas.

Para que una sustancia pueda ebullir, pasando del estado liquido al gaseoso, es necesario romper las fuerzas de atracción que mantienen unidas a las moléculas, si estas interacciones son fuertes el punto de ebullición de la sustancia sera alto debido a que necesitara más energía para vencer dichas magnitudes, si por el contrario son débiles el punto de ebullición sera bajo.

El paso de un líquido a gas supone la ruptura de todas las uniones intermoleculares. La energía necesaria para ello dependerá del tipo de unión.

Química general

En moléculas enlazadas por fuerzas de *Van der Waals* el punto de ebullición aumenta al aumentar el tamaño de la molécula y al aumentar la superficie disponible para interaccionar. Así, en una serie homóloga el punto de ebullición aumenta a medida que aumenta el número de átomos de carbono.

EJERCICIO

Explicar porqué el punto de ebullición del HCl es menor que el de Cl_2.

El aumento en la intensidad de las fuerzas intermolecualres entre las moléculas de Cl_2 es debido al mayor tamaño de la molécula de Cl_2 respecto a la *HCl*. Este aumento en la intensidad de las fuerzas intermoleculares se traduce en un mayor punto de ebullición.

Viscosidad es la resistencia a fluir que presenta determinado compuesto, por tal motivo al existir una mayor atracción entre las moléculas, estas permanecerán más unidas unas con otras y su viscosidad sera mayor.

Esta propiedad también se ve afectada por el tamaño de las moléculas, moléculas mas grandes ofrecen mayor resistencia a fluir.

Tensión superficial es la fuerza ejercida desde la superficie al interior de un líquido para mantener a las moléculas lo mas cerca unas de otras, la formación de gotas se debe a esta propiedad, ya que la sustancia busca reagruparse ocupando el menor área posible.

Gracias a esta característica de fuerzas internas en el agua, es que los insectos pueden caminar en ella y que podemos navegar lagos, ríos y mares. Además es la responsable del efecto de capilaridad que permite que el agua suba por el interior de los arboles.

Solubilidad es la capacidad de una sustancia de disolverse en otra llamada disolvente.

La mayoría de los compuestos químicos iónicos son solubles en agua. Los iones son solvatados por el agua.

En los compuestos químicos no iónicos la solubilidad viene determinada por la polaridad. Así los compuestos polares se disolverán en disolventes polares y los no polares en disolventes no polares

La solubilidad de los compuestos covalentes en agua es una propiedad directamente afectada por el enlace de hidrógeno. Un compuesto que pueda formar enlaces de hidrógeno con el agua es más soluble en ella que uno que no los forme

Química general

Densidad es la relación entre la masa y el volumen de una sustancia química.

Mientras más unidas se encuentren moléculas de una sustancia química habrá menos espacios entre ellas, por tal motivo es de suponer que su densidad sea mayor. Solo el agua es la excepción a esta regla ya que en estado solido es menos densa que el estado liquido, producto del ordenamiento molecular propiciado por los puentes de hidrógeno.

Presión de vapor se refiere a la presión ejercida por las moléculas de un líquido para pasar al estado gaseoso, esta relacionada con el punto de ebullición, ya que cuando la presión de vapor de una sustancia se iguala a la del ambiente, esta ebulle. Por eso mientas más intensas sean las fuerzas intermoleculares de un compuesto, menor sera su presión de vapor, es decir que es inversamente proporcional a las fuerzas que mantienen unidas a las moléculas.

8 Disolución

Disolución o **solución** es una mezcla homogénea a nivel molecular o iónico de dos o más sustancias puras que no reaccionan entre sí, cuyos componentes se encuentran en proporciones variables. También se puede definir como una mezcla homogénea formada por un disolvente y por uno o varios solutos.

En toda disolución se identifica el disolvente y el o los solutos.

Disolvente, solvente, dispersante o medio de dispersión es el medio en el que se disuelven uno o más solutos. El disolvente es el componente mayoritario y el que determina el estado (sólido, líquido, gaseoso) de la disolución.

Soluto es el componente minoritario de la disolución.

8.1 Clasificación de las disoluciones

Las disoluciones se clasifican, atendiendo a:
- la naturaleza de la fase, en : disolución sólida, líquida o gaseosa.
- al número de componentes, en: disolución binaria, ternaria, cuaternaria, etc.
- al tipo de disolvente, en: disolución acuosa o no acuosa.
- la fase del soluto, en: disolución sólida, líquida o gaseosa.
- la naturaleza e las interacciones, en: intermolecular soluto-disolvente: disolución ideal, disolución real.
- la naturaleza del soluto, en: disolución electrolíticas (cuando el soluto se disocia en iones y conduce la corriente eléctrica) y no electrolíticas (cuando el soluto no se disocia en iones y no conduce la corriente eléctrica).
- la concentración del soluto, en: disolución insaturada (diluida o concentrada), disolución saturada, disolución supersaturada.

Disolución insaturada o **no saturada** que es aquella que admite más soluto en la disolución.

Hay dos tipos de disolución no saturadas:

a) **Disolución diluida** es aquella que tiene disuelta una pequeña cantidad de soluto.

b) **Disolución concentrada** es aquella con una cantidad relativamente grande de soluto disuelto, pudiendo ser cercana a la saturación.

- **Disolución saturada** es aquella que contiene la máxima cantidad de soluto que se disuelve en un disolvente particular, a una temperatura dada.

- **Disolución supersaturada** es aquella que contiene más soluto del que puede haber en una disolución saturada a una determinada temperatura. Como consecuencia, una parte del soluto puede separarse de la disolución precipitando, o formando cristales en un proceso conocido como cristalización. Este proceso puede darse por disminución de la temperatura o por evaporación lenta del disolvente.

Tipo de disolución	Soluto	Disolvente	Ejemplo
Disolución gaseosa	Gas	Gas	Aire (mezcla de gases)
	Líquido	Gas	Vapor de agua en el aire
	Sólido	Gas	Polvo en el aire
Disolución líquida	Gas	Líquido	Gaseosa
	Líquido	Líquido	Alcohol en agua, gasolina
	Sólido	Líquido	Sal en agua
Disolución sólida	Gas	Sólido	Aleación de hidrógeno en paladio
	Líquido	Sólido	Benceno en caucho
	Sólido	Sólido	Aleaciones metálicas

8.2 Proceso de disolución

La teoría cinética explica el proceso de disolución de un soluto en un disolvente.

8.2.1 Disolución de un soluto sólido en un disolvente líquido

Al mezclar un soluto sólido con un disolvente líquido se establecen tres tipos de interacciones: soluto-soluto, disolvente-disolvente y disolvente-soluto.

El proceso de disolución se ve favorecido cuando las dos primeras son relativamente pequeñas y la tercera relativamente grande; solo así las partículas de soluto abandonarán las posiciones más o menos fijas que ocupan en sus estructuras y se incorporarán a la disolución. El proceso se denomina hidratación, si el disolvente es el agua, o solvatación, si se trata de cualquier otro.

Las partículas procedentes del soluto, aunque hidratadas, seguirán ejerciendo entre sí una cierta atracción reticular que intentará que se vuelva a formar la estructura cristalina original.

Para una cierta concentración, cuyo valor dependerá del tipo de soluto, del disolvente y de la temperatura, se establece un equilibrio dinámico en el que la tendencia del soluto a disolverse es igual a la tendencia del soluto disuelto a cristalizar de nuevo. Decimos entonces que la disolución está saturada.

8.2.2 Disolución de un soluto líquido en un disolvente líquido

Si el soluto es un líquido o un gas se establecen las mismas interacciones que en el caso de los solutos sólidos, pero en este caso las del tipo soluto-soluto son de menor intensidad, y tanto la hidratación como el proceso de disolución se ven muy favorecidos.

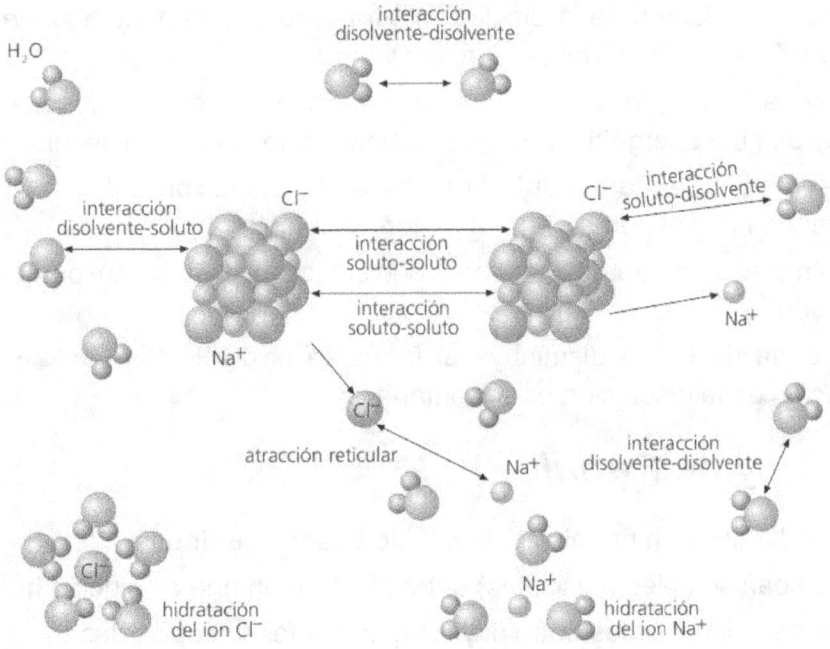

8.3 Disolución ideal

En una disolución ideal las moléculas de las distintas especies (soluto S y disolvente D) son tan parecidas unas a otras, que las moléculas de un componente de la disolución pueden reemplazar a moléculas de otro componente sin modificar la estructura espacial o la energía de las interacciones intermoleculares de la disolución.

En una disolución ideal las interacciones intermoleculares soluto - disolvente (S-D) son despreciables o casi nulas. Es decir, las interacciones intermoleculares S-S, D-D, y S-D son similares.

EJEMPLO

Una disolución de dos componentes A y B es ideal si las interacciones entre moléculas A-A, A-B y B-B son iguales.

<u>Magnitudes termodinámicas de una disolución ideal a temperatura T y presión P constantes</u>:

a) No hay cambio de volumen al formarse la disolución ($\Delta V_{dis} = 0$), entre el volumen de la disolución y los volúmenes del soluto y disolvente puros, porque no varía la estructura espacial entre las moléculas del disolvente y las moléculas del soluto. Es decir, el volumen de la disolución será aproximadamente igual al volumen del soluto más el volumen del disolvente ($V_{dis} = V_{soluto} + V_{disolvente}$).

b) No hay cambio en la energía interna al formarse la disolución ($\Delta U_{dis} = 0$) porque no hay cambio energético debido a las interacciones intermoleculares.

c) No hay cambio en la entalpía al formarse la disolución ($\Delta H_{dis} = 0$) porque ni se desprende ni se absorbe energía en forma de calor.

d) La entropía aumenta al formarse la disolución ($\Delta S_{dis} > 0$) porque aumenta el desorden.

e) La energía de Gibbs disminuye al formarse la disolución ($\Delta G_{dis} < 0$) porque la formación de la disolución es espontanea.

8.3.1 Ley de *Raoult*

Al poner dos líquidos en un mismo recipiente puede ocurrir que:
- ambos sean solubles (miscibles) entre sí y formen una disolución homogénea.
- ambos sean inmiscibles entre sí y formen dos fases separadas,

Química general

Según la ley de *Raoult* la presión parcial de vapor P_i de cada componente *i* de una disolución es proporcional a su fracción molar X_i. Es decir:

$$P_i = X_i \cdot P^0_i$$

donde:

- P_i es la presión parcial del componente *i* en la disolución.
- P^0_i es la presión parcial del componente *i* puro.
- X_i es la fracción molar del componente *i* en la disolución.

Las unidades de la presión parcial de vapor son: *atm* o *mmHg*. Siendo, 1 *atm* = 760 *mm Hg*.

En el caso de una disolución binaria formada por dos componentes *A* y *B*, se cumple:
$$P_T = P_A + P_B$$
donde:

- P_T es la presión parcial total de la disolución.
- P_A es la presión parcial debida al componente *A*. Siendo $P_A = X_A * P^0_A$
- P_B es la presión parcial debida al componente *B*. Siendo $P_B = X_B * P^0_B$

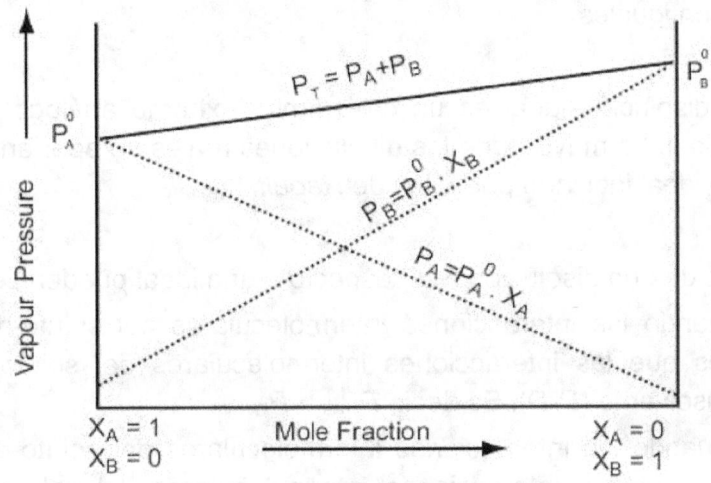

Vapour Pressure Diagram for Ideal Solution

Ley de Raoult

EJERCICIO 8.1

A 50°C las presiones de vapor del benceno y de la acetona son 271 mm y 603 mm de Hg, respectivamente. Calcular la presión de vapor de una mezcla ideal formada por cantidades equimoleculares de benceno y acetona.

Las fracciones molares del benceno y de la acetona en la disolución son: $X_{benceno} = 0,5$ y $X_{acetona} = 0,5$; porque ambas sustancias están presentes en cantidades equimoleculares.

Aplicando la ley de Raoult tenemos:

$$P_T = P_{benceno} + P_{acetona} =$$
$$= P_{benceno} * X_{benceno} + P_{acetona} * X_{acetona} = 271*0.5 + 603*0,5 = 437 \text{ mm Hg}$$

8.4 Disolución real

En una disolución real las interacciones intermoleculares soluto – disolvente (S-D) son significativas y existen diferencias de tamaño y forma entre las moléculas del soluto y del disolvente.

EJEMPLO

Una disolución de dos componentes A y B es real si las interacciones entre moléculas A-A, A-B y B-B no son iguales.

El concepto de disolución ideal es un caso límite extremo análogo al concepto de sólido ideal o gas ideal. La mayoría de las disoluciones reales se apartan, más o menos, del comportamiento ideal indicado por la ley de *Raoult*.

Las desviaciones de una disolución real respecto a una ideal pueden ser:
- Positivas cuando las interacciones intermoleculares del soluto-disolvente (S-D) son menores que las interacciones intermoleculares del soluto-soluto (S-S) y disolvente-disolvente (D-D). Es decir, $P_{Treal} > P_{Tideal}$
- Negativas cuando las interacciones intermoleculares del soluto-disolvente (S-D) son mayores que las interacciones intermoleculares del soluto-soluto (S-S) y disolvente-disolvente (D-D). Es decir, $P_{Treal} < P_{Tideal}$

8.5 Disolución diluida ideal

Una solución muy diluida se comporta como una solución ideal porque las moléculas de soluto solo interactúan con las moléculas del disolvente.

El modelo de disolución diluida ideal sólo aplica a disoluciones no electrolíticas.

En una disolución diluida ideal:
a) El disolvente obedece a la ley de *Raoult*.
b) El soluto obedece a la ley de *Henry*.

8.6 Propiedades coligativas de una disolución diluida

Propiedades coligativas son aquellas propiedades de las disoluciones y sus componentes que dependen únicamente del número de moléculas de soluto no volátil en relación al número de moléculas de solvente y no de su naturaleza.

Existen cuatro propiedades coligativas: el descenso crioscópico, el ascenso ebulloscópico, la presión osmótica y el descenso de la presión de vapor.

8.6.1 Factor *i* de van't Hoff

Muchos solutos al disolverse se disocian en dos o más especies, como en el caso de los compuestos iónicos. En estos casos, la concentración de especies en disolución no coincide con la del soluto. Por ello, necesitamos un factor que al multiplicarlo por la concentración del soluto nos dé la concentración total de especies en disolución.

La concentración de especies en la disolución es particularmente importante para las propiedades coligativas como los fenómenos de ósmosis, porque la presión osmótica depende de la concentración de especies en la disolución y no de la concentración del soluto.

El **factor *i* de Van't Hoff** es un número que describe el efecto de un soluto en las propiedades coligativas de una solución, indicando cuántas partículas (iones o moléculas) se forman cuando se disuelve el soluto.

Química general

Si un electrolito u otro compuesto se disocia en q iones distintos al disolverse, siendo α el grado de disociación del electrolito, entonces el factor i de Van 't Hoff será:

$$i = 1 + \alpha^*(q - 1)$$

Valores del factor i de van't Hoff:
- $i < 1$ para solutos que se asocian al disolverse.
- $i = 1$ para solutos no electrolitos (que no se disocian ni se asocian), como por ejemplo la glucosa.
- $i > 1$ para solutos que se disocian en iones, como por ejemplo el *NaCl* que se divide en dos iones (Na^+ y Cl^-).

Los valores del factor i de van't Hoff pueden determinarse de dos maneras:
- Teóricamente a partir de la estequiometría de la disociación o asociación del soluto. Por ejemplo, para el $CaCl_2$, se esperan tres iones (Ca^{2+} y dos Cl^-), por lo tanto, $i = 3$.
- Experimentalmente calculado a partir de la medición de una propiedad coligativa. La fórmula general es:

$$i = \frac{valor\ experimental\ de\ la\ propiedad\ coligativa}{valor\ teórico\ de\ la\ propiedad\ coligativa} = \frac{valor\ de\ la\ propiedad\ coligativa\ del\ compuesto\ iónico}{valor\ de\ la\ propiedad\ coligativa\ del\ compuesto\ covalente}$$

8.6.2 Descenso de la presión de vapor

La **presión de vapor** es la presión que ejerce la fase gaseosa o vapor sobre la fase líquida en un sistema cerrado a una temperatura determinada, cuando la fase líquida y el vapor se encuentran en equilibrio dinámico.

Los líquidos no volátiles presentan interacción entre soluto y disolvente, por lo tanto su presión de vapor es pequeña, mientras que los líquidos volátiles tienen interacciones moleculares más débiles, lo que aumenta la presión de vapor. Si el soluto que se agrega es no volátil, se producirá un descenso de la presión de vapor, ya que este reduce la capacidad del disolvente a pasar de la fase líquida a la fase vapor. El grado en que un soluto no volátil disminuye la presión de vapor es proporcional a su concentración.

Este efecto es el resultado de dos factores:

a) La disminución del número de moléculas del disolvente en la superficie libre.

b) La aparición de fuerzas atractivas entre las moléculas del soluto y las moléculas del disolvente, dificultando su paso a vapor.

El descenso relativo de la presión de vapor se puede expresar de la siguiente manera:
$$\Delta P = X_s \cdot P_0$$
donde:
- ΔP es la variación (descenso) de la presión de vapor de la disolución.
- X_s es la fracción molar del soluto.
- P_0 es la presión de vapor del solvente puro.

8.6.3 Ascenso del punto de ebullición

Al agregar moléculas o iones a un disolvente puro, la temperatura en el que este entra en ebullición es más alto. Por ejemplo, el agua pura a presión atmosférica ebulle a 100° C, pero si se disuelve algo en ella el punto de ebullición sube algunos grados centígrados.

$$\Delta T_e = i \cdot k_e \cdot m$$

donde:
- i es el factor de van't Hoff.
- ΔT_e es la variación (aumento) de la temperatura de ebullición de la disolución.
- k_e es la constante ebulloscópica (constante de ebullición) del disolvente.
- m es la molalidad de la disolución.

EJERCICIO 8.2

Se disuelve sacarosa en H_2O hasta conseguir una concentración de 0,5 m. Si la constante molal ebullocópica del H_2O es 0,52 °C·kg/mol, determinar la temperatura de ebullición de la disolución de sacarosa.

El aumento del punto de ebullición viene dado por:
$$\Delta T_e = i \cdot k_e \cdot m = 1 \cdot 0,52 \text{ °C·kg/mol} \cdot 0,5 \text{ mol/kg} = 0,26 \text{ °C}$$

El punto de ebullición será: 100 °C + 0,26 °C = 100,26 °C

8.6.4 Descenso del punto de congelación

Al agregar moléculas o iones a un disolvente puro, la temperatura en el que este se congela es más baja.

$$\Delta T_c = i \cdot k_c \cdot m$$

donde:

- *i es el factor de van't Hoff.*
- *ΔT_c es la variación (disminución) de la temperatura de congelación de la disolución.*
- *k_c es la constante crioscópica (constante de congelación del disolvente) del disolvente.*
- *m es la molalidad de la disolución.*

EJERCICIO 8.3

Se disuelve sacarosa en H_2O hasta conseguir una concentración de 0,5 m. Si la constante molal crioscópica del H_2O es 1,86 °C·kg/mol, determinar la temperatura de congelación de la disolución de sacarosa.

El descenso del punto de congelación viene dado por:

$$\Delta T_c = i \cdot k_c \cdot m = 1 \cdot 1{,}86 \,°C \cdot kg/mol \cdot 0{,}5 \, mol/kg = 0{,}93 \,°C$$

El punto de congelación será: 0 °C − 0,93 °C = − 0,93 °C

8.6.5 Ósmosis

La **ósmosis** es la tendencia que tienen los solventes a ir desde zonas de menor concentración hacia zonas de mayor concentración de soluto.

El efecto de la ósmosis puede pensarse como una tendencia de los solventes a "diluir". Es el pasaje espontáneo de solvente desde una solución más diluida (menos concentrada) hacia una solución menos diluida (más concentrada), cuando se hallan separadas por una membrana semipermeable.

La presión osmótica (π) se define como la presión requerida para evitar el paso de solvente a través de una membrana semipermeable, y cumple con la expresión:

$$\pi = i \cdot M \cdot R \cdot T$$

donde:

- *i* es el factor de van't Hoff.
- *M* es la molaridad de la disolución.
- *R* es la constante universal de los gases, donde $R = 8.314472\ J·K^{-1}·mol^{-1}$.
- *T* es la temperatura en grados *Kelvin* (*K*). Siendo, $K = {}^\circ C + 273,15$.

EJERCICIO 8.4

Calcular la presión osmótica de una disolución de NaCl a 25°C, que contiene 2,5 g de NaCl en 100 cm³ de H_2O, teniendo en cuenta que el factor i de van't Hoff es igual a 1,83.

$$\pi = i·M·R·T = 1,83·\left(\frac{2,5\ g·0,082·298}{58,5\ g/mol·0,1\ L}\right) = 19,11\ atm$$

8.7 Solubilidad

La **solubilidad** es la cantidad máxima de soluto que puede mantenerse disuelto en una solución, y depende de condiciones como la temperatura, presión, y la existencia de otras sustancias disueltas o en suspensión.

Cuando se alcanza la máxima cantidad de soluto en una solución se dice que la solución está saturada, y ya no se admitirá más soluto disuelto en ella.

8.7.1 Espontaneidad de la disolución

El proceso de disolución de un soluto en un disolvente puede representarse por la siguiente ecuación:

$$\text{soluto} + \text{disolvente} \rightleftarrows \text{disolución}$$

Dependiendo del valor de ΔG_{dis} el proceso avanzará en un sentido (disolución) u otro (cristalización)

El proceso de disolución será espontáneo cuando venga acompañado de una disminución de la entalpía libre, es decir, $\Delta G_{dis} < 0$. Por ello, es necesario considerar las variaciones de entalpía y de entropía asociadas al mismo.

$$\Delta G_{dis} = \Delta H_{dis} - T·\Delta S_{dis}$$

El proceso de disolución de un soluto en un disolvente puede describirse en los siguientes 2 pasos:

1. Separación de las moléculas del disolvente (vencer las fuerzas de atracción entre moléculas de disolvente) y separación de las moléculas del soluto (vencer las fuerzas de atracción entre moléculas de soluto).
2. Mezcla de las moléculas de disolvente y soluto y establecimiento de interacciones entre las moléculas del disolvente y soluto que estabilizan la disolución.

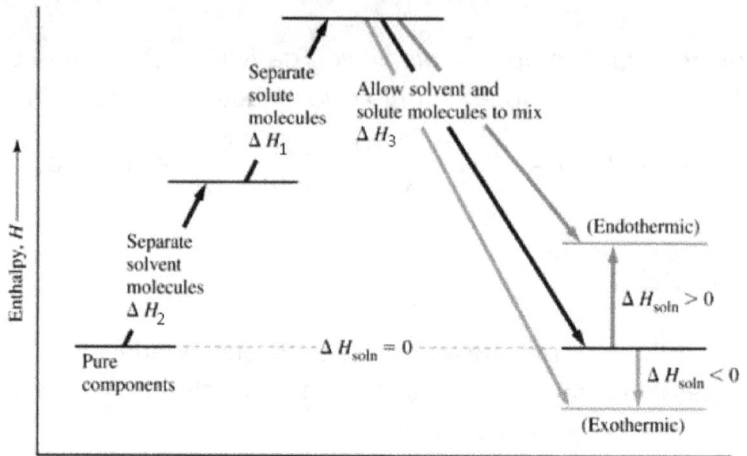

Variación de entalpía en una disolución.

Los procesos de separación de las partículas de soluto y de disolvente son endotérmicos porque hay que vencer las atracciones existentes entre ellas. Sin embargo, la aproximación de las partículas de soluto y disolvente es un proceso exotérmico, debido a la formación de uniones entre ellas.

Dependiendo de las sustancias concretas que intervengan en el proceso de disolución, este podrá ser globalmente endotérmico o exotérmico, dificultando o favoreciendo con ello una disminución de la entalpía libre de disolución (espontaneidad).

El proceso global de disolución puede ser exotérmico o endotérmico, dependiendo de los valores relativos de las energías intercambiadas.

8.7.2 Distribución de un soluto entre dos disolventes inmiscibles. Ley de distribución o reparto de Nernst

En el equilibrio, la relación de las concentraciones de un soluto entre dos disolventes inmiscibles es constante y solo depende de la naturaleza del soluto y los disolventes, no de las cantidades iniciales de soluto.

Al añadir un soluto a una mezcla de dos disolventes inmiscibles entre sí y en equilibrio, el soluto se reparte entre ambos disolventes en función de sus solubilidades y se establece la siguiente relación:

Química general

$$K = P = \frac{C_1}{C_2}$$

donde K es el coeficiente de reparto, coeficiente de distribución, coeficiente de partición o constante de partición.

El **coeficiente de reparto** K de un soluto, también llamado **coeficiente de partición** P, es el cociente o razón entre las concentraciones de ese soluto en las dos fases de la mezcla formada por dos disolventes inmiscibles en equilibrio. Por lo tanto, el coeficiente de reparto o partición mide la solubilidad diferencial de un soluto en dos disolventes.

8.8 Concentración

La **concentración de una disolución** es la proporción o relación que hay entre la cantidad de soluto y la cantidad de disolución o, a veces, de disolvente; donde el soluto es la sustancia que se disuelve, el solvente es la sustancia que disuelve al soluto, y la disolución es el resultado de la mezcla homogénea de las dos anteriores.

A menor proporción de soluto disuelto en el solvente, menos concentrada está la solución, y a mayor proporción más concentrada está.

8.8.1 Unidades de concentración

Unidades de concentración:
- Porcentaje masa – masa (% m/m).
- Porcentaje masa – volumen (% m/v).
- Porcentaje volumen – volumen (% v/v).
- Fracción molar (X).
- Molaridad (M).
- Molalidad (m).
- Normalidad (N).
- Partes por millón (ppm).

8.8.1.1 Porcentaje masa-masa (% m/m)

Porcentaje masa-masa (% m/m) se define como la masa de soluto (sustancia que se disuelve) por cada 100 unidades de masa de la solución.

$$\% \ m/m = \frac{g\ soluto}{g\ disolución} \cdot 100 = \frac{g\ soluto}{100\ g\ disolución}$$

Química general

> **EJERCICIO 8.5**
>
> *Calcular la concentración en % en masa de una disolución acuosa de 15 M HNO_3 si tiene una densidad de 1,40 g/mL.*
>
> $$\% \, m/m = \frac{(g \, soluto)}{(g \, disolución)} \cdot 100$$
>
> Incógnitas: g soluto y g disolución
>
> $$\frac{(15 \, mol \, HNO3)}{(1 \, L \, disolución)} \cdot \frac{(63 \, g \, HNO3)}{(1 \, mol \, HNO3)} = \frac{(945 \, g \, HNO3)}{(1 \, L \, disolución)}$$
>
> $$\frac{(1400 \, g \, disolución)}{(1 \, L \, disolución)}$$
>
> $$\% \, m/m = \frac{(g \, soluto)}{(g \, disolución)} \cdot 100 = \frac{(945 \, g \, HNO3)}{(1400 \, g \, disolución)} \cdot 100 = 67,5\%$$

8.8.1.2 Porcentaje masa – volumen (% m/v)

Porcentaje masa – volumen (% m/v) se define como la masa de soluto (sustancia que se disuelve) por cada 100 unidades de volumen de la solución.

$$\% \, m/v = \frac{(g \, soluto)}{(mL \, disolución)} \cdot 100$$

8.8.1.3 Porcentaje volumen – volumen (% v/v)

Porcentaje volumen – volumen (% v/v) se define como el volumen de soluto (sustancia que se disuelve) por cada 100 unidades de volumen de la solución.

$$\% \, v/v = \frac{(mL \, soluto)}{(mL \, disolución)} \cdot 100$$

8.8.1.4 Fracción molar (X)

La **fracción molar de un soluto** es el cociente entre los moles de soluto y el total de moles de la disolución (se calcula sumando los moles de soluto(s) y de solvente).

$$X_i = \frac{n_i}{n_t} = \frac{n_i}{\sum_{i=1}^{n} n_i}$$

donde: $0 \leq X_i \leq 1$

Química general

Por tanto: $\sum_{i=1}^{n} X_i = 1$

La fracción molar es independiente de la temperatura, la presión y el volumen de la disolución.

EJERCICIO 8.6

Calcular las fracciones molares de cada componente de una disolución acuosa de CH_3COOH con una riqueza del 10% en masa y una densidad de 1,05 g/mL. Siendo las masa atómicas: H = 1, C = 12, O = 16.

Incógnitas: número de moles de CH_3COOH y número de moles de H_2O.

Cálculo del número de moles de CH_3COOH

masa molar del CH_3COOH = 12 + (1*3)+12 + (16*2) = 60 g / mol

Molaridad = densidad disolución · % de soluto en masa · masa molar soluto

$$M = \frac{1050 \, g \, disolución}{1 \, L \, disolución} \cdot \frac{10 \, g \, CH_3COOH}{100 \, g \, disolución} \cdot \frac{1 \, mol \, CH_3COOH}{60 \, g \, CH_3COOH} =$$

$$= \frac{1,75 \, mol \, CH_3COOH}{1 \, L \, disolución} = 1,75 \, M$$

Por tanto en 1 L disolución hay 1,75 moles de CH_3COOH

Cálculo del número de moles de H_2O

masa molar del H_2O = (1*2) + 16 = 18 g / mol

$$M = \frac{1050 \, g \, disolución}{1 \, L \, disolución} \cdot \frac{90 \, g \, H_2O}{100 \, g \, disolución} \cdot \frac{1 \, mol \, H_2O}{18 \, g \, H_2O} =$$

$$= \frac{52,5 \, mol \, H2O}{1 \, L \, disolución} = 52,5 \, M$$

Por tanto en 1 L disolución hay 52,5 moles de H_2O

$$X_{CH3COOH} = \frac{mol \, CH3COOH}{mol \, CH3COOH + mol \, H2O} = \frac{1,75}{1,75+52,5} = 0,032$$

$$X_{H2O} = 1 - X_{CH3COOH} = 1 - 0,032 = 0,968$$

8.8.1.5 Molaridad (*M*)

La **molaridad** *M*, o concentración molar, es el número de moles de soluto por cada litro de disolución.

$$M = \frac{(moles \, de \, soluto)}{(litros \, de \, disolución)} = \frac{n}{V} = \frac{\frac{gramos \, soluto}{masa \, molar \, soluto}}{\frac{volumen \, disolución \, en \, mL}{1000 \, mL/L}} =$$

$$= \frac{\frac{gramos \, soluto}{masa \, molar \, soluto}}{volumen \, disolución \, en \, L}$$

donde *n* es el número de moles del soluto.

La molaridad de una disolución depende del volumen de la disolución que a su vez depende de la presión y temperatura.

Molaridad = densidad disolución · % de soluto en masa · masa molar soluto

EJERCICIO 8.7

Calcular la molaridad de una disolución de HCl al 36% de riqueza en masa y una densidad de 1,18 g/mL. Siendo las masa atómicas: H = 1, Cl = 35,5

$$M = \frac{(moles \, de \, soluto)}{(litros \, de \, disolución)}$$

Incógnitas: moles soluto y litros disolución

$$M = \frac{1180 \, g \, disolución}{1 \, L \, disolución} \cdot \frac{36 \, g \, HCl}{100 \, g \, disolución} \cdot \frac{1 \, mol \, HCl}{36,5 \, g \, HCl} =$$

$$= \frac{11,63 \, mol \, HCl}{1 \, L \, disolución} = 11,63 \, M$$

8.8.1.6 Molalidad (m)

La **molalidad** m, o concentración molal, es el número de moles de soluto por cada kilogramo de disolvente.

$$m = \frac{(moles \, de \, soluto)}{(kilogramos \, de \, disolvente)} = \frac{n}{kg \, disolvente} = \frac{\frac{gramos \, soluto}{masa \, molar \, soluto}}{\frac{gramos \, disolvente}{1000 \, g/kg}}$$

donde n es el número de moles del soluto.

8.8.1.7 Normalidad (N)

La **normalidad** N es el número de equivalentes del soluto por cada litro de disolución.

$$N = \frac{(número \, de \, equivalentes \, de \, soluto)}{(litros \, de \, disolución)} = = \frac{\left(\frac{masa \, en \, gramos \, del \, soluto}{\frac{masa \, molar \, del \, soluto}{valencia \, del \, soluto}}\right)}{litros \, de \, disolución} =$$

$$= \frac{\left(\frac{masa \, en \, gramos \, del \, soluto}{\frac{masa \, molar \, del \, soluto}{valencia \, del \, soluto}}\right)}{\frac{volumen \, de \, disolución \, en \, mL}{1000 \, mL/L}} = M*(valencia \, del \, soluto)$$

Número de equivalentes del soluto = $\dfrac{(masa \, en \, gramos \, del \, soluto)}{(peso \, equivalente \, del \, soluto \, en \, gramos)}$

Peso equivalente del soluto en gramos = $\dfrac{(masa \, molar \, del \, soluto)}{(valencia)}$

8.8.1.8 Partes por millón (*ppm*)

Partes por millón *ppm* es es una unidad de medida de concentración que mide la cantidad de unidades de soluto que hay por cada millón de unidades de la disolución.

$$ppm = \frac{masa\ de\ soluto}{masa\ de\ la\ disolución} \cdot 10^6$$

$$ppm = \frac{volumen\ de\ soluto}{volumen\ de\ la\ disolución} \cdot 10^6$$

8.9 Actividad

En termodinámica, la **actividad** es una medida de una "concentración efectiva" de una sustancia química. El concepto de actividad surge debido a que las moléculas en un gas o solución no ideal interactúan unas con otras.

La actividad no tiene dimensiones. Se hace adimensional utilizando la fracción molar para su cálculo.

La actividad depende de la temperatura, presión y composición.

Los efectos de la actividad son el resultado de las interacciones entre los iones, tanto electrostáticas como covalentes. La actividad de un ion está influida por su ambiente. La actividad de un ion en una jaula de moléculas de agua es diferente de estar en el medio de una nube de contra-iones.

La actividad es relevante en la química para calcular la constante de equilibrio y la constante de velocidad. Por ejemplo, pueden existir grandes desviaciones entre la concentración de iones hidrógeno calculada de un ácido fuerte en solución, y la actividad de hidrógeno derivada de un pH-metro, o indicador de *pH*.

Para disoluciones:

$$a_i = \gamma_i \cdot x_i$$

donde:
- a_i es la actividad química de la sustancia química *i*.
- γ_i es el coeficiente de actividad de la sustancia química *i*. Factor usado en la termodinámica que responde a desviaciones de la conducta ideal en una mezcla de sustancias químicas.
- x_i es la fracción molar de la sustancia química *i*.

8.10 Valencia

Significado de la valencia:

- En reacciones de disolución – precipitación, la valencia del soluto es igual al cambio de iones.
- En reacciones ácido – base, la valencia del soluto es igual al número de moles de H^+ o OH^- que intervienen en la reacción.
- En reacciones redox, la valencia del soluto es igual al número de moles de electrones transferidos.

Química general

9 Reacción química

Reacción química es un proceso termodinámico en el cual sustancias químicas denominadas reactantes o reactivos se transforman, cambiando su estructura molecular y sus enlaces, en otras sustancias llamadas productos.

Una reacción química se representa escribiendo a la izquierda los reactivos y a la derecha los productos. La flecha indica el sentido de la reacción, es decir, cuáles son los reactivos que se transforman en los productos.

$$\text{Reactivos} \rightarrow \text{Productos}$$
$$\text{Reactivos} \rightleftharpoons \text{Productos}$$

Los reactantes o reactivos pueden ser tanto elementos como compuestos.

En toda reacción química hay cambios de masa de los reactantes o reactivos y de los productos así como también cambios de energía, que en la mayoría de los casos se manifiesta en forma de calor.

Una **ecuación química** es la descripción simbólica de una reacción química.

EJEMPLO

$$CH_4 + 2O_2 \rightarrow CO_2 + 2H_2O$$

Una **ecuación termoquímica** es la ecuación química en la que se explicita el cambio de entalpía de una reacción química.

EJEMPLO

$$CH_4 + 2O_2 \rightarrow CO_2 + 2H_2O \quad \Delta H^0 = -890,4 \text{ kJ}$$

Química general

Tipos de reacciones químicas:

a) **Reacción química irreversible** que transcurre disminuyendo progresivamente la cantidad de sustancias reaccionantes y termina cuando alguno de ellos se agota (reactivo limitante). En la reacción irreversible los reactivos se transforman totalmente en productos.

$$aA + bB \rightarrow cC + dD \text{ (reacción irreversible)}, \Delta H$$

b) **Reacción química reversible** en la cual los productos de la reacción vuelven a combinarse para generar los reactivos.

$$aA + bB \rightleftharpoons cC + dD \text{ (reacción reversible)}, \Delta H$$

donde:

- A y B representan los símbolos químicos o la fórmula molecular de los átomos o moléculas que reaccionan (lado izquierdo).
- C y D representan los símbolos químicos o la fórmula molecular de los átomos o moléculas que se producen (lado derecho).
- a y b representan los coeficientes estequiométricos de los reactivos que deben ser ajustados de manera directa según la ley de conservación de la masa.
- c y d representan los coeficientes estequiométricos de los productos, que deben ser ajustados de manera directa según la ley de conservación de la masa.
- ΔH representa la variación de Entalpía al producirse una reacción química y es igual al calor de reacción a presión constante.

En una reacción química exotérmica (la reacción desprende energía en forma de calor) y la ΔH es negativa lo que indica que los productos son energéticamente más estables que los reactivos.

En una reacción endotérmica (la reacción requiere energía) y la ΔH es positiva lo que indica que los reactivos son energéticamente más estables que los productos.

Una ecuación química debe satisfacer una serie de leyes, de forma simultánea:

a) Cumplir con la ley de conservación de la materia.
b) Cumplir con la ley de conservación de la carga.
c) Cumplir con la ley de conservación de la energía.

9.1 Leyes fundamentales de las reacciones químicas

Los primeros pasos en el estudio de la Química fue conocer las relaciones entre las cantidades de las sustancias que intervenían en una reacción química. Tales relaciones podían referirse a la masa de las sustancias (leyes ponderales) o a sus volúmenes cuando estaban en forma gaseosa (leyes volumétricas).

Leyes ponderales:

a) Ley de la conservación de la masa – energía. Ley de la conservación de la materia. (Ley de *Lavoisier*).
b) Ley de las proporciones definidas (Ley de *Proust*).
c) Ley de las proporciones múltiples (Ley de *Dalton*).
d) Ley de las proporciones recíprocas (Ley de *Ritcher*).

Leyes volumétricas:

a) Ley de volúmenes de combinación (Ley de *Gay-Lussac*).
b) Hipótesis de *Avogrado*.

9.1.1 Ley de la conservación de la materia (ley de *Lavoisier*)

Ley de la conservación de la materia. (Ley de *Lavoisier*):

En un sistema aislado, durante toda reacción química ordinaria, la masa total en el sistema permanece constante, es decir, la masa consumida de los reactivos es igual a la masa de los productos obtenidos.

De acuerdo con la ley de la conservación de la materia, la materia no se puede crear ni destruir, pero puede transformarse en el espacio, o las entidades asociadas con ella pueden cambiar de forma.

EJEMPLO

$$Na + Cl \rightarrow NaCl$$
$$23\ g \quad 35,5\ g \quad 58,5\ g$$

La ley de la conservación de la materia no se cumple en la reacciones nucleares donde hay una pérdida de masa que se convierte en energía.

9.1.2 Ley de las proporciones definidas o de la composición constante (ley de *Proust*).

Ley de las proporciones definidas o de la composición constante (Ley de *Proust*):
Los elementos se combinan para formar compuestos en una proporción fija y definida. Es decir, los elementos de un compuesto están una proporción ponderal constante.

EJEMPLO

$$2H_2 + O_2 \rightarrow 2H_2O$$
$$4\,g \qquad 32\,g$$
$$\frac{H}{O} = \frac{4}{32} = \frac{1}{8}$$

En el H_2O:
a) los <u>átomos</u> de hidrógeno y de oxígeno están siempre en la proporción 2 a 1.
b) los <u>gramos</u> de hidrógeno y de oxígeno están siempre en la proporción 1 a 8.

Los compuestos berthólidos o no estequiometricos , pertenecientes al grupo de semiconductores, no cumplen esta ley.

9.1.3 Ley de las proporciones múltiples (ley de *Dalton*)

Dalton se dio cuenta de que podía generalizar la Ley de las proporciones definidas de *Proust* de forma que incluyera el caso de los elementos que al reaccionar forman más de un compuesto.

Cuando dos elementos se combinan entre sí para dar compuestos diferentes, las diferentes masas de uno de ellos que se combinan con una masa fija de otro, guardan entre sí una relación de números enteros sencillos.

EJEMPLO

Por ejemplo, cuando reaccionan carbono y oxígeno se pueden formar dos compuestos distintos según sean las condiciones de reacción: dióxido de carbono (ambiente con exceso de oxígeno) y monóxido de carbono (ambiente pobre en oxígeno). Ambas reacciones, por separado, cumplen la Ley de las Proporciones definidas de *Proust*, pero cuando se las considera conjuntamente surge una importante novedad que descubrió *Dalton*.

Química general

$$C + O_2 \rightarrow CO_2$$
$$12\,g \quad 32\,g \quad\quad 44\,g$$

$$C + 1/2\,O_2 \rightarrow CO$$
$$12\,g \quad 16\,g \quad\quad 28\,g$$

Al comparar ambas reacciones químicas se observa que las cantidades de oxígeno que intervienen en ambas reacciones mantienen entre sí una relación numérica sencilla (en este caso "el doble")

$$\frac{32}{16} = \frac{2}{1} = 2$$

9.1.4 Ley de las proporciones recíprocas (ley de *Ritcher*)

Según la ley de las proporciones recíprocas (ley de *Ritcher*):

Las masas de dos elementos diferentes que se combinan con una misma masa de un tercero, guardan la misma relación de masas de los dos cuando se combinan entre sí o con múltiplos o submúltiplos de estos.

EJEMPLO

$$2Na + S \rightarrow Na_2S$$
$$46\,g \quad 32\,g$$

$$H_2 + S \rightarrow H_2S$$
$$2\,g \quad 32\,g$$

Siendo: el peso atómico del Na = 23 g; el peso atómico del S = 32 g; el peso atómico del H = 1 g.

Según la ley de las proporciones recíprocas si el Na reacciona con el H_2 lo hará en la proporción:

$$\frac{Na}{H_2} = \frac{46}{2} = \frac{23}{1}$$

Efectivamente:

$$2Na + H_2 \rightarrow 2NaH$$
$$46\,g \quad 2\,g \quad\quad 48\,g$$

La ley de las proporciones recíprocas permite establecer el **peso equivalente** o **peso-equivalente-gramo** que es la cantidad de un elemento o compuesto que reaccionará con una cantidad fija de una sustancia de referencia.

9.1.5 Ley de volúmenes de combinación (ley de *Gay-Lussac*)

Según la ley de los volúmenes de combinación (ley de *Gay-Lussac*):

A temperatura y presión constante, los volúmenes de gases que participan en una reacción química guardan entre sí una relación de números enteros sencillos.

EJEMPLO

$$2H_2 + O_2 \rightarrow 2H_2O$$

$$2 \text{ L de } H_2 + 1 \text{ L de } O_2 = 2 \text{ L } H_2O$$

$$\frac{H_2}{O_2} = \frac{2}{1}$$

9.1.6 Hipótesis de *Avogrado*

Según la hipótesis de *Avogrado*:

Volúmenes iguales de gases, en idénticas condiciones de presión y temperatura, contienen igual número de moléculas. Es decir, hablar de volúmenes de gases es lo mismo que hablar de número de moléculas.

> Un *mol* de cualquier gas ($6,022 \times 10^{23}$ moléculas) ocupa en condiciones normales (p = 1 atm y T = 0°C) un volumen de 22,4 litros.

9.2 Estequiometría

La **estequiometría** es el cálculo de las relaciones cuantitativas entre los reactivos y productos en el transcurso de una reacción química.

Una ecuación química debe satisfacer una serie de leyes, de forma simultánea:

a) Cumplir con la <u>ley de conservación de la materia</u>. *En toda reacción química la masa se conserva, es decir, la masa consumida de los reactivos es igual a la masa obtenida de los productos. Antoine-Laurent de Lavoisier.*

En toda reacción química, la masa total inicial de los reactivos es igual a la masa total final de los productos. Por tanto, el número de átomos de un elemento como reactivo ha de ser igual al número de átomos de dicho elemento como producto.

b) Cumplir con la <u>ley de conservación de la carga</u>. En toda reacción química, la carga total de los reactivos es igual a la carga total de los productos.

c) Cumplir con la ley de conservación de la energía. La energía no puede crearse ni destruirse en una reacción química o proceso físico, sólo puede convertirse de una forma en otra.

9.2.1 Coeficiente estequiométrico

El **coeficiente estequiométrico** es un número que se pone delante de la fórmula de los reactivos y productos de una ecuación química balanceada y que indica las proporciones en que intervienen los reactivos y los productos.

EJEMPLO

$$aA + bB \rightarrow cC + dD \text{ (reacción irreversible), } \Delta H$$
$$aA + bB \rightleftharpoons cC + dD \text{ (reacción reversible), } \Delta H$$

donde:

- *A y B* representan los símbolos químicos o la fórmula molecular de los átomos o moléculas que reaccionan o reactivos (lado izquierdo).
- *C y D* representan los símbolos químicos o la fórmula molecular de los átomos o moléculas que se producen o productos (lado derecho).
- *a y b* representan los coeficientes estequiométricos de los reactivos que deben ser ajustados de manera directa según la ley de conservación de la masa.
- *c y d* representan los coeficientes estequiométricos de los productos, que deben ser ajustados de manera directa según la ley de conservación de la masa.
- *ΔH* representa la variación de Entalpía al producirse una reacción química y es igual al calor de reacción a presión constante.

En una reacción química exotérmica (la reacción desprende energía en forma de calor) y la ΔH es negativa lo que indica que los productos son energéticamente más estables que los reactivos.

En una reacción endotérmica (la reacción requiere energía) y la ΔH es positiva lo que indica que los reactivos son energéticamente más estables que los productos.

Los **coeficientes estequiométricos** indican las relaciones que existen entre los diferentes compuestos químicos que intervienen en la reacción.

Química general

EJEMPLO

$$C_4H_8 + 6O_2 \rightarrow 4CO_2 + 4H_2O$$

Para la ecuación anterior:

- 1 molécula de C_4H_8 reaccionará con 6 moléculas de O_2 para obtener 4 moléculas de CO_2 y 4 moléculas de H_2O.
- 1 *mol* de moléculas de C_4H_8 reaccionará con 6 moles de moléculas de O_2 para obtener 4 moles de moléculas de CO_2 y 4 moles de moléculas de H_2O.

Reactivos: 4 átomos de *C*, 8 átomos de *H*, y 12 átomos de *O*.
Productos: 4 átomos de *C*, 8 átomos de *H*, y 12 átomos de *O*.

Reactivos: (1 *mol* C_4H_8 · 56 g/*mol*) + (6 *mol* O_2 · 32 g/*mol*) = 248 g
Productos: (4 *mol* CO_2 · 44 g/*mol*) + (4 *mol* H_2O *18 g/*mol*) = 248 g

EJERCICIO 9.1

Dada la siguiente reacción química, calcular los gramos de H_2O que pueden obtenerse a partir de 64 g de O.

$$C_4H_8 + 6O_2 \rightarrow 4CO_2 + 4H_2O$$

Según la ecuación química anterior, la relación entre el O_2 y el H_2O es la siguiente:

$$\frac{4\,mol\,H_2O}{6\,mol\,O_2}$$

Calculamos los moles de O_2 equivalentes a 64 g de O_2:

$$64\,g\,O_2 \cdot \frac{1\,mol \cdot O_2}{32\,g \cdot O_2} = 2\,mol\,O_2$$

Calculamos los moles de H_2O que podemos obtener a partir de 2 *mol* de O_2:

$$2\,mol\,O_2 \cdot \frac{4\,mol\,H_2O}{6\,mol\,O_2} = 1{,}33\,mol\,H_2O$$

Calculamos los g de H_2O equivalentes a 1,33 *mol* H_2O:

$$1{,}33\,mol\,H_2O \cdot \frac{18\,g\,H_2O}{1\,mol \cdot H_2 \cdot O} = 24\,g\,H_2O$$

9.2.2 Ajuste o balanceo de una ecuación química

Mediante el ajuste o balanceo de una ecuación química se cumple la ley de conservación de la materia. Es decir, tras el ajuste o balanceo el número de átomos de un elemento como reactivo es igual al número de átomos de dicho elemento como producto.

Técnicas de ajuste o balanceo de una ecuación química:
a) Método por tanteo.
b) Método algebraico o aritmético.
c) Método del número de oxidación utilizado en reacciones Redox.
d) Método del ión-electrón o semirreacciones en reacciones Redox.

9.2.2.1 Método de ajuste por tanteo

En el ajuste o balanceo de una ecuación química por el método del tanteo se procede de la siguiente manera:

a) Se va comparando de átomo el número de átomos de cada elemento a cada lado de la flecha de la reacción química.

b) Se ajusta el número de átomos de un mismo elemento siguiendo el siguiente orden:
   1. Metales y/o no metales.
   2. Oxígeno.
   3. Hidrógeno.

c) En el caso particular de una reacción de combustión, se ajusta siguiendo el siguiente orden:
   1. Carbono del CO_2
   2. Hidrógeno del H_2O
   3. Oxígeno en ambos lados de la reacción química

Química general

EJERCICIO 9.2

Ajustar la siguiente reacción química utilizando el método de tanteo:

$$Fe_2O_3 + H_2O \rightarrow Fe(OH)_3$$

Contar el número de átomos de cada elemento a ambos lados de la flecha de la reacción química:

2 *Fe* 1

4 *O* 3

2 *H* 3

Progresivamente ir balanceando los distintos elementos:

$$Fe_2O_3 + H_2O \rightarrow 2\ Fe(OH)_3$$

2 *Fe* 2

4 *O* 6

2 *H* 6

$$Fe_2O_3 + 3\ H_2O \rightarrow 2\ Fe(OH)_3$$

2 *Fe* 2

6 *O* 6

6 *H* 6

9.2.2.2   Método de ajuste algebraico o aritmético

El método algebraico consiste en plantear una serie de ecuaciones basadas en el principio de conservación de la materia. Es decir, en que ha de haber los mismos átomos de cada elemento en los reactivos y en los productos.

En el ajuste o balanceo de una ecuación química por el método algebraico o aritmético se procede de la siguiente manera:

1. Se asigna una letra, siguiendo el orden alfabético (*a*, *b*, *c*, *d*), a cada molécula de los reactivos y de los productos.

2. Se establece una ecuación para cada elemento químico que interviene en la reacción química. En la izquierda del signo = de la ecuación se contabiliza el número de átomo del elemento en los reactivos. En la derecha del signo = de la ecuación se contabiliza el número de átomo del elemento en los productos.

3. Se asigna el valor 1 a una de las letras.

4. Se resuelven las ecuaciones.

5. Si se obtienen coeficientes fraccionarios, es habitual multiplicarlos por el número apropiado para obtener un conjunto de valores enteros.

Química general

EJERCICIO 9.3

Ajustar la siguiente reacción química utilizando el método algebráico:

$$Ba(OH)_2 + P_4O_{10} \rightarrow Ba_3(PO_4)_2 + H_2O$$
$$aBa(OH)_2 + bP_4O_{10} \rightarrow cBa_3(PO_4)_2 + dH_2O$$

Ba: $a = 3c$

O: $2a + 10b = 8c + d$

H: $2a = 2d$

P: $4b = 2c$

Si $b = 1$

Ba: $a = 3c$	Ba: $a = 3c$; **a = 6**	Ba: $a = 3c$; $a = 6$
O: $2a + 10b = 8c + d$	O: $2a + 10b = 8c + d$	O: $2a + 10b = 8c + d$
H: $2a = 2d$	H: $2a = 2d$	H: $2a = 2d$; **d = 6**
P: $4 = 2c$; **c = 2**	P: $4 = 2c$; $c = 2$	P: $4 = 2c$; $c = 2$

$$aBa(OH)_2 + bP_4O_{10} \rightarrow c\,Ba_3(PO_4)_2 + dH_2O$$
$$6Ba(OH)_2 + P_4O_{10} \rightarrow 2Ba_3(PO_4)_2 + 6H_2O$$

9.2.2.3 Método de ajuste del número de oxidación

Este método se basa en que el número total de átomos oxidados es igual al número total de átomos reducidos.

En el ajuste o balanceo de una ecuación química redox por el método del número de oxidación se procede de la siguiente manera:

1. Determinar el número de oxidación de cada uno de los elementos de todos los compuestos que intervienen en la reacción química, escribiendo en la parte superior del símbolo de cada elemento, su correspondiente valor.

2. Determinar qué elementos químicos que intervienen en la reacción química varían su número de oxidación. Es decir, qué elementos se oxidan y qué elementos se reducen. Si el número de oxidación de una especie aumenta, se está oxidando y es la semirreacción de oxidación. Si el número de oxidación de una especie disminuye, se está reduciendo y es la semirreacción de reducción.

3. Escribir las semirreacciones redox (oxidación y reacción) de los pares de elementos que varían su número de oxidación.

Química general

4. Realizar el balance estequiométrico en las semirreacciones redox (oxidación y reacción) de los pares de elementos que varían su número de oxidación.
5. Realizar el balance de cargas eléctricas en las semirreacciones redox (oxidación y reacción) de los pares de elementos que varían su número de oxidación añadiendo o quitando electrones e^-.
6. Igualar los electrones cedidos con los ganados en ambas semirreacciones redox (oxidación y reacción).
7. Sumar las dos semirreacciones redox.
8. Simplificar los elementos químicos que se encuentren en ambos lados de la ecuación química.
9. Se obtiene la reacción química iónica ajustada.
10. Obtener la ecuación molecular ajustada, para ello comparar la ecuación inicial sin ajustar con la ecuación iónica, y ajustar por tanteo.

El **número de oxidación** es un número entero que representa el número de electrones que un átomo pone en juego cuando forma un enlace determinado.

EJEMPLO

$$HBr + MnO_2 \rightarrow Br_2 + MnBr_2 + H_2O$$

Número de oxidación:

$$\begin{array}{ccccc} +1\ -1 & +4\ -2 & 0 & +2\ -1 & +1\ -2 \\ HBr + & MnO_2 \rightarrow & Br_2 + & MnBr_2 + & H_2O \end{array}$$

Semirreacciones redox:

$$Br^1 \rightarrow Br_2^0. \text{ Oxidación.}$$
$$Mn^{+4} \rightarrow Mn^{+2}. \text{ Reducción.}$$

Ajuste de masa:

$$2Br^1 \rightarrow Br_2^0$$
$$Mn^{+4} \rightarrow Mn^{+2}$$

Ajuste de carga:

$$2Br^1 \rightarrow Br_2^0 + 2e^-$$
$$Mn^{+4} + 2e^- \rightarrow Mn^{+2}$$

Suma de semirreacciones:

$$2Br^1 + Mn^{+4} \rightarrow Br_2^0 + Mn^{+2}$$

Ecuación molecular balanceada:

Química general

$$4HBr + MnO_2 \rightarrow Br_2 + MnBr_2 + 2H_2O$$

9.2.2.4 Método de ajuste del ión-electrón o semirreacciones en reacciones Redox.

El método del ión-electrón o semirreacciones en reacciones Redox se utiliza cuando la reacción química se dan en un medio líquido.

En el ajuste o balanceo de una ecuación química redox por el método del ión-electrón o semirreacciones se procede de la siguiente manera:

1. Determinar el número de oxidación de cada uno de los elementos de todos los compuestos que intervienen en la reacción química, escribiendo en la parte superior del símbolo de cada elemento, su correspondiente valor.

2. Determinar qué elementos químicos que intervienen en la reacción química varían su número de oxidación. Es decir, qué elementos se oxidan y qué elementos se reducen.

    Si el número de oxidación de una especie aumenta, se está oxidando y es la semirreacción de oxidación.

    Si el número de oxidación de una especie disminuye, se está reduciendo y es la semirreacción de reducción.

3. Escribir las dos semirreacciones correspondientes a las dos especies que cambiaron el número de oxidación, en forma iónica. Al hacer este paso conviene recordar que se disociarán SÓLO los ácidos, bases y sales.

4. Ajustar la masa, esto es, que el número de átomos en la izquierda y derecha de las dos semirreacciones sean los mismos. Inicialmente ajustar todos los elementos excepto el H y el O.

5. Ajustar la masa de los átomos de H y O. Si necesitamos hidrógenos y estamos en medio ácido los ajustaremos con protones (H^+) y si estamos en medio básico con hidroxilos (OH^-). Los oxígenos necesarios se ajustan con agua (H_2O).

6. Ajustar de carga de las dos semirreacciones ganando o perdiendo electrones. Sumando electrones a la izquierda si hay reducción y a la derecha si hay oxidacion.

7. Igualar el número de electrones en ambas semirreacciones. Sumar las dos semirreacciones; de esta forma obtenemos la reacción ajustada en forma iónica.

8. Obtener la ecuación molecular ajustada, para ello comparar la ecuación inicial sin ajustar con la ecuación iónica, y ajustar por tanteo.

Química general

EJEMPLO

$$KMnO_4 + HCl \rightarrow MnCl_2 + Cl_2 + H_2O + KCl$$

Número de oxidación:

$$\underset{KMnO_4}{+1+7-2} + \underset{HCl}{+1-1} \rightarrow \underset{MnCl_2}{+2-1} + \underset{Cl_2}{0} + \underset{H_2O}{+1-2} + \underset{KCl}{+1-1}$$

$$KMnO_4 + HCl \rightarrow MnCl_2 + Cl_2 + H_2O + KCl$$

Semirreacciones redox:

$$MnO_4^- \rightarrow Mn^{+2}$$
$$Cl^- \rightarrow Cl_2$$

Ajuste de masa:

$$MnO_4^- + 8H^+ \rightarrow Mn^{+2} + 4H_2O$$
$$2Cl^- \rightarrow Cl_2$$

Ajuste de carga:

$$MnO_4^- + 8H^+ + 5e^- \rightarrow Mn^{+2} + 4H_2O$$
$$2Cl^- - 2e^- \rightarrow Cl_2$$

Ajuste iónico:

$$2(MnO_4^- + 8H^+ \rightarrow Mn^{+2} + 4H_2O)$$
$$5(2Cl^- \rightarrow Cl_2)$$
$$2MnO_4^- + 16H^+ + 10Cl^- \rightarrow 2Mn^{+2} + 8H_2O + 5Cl_2$$

Pasar la reacción ajustada de forma iónica a la forma molecular:

$$2KMnO_4 + 16HCl \rightarrow 2MnCl_2 + 8H_2O + 5Cl_2 + 2KCl$$

9.3 Reactivo limitante y en exceso

Cuando en una reacción química hay cantidades distintas de reactivos, existe la posibilidad de que uno de ellos se utilice completamente antes que otros.

Reactivo limitante es aquél que se consume primero en la reacción química. Cuando el reactivo limitante se consume, la reacción química se detiene.

La cantidad de reactivo limitante es el que determina la cantidad total de productos que se originan en la reacción química.

La cantidad de producto que se obtiene cuando reacciona todo el reactivo limitante se denomina **rendimiento teórico** de la reacción.

El concepto de reactivo limitante, permite a los químicos asegurarse de que un reactivo, el más costoso, sea completamente consumido en el transcurso de una reacción, aprovechándose así al máximo.

Química general

El reactivo limitante es el que debe utilizarse para establecer relaciones estequiométricas en una reacción química.

Reactivo en exceso es aquél que se consumen parcialmente en la reacción química.

EJERCICIO 9.4

Determinar los g de NaCl obtenidos al mezclar 2 L de Cl_2 (g) a 97°C y a 3 atm de presión con 3,45 g de Na y se dejan reaccionar hasta completar la reacción. Siendo las masas atómicas Na = 23 y Cl = 35,5.

Incógnitas: g de *NaCl* obtenidos

Reacción química:

$$Cl_2 + 2Na \rightarrow 2NaCl$$

Calcular los moles de los reactivos para determinar el reactivo limitante

$$3{,}45 \text{ g } Na \cdot \frac{1\,mol\,Na}{23\,g\,Na} = 0{,}15 \text{ mol } Na$$

$$n = \frac{P \cdot V}{R \cdot T} = \frac{3\,atm \cdot 2\,L}{0{,}082 \cdot 370\,K} = 0{,}198 \text{ mol } Cl_2$$

Rendimiento teórico:

$$\frac{2\,Na}{Cl_2}$$

$$\begin{array}{cccc} 2Na & + & Cl_2 & \rightarrow & 2NaCl \\ 0{,}15 & & 0{,}15/2 & & \\ 0{,}15 & & 0.75 & & 0{,}15 \end{array}$$

$$0{,}15 \text{ mL NaCl} \cdot \frac{58{,}5\,g\,NaCl}{1\,mol\,NaCl} = 8{,}775 \text{ g } NaCl$$

9.4 Rendimiento

El **rendimiento de una reacción** es la cantidad de producto que se puede obtener al llevarse a cabo una reacción completamente.

Existen tres tipos de rendimiento:

a) **Rendimiento teórico**. Es aquel que, por la estequiometría, tendríamos que obtener de acuerdo con la reacción balanceada. Se dice que este rendimiento es lo máximo que podemos obtener.

Química general

b) **Rendimiento real**. Como en muchas de las mediciones o predicción, no siempre sucede lo que "debería". Este rendimiento es lo que verdaderamente obtenemos en la experimentación. Generalmente es menor al rendimiento teórico.

c) **Rendimiento porcentual**. Es el rendimiento real entre el rendimiento teórico multiplicado por 100.

$$\text{Rendimiento porcentual} = \frac{\text{rendimiento real}}{\text{rendimiento teórico}} \cdot 100$$

EJERCICIO 9.5

Calcular el rendimiento si al reaccionar 0,362 mol de $MgCO_3$ con el HCl se obtienen 7,6 L de CO_2 medidos a 27°C y a 1 atm.

Incógnitas: rendimiento real y rendimiento teórico

Reacción química:

$$MgCO_3 + 2HCl \rightarrow MgCl_2 + CO_2 \quad H_2O$$

Rendimiento real: calculado a partir de 7,6 L CO_2

$$P \cdot V = n \cdot R \cdot T$$

$$n = \frac{P \cdot V}{R \cdot T} = \frac{1\,atm \cdot 7,6\,L}{0,082 \cdot 300\,K} = 0,309\ mol\ CO_2$$

T = 273 + 27 = 300 K

Rendimiento teórico: calculado a partir de 0,362 mol de $MgCO_3$

Como la relación estequiométrica es: 1 mol $MgCO_3$ debería general 1 mol CO_2 entonces, el rendimiento teórico de CO_2 es de 0,362 mol

finalmente,

$$\text{Rendimiento porcentual} = \frac{\text{rendimiento real}}{\text{rendimiento teórico}} \cdot 100 = 100 \cdot \frac{0,309}{0,362} = 85,3\%$$

9.5 Riqueza o pureza

Riqueza o **pureza** de una substancia son los gramos de substancia pura que hay en cada 100 gramos de la substancia impura.

$$\text{Riqueza} = \frac{\text{masa substancia pura}}{\text{masa total de la muestra}} \cdot 100$$

Química general

EJERCICIO 9.6

Calcular el porcentaje de Zn en una muestra si al tomar 50 g de muestra y tratarla con una disolución de HCl que es 37% en peso y tiene una densidad de 1,18 g/mL se consumen 126 mL de HCl. Siendo las masas atómicas: H =1; Cl = 35,5; Zn = 65,4.

Incógnitas: riqueza de la muestra.

Reacción química:

$$Zn + 2HCl \rightarrow ZnCl_2 + H_2$$

Molaridad de la disolución de *HCl*:

$$M = \frac{1180 \, g \, disolución}{1 \, L \, disolución} \cdot \frac{37 \, g \, HCl}{100 \, g \, disolución} \cdot \frac{1 \, mol \, HCl}{36,5 \, g \, HCl} =$$

$$= \frac{11,96 \, mol \, HCl}{1 \, L \, disolución} = 11,96 \, M$$

Moles de *HCl* consumidos en la reacción:

$$mol = 11,96 \, M \cdot 0,126 \, L = 1,507 \, mol \, HCl$$

Cantidad de *Zn* en la muestra que ha reaccionado con el *HCl*:

$$Zn + 2HCl \rightarrow ZnCl_2 + H_2$$

$$1,507 \, mol \, HCl \cdot \frac{1 \, mol \, Zn}{2 \, mol \, HCl} \cdot \frac{65,4 \, g \, Zn}{1 \, mol \, Zn} = 49,28 \, g \, Zn$$

Riqueza de la muestra:

$$Riqueza = \frac{masa \, substancia \, pura}{masa \, total \, de \, la \, muestra} \cdot 100 = \frac{49,28 \, g \, Zn}{50 \, g \, muestra} \cdot 100 = 98,56\%$$

10 Cinética química

La **cinética química** estudia la velocidad con que se produce un proceso químico y los factores (naturaleza de los reactivos, presión, temperatura y concentración) que afectan al mismo.

10.1 Velocidad de una reacción química

La **velocidad de una reacción química** se define como la cantidad de reactivo que se transforma por unidad de tiempo; o bien la cantidad de producto que se forma por unidad de tiempo. Por lo tanto, la velocidad se define como el cambio en la concentración de los reactivos o productos con respecto al tiempo en dicho proceso.

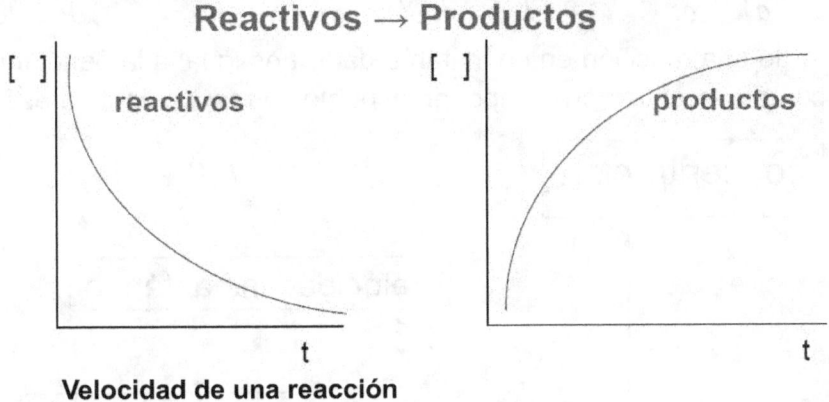

Velocidad de una reacción

La velocidad de una reacción química es siempre positiva y sus unidades son "concentración/tiempo".

La velocidad de una reacción química puede expresarse en las siguientes unidades:

$$mol \cdot L^{-1} \cdot s^{-1} = \frac{mol}{L \cdot s} = M \cdot s^{-1} = \frac{M}{s}$$

10.2 Velocidad media y velocidad instantánea de una reacción química

Dada una reacción química:

$$aA + bB \rightarrow cC + dD$$

se definen dos velocidades: la velocidad media y la velocidad instantánea.

Velocidad media de una reacción se calcula dividiendo la variación de la concentración de un reactivo o producto por el tiempo transcurrido.

La velocidad media de una reacción se calcula utilizando la siguiente expresión:

$$v = - \left(\frac{1}{a}\right)\cdot\left(\frac{\Delta[A]}{\Delta t}\right) = - \left(\frac{1}{b}\right)\cdot\left(\frac{\Delta[B]}{\Delta t}\right) = \left(\frac{1}{c}\right)\cdot\left(\frac{\Delta[C]}{\Delta t}\right) = \left(\frac{1}{d}\right)\cdot\left(\frac{\Delta[D]}{\Delta t}\right)$$

donde, $\Delta t = t - t_0$

Velocidad instantánea de una reacción.

La velocidad instantánea de una reacción se calcula utilizando la siguiente expresión:

$$v = - \left(\frac{1}{a}\right)\cdot\left(\frac{d[A]}{dt}\right) = - \left(\frac{1}{b}\right)\cdot\left(\frac{d[B]}{dt}\right) = \left(\frac{1}{c}\right)\cdot\left(\frac{d[C]}{dt}\right) = \left(\frac{1}{d}\right)\cdot\left(\frac{d[D]}{dt}\right)$$

La velocidad de una reacción en un instante dado t es igual a la pendiente de la recta tangente a la curva concentración-tiempo, en el punto correspondiente a ese instante t.

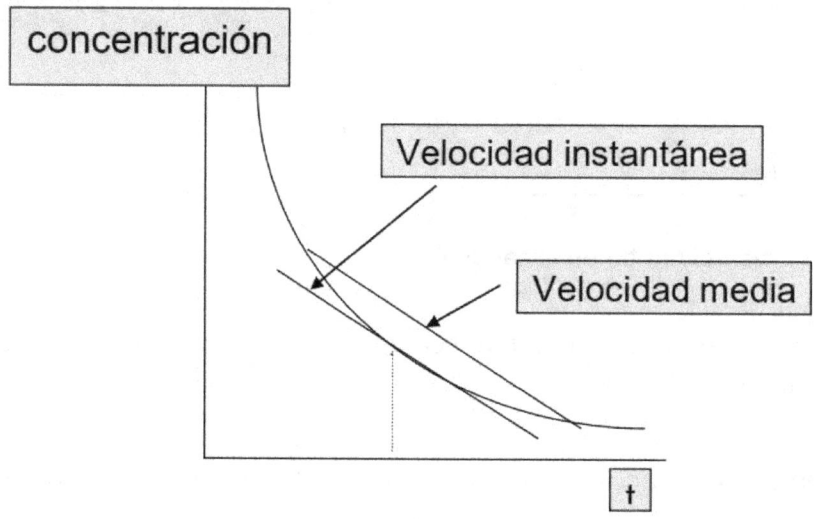

Velocidad inicial es la velocidad de la reacción química cuando $t = 0$.

En general, la velocidad de una reacción varía con el transcurso de la reacción química.

EJERCICIO 10.1

Dada la reacción química A → B + C. Si la concentración del reactivo A varía con el tiempo como se indica en la siguiente tabla:

[A] mol/L	Tiempo s
0,50	0
0,48	5
0,41	10
0,30	15

Calcular la velocidad media entre los segundos 5 y 15

$$v = \frac{[A_5]-[A_{15}]}{\Delta t} = \frac{0,48-0,30}{10} = 1,8 \cdot 10^{-2} \; mol \cdot L^{-1} \cdot s^{-1}$$

10.3 Factores que afectan la velocidad de una reacción química

Factores que afectan la velocidad de una reacción química:

a) La <u>naturaleza de la reacción química</u>. En general, las reacciones que no implican reajustes de enlaces son rápidas mientras aquellas que requieren la ruptura de varios enlaces covalentes son más lentas.

b) El <u>estado físico de los reactivos</u>.

Las **reacciones químicas homogéneas**, en las que todos los reactivos están en una misma fase, son más rápidas sobre todo en el caso de las reacciones entre gases.

Las **reacciones químicas heterogéneas**, en las que los reactivos están en fases diferentes son más lentas.

Unas sustancias químicas reaccionan antes que otras, simplemente por sus distintas propiedades químicas. Por ejemplo, en general, las sustancias iónicas reaccionan de forma más rápida que las covalentes, ya que el enlace covalente es más fuerte que el iónico.

c) La <u>concentración de los reactivos</u>. La ecuación de velocidad relaciona la velocidad de la reacción con las concentraciones de los reactivos.

Cualquier cambio en la concentración de los reactivos origina generalmente un cambio en la velocidad de la reacción química. La magnitud de este cambio depende del mecanismo de la reacción química. Por ello, la velocidad de una reacción química no puede ser deducida a partir de la ecuación estequiométrica y debe determinarse experimentalmente.

En general, un aumento en la concentración de los reactivos origina una aumento de la velocidad de reacción química en la que intervienen.

d) La <u>temperatura a la que se lleva a cabo la reacción</u>. Ver ecuación de *Arrhenius*.

e) La presencia o no de unas sustancias químicas denominadas <u>catalizadores</u> que disminuyen la energía de activación.

10.4 Dependencia de la velocidad con la concentración: Ecuación de velocidad cinética o ley diferencial de la velocidad

La **ecuación de velocidad cinética** es una ecuación matemática que relaciona la velocidad de reacción con las concentraciones molares de las sustancias químicas que intervienen en la reacción química.

Dada una reacción química:

$$aA + bB \rightarrow cC + dD$$

la ecuación de velocidad cinética se calcula utilizando la siguiente expresión:

$$v = k \cdot [A]^\alpha \cdot [B]^\beta$$

donde:

- v es la velocidad de la reacción.
- k es la constante de la velocidad o constante cinética, su valor es característica de cada reacción química y depende de la temperatura de reacción. Al aumentar la temperatura, la constante de velocidad k también aumenta.

  El valor de la constante de velocidad k no depende de las concentraciones de los reactivos.

  Para reactivos en concentraciones molares, la k se expresa en las siguientes unidades: $s^{-1} \cdot mol^{1-n} \cdot L^{n-1}$. Donde n es el orden total de la reacción química.
- α es el orden parcial de la reacción respecto al reactivo A.
- β es el orden parcial de la reacción respecto al reactivo B.

Los ordenes parciales α y β no tienen porqué coincidir con coeficientes estequiométricos a y b.

Química general

> La ecuación de velocidad cinética no puede predecirse a partir de la ecuación estequiométrica, sino que es necesario determinarla experimentalmente.

Los órdenes parciales de una reacción química permiten establecer la dependencia de la velocidad de reacción con respecto a las concentraciones de los reactivos.

Los valores de los órdenes parciales de una reacción química se determinan experimentalmente.

Los órdenes parciales de una reacción química pueden ser números positivos o negativos, enteros o fraccionarios y no estar relacionados con los coeficientes estequiométricos de la reacción.

Los valores de los órdenes parciales de una reacción no dependen de cómo se ajuste la reacción.

Orden de reacción global u orden total n de una reacción química es igual a la suma algebraica de los ordenes parciales de la reacción.

$$n = \alpha + \beta + ...$$

EJERCICIO 10.2

En ciertas condiciones, la velocidad de formación del H_2O viene dada por la siguiente ecuación:

$$v = k \cdot [H_2]^2 \cdot [O_2]$$

Calcular el orden de reacción e indicar las unidades de la constante de velocidad k.

Como los exponentes a que aparecen elevadas las concentraciones son 2 y 1, la reacción será de tercer orden ($n = 2 + 1 = 3$).

De la ecuación de velocidad se deduce que:

$$k = \frac{v}{[H_2]^2 \cdot [O_2]} = \frac{mol \cdot L^{-1} \cdot s^{-1}}{(mol \cdot L^{-1})^2 \cdot mol \cdot L^{-1}} = s^{-1} \cdot mol^{-2} \cdot L^2$$

Las unidades de la constante de velocidad k son: $s^{-1} \cdot mol^{-2} \cdot L^2$.

Química general

EJERCICIO 10.3

Las nieblas de contaminación urbana se deben en parte a los óxidos de nitrógeno. Se ha estudiado la cinética de la siguiente reacción exotérmica: $NO + 1/2 O_2 \rightleftarrows NO_2$.

Se ha observado que:

cuando se duplica la [O_2], manteniendo constante la [NO], la velocidad de la reacción se duplica.

cuando la [NO] se duplica, manteniendo constante la [O_2],, la velocidad de la reacción se hace 4 veces mayor.

Calcular el orden total de la reacción química.

La ecuación de velocidad cinética es: $v = k \cdot [NO]^\alpha \cdot [O_2]^\beta$

Experimentación A

$$\frac{v_{experimento\,1}}{v_{experimento\,2}} = \frac{k \cdot [NO]^\alpha \cdot [O_2]^\beta}{k \cdot [NO]^\alpha \cdot [O_2]^\beta}$$

$$\frac{1}{2} = \left(\frac{1}{2}\right)^\beta$$

$\beta = 1$

Experimentación B

$$\frac{v_{experimento\,1}}{v_{experimento\,2}} = \frac{k \cdot [NO]^\alpha \cdot [O_2]^\beta}{k \cdot [NO]^\alpha \cdot [O_2]^\beta}$$

$$\frac{1}{4} = \left(\frac{1}{2}\right)^\alpha$$

$\alpha = 2$

Orden total de la reacción = $\alpha + \beta$ = 2 + 1 = 3

10.5 Obtención de la ecuación de velocidad: método de las concentraciones iniciales

El método de las concentraciones iniciales o método diferencial puede usarse siempre que sea posible medir con precisión suficiente la velocidad de reacción instantánea.

Se suele usar al comienzo de la reacción, cuando la composición del sistema se conoce de manera precisa (sobre todo si se parte de reactivos puros).

Para ello, se mide la velocidad de la reacción variando la concentración de un reactivo manteniendo constante las concentraciones de los demás reactivos.

Partiendo de la ecuación:

$$v = k \cdot [A]^{\alpha} \cdot [B]^{\beta}$$

Si medidos la concentración inicial de A, la ecuación queda:

$$v = k' \cdot [A]^{\alpha}$$

Se calcula el logaritmo decimal de la expresión anterior, resultando:

$$\log v = \log k' + \alpha * \log[A]$$

Se representa gráficamente el valor de *logv* frente al valor de *log[A]* obteniéndose una línea recta cuya pendiente es α.

Este mismo método permite hallar el orden respecto a cualquier otro reactivo variando su concentración mientras se mantiene constante las concentraciones del resto de reactivos.

Una vez conocido el orden respecto a cada reactivo puede escribirse la ecuación de velocidad.

EJERCICIO 10.4

En una reacción química del tipo aA + bB → Productos, estudiada experimentalmente en el laboratorio, se obtuvieron los siguientes valores de concentraciones y velocidades:

Química general

Experimento	[A] mol·L⁻¹	[B] mol·L⁻¹	Velocidad mol·L⁻¹·s⁻¹
1	0,02	0,01	4,4·10⁻⁴
2	0,02	0,02	17,6·10⁻⁴
3	0,04	0,02	35,2·10⁻⁴
4	0,04	0,04	148,4·10⁻⁴

Calcular:

- *el orden de la reacción química respecto a A, respecto a B así como el orden total.*
- *la constante de velocidad k*
- *la ecuación diferencial de velocidad*

Orden de la reacción respecto al reactivo A

Al comparar los resultados de los experimentos 2 y 3 se se observa que manteniendo constante la concentración de B y duplicando la concentración de A, se duplica la velocidad de la reacción v.

Por tanto:

- Experimento 1: $v = k' \cdot [A]^\alpha$
- Experimento 2: $2 \cdot v = k' \cdot [2A]^\alpha$

Si dividimos miembro a miembro ambas ecuaciones obtenemos:

$$\frac{v}{2 \cdot v} = \frac{k' \cdot [A]^\alpha}{k' \cdot [2A]^\alpha}$$

$$\frac{1}{2} = \frac{1}{2^\alpha}$$

por tanto, $\alpha = 1$ y la reacción es de primer orden respecto al reactivo A.

Orden de la reacción respecto al reactivo B

Al comparar los resultados de los experimentos 1 y 2 o 3 y 4 se se observa que que manteniendo constante la concentración de A y duplicando la concentración de B, se cuadruplica la velocidad de la reacción v.

Por tanto:

- Experimento 1: $v = k'' \cdot [B]^\beta$
- Experimento 2: $4 \cdot v = k' \cdot [2B]^\beta$

Si dividimos miembro a miembro ambas ecuaciones obtenemos:

Química general

$$\frac{v}{4\cdot v} = \frac{k''\cdot [B]^{\beta}}{k''\cdot [2B]^{\beta}}$$

$$\frac{1}{4} = \frac{1}{2^{\beta}}$$

por tanto, $\beta = 2$ y la reacción es de segundo orden respecto al reactivo B.

Orden total de la reacción

El orden total de la reacción es $n = \alpha + \beta = 1 + 2 = 3$

La constante de velocidad k

$$v = k\cdot [A]\cdot [B]^2$$

$$k = \frac{v}{[A]\cdot [B]^2} = \frac{(140,8\cdot 10^{-4}\, mol\cdot l^{-1}\cdot s^{-1})}{(0,04\, mol\cdot l^{-1}\cdot (0,04\, ml\cdot l^{-1})^2)} = = 2,2\cdot 10^2\, mol^{-2}\cdot L^2\cdot s^{-1}$$

La ecuación diferencial de velocidad

$$v = k\cdot [A]\cdot [B]^2 = 2,2\cdot 10^2\cdot [A]\cdot [B]^2$$

10.6 Ecuaciones de velocidad integradas: reacciones de primer orden, segundo orden y orden cero.

Para saber cómo varía la velocidad de una reacción química con el tiempo hay que integrar la ecuación diferencial de la velocidad de la reacción.

Las ecuaciones de velocidad integradas permiten determinar el orden y la constante de velocidad de una reacción química. Para ello, primero se obtiene experimentalmente las concentraciones de los reactivos a distintos tiempos y luego se representa gráficamente la concentración respecto al tiempo.

10.6.1 Reacción química de orden cero

Dada la reacción:

$$A \rightarrow \text{productos}$$

Al ser una reacción de orden cero, $\alpha = 0$

entonces, la ecuación de velocidad cinética es:

$$v = k \cdot [A]^0 = k \cdot 1 = k$$

Establecemos una igualdad entre la la ecuación de velocidad cinética y la velocidad instantánea:

$$v = k = -\frac{d[A]}{dt}$$

reordenamos términos de la ecuación:

$$d[A] = -k{*}dt$$

integrando:

$$\int_{A_0}^{A} d[A] = -k \cdot \int_{0}^{t} dt$$

$$[A] - [A]_0 = -k{*}t$$

$$[A] = [A]_0 - k{*}t$$

donde: $[A]_0$ es la concentración inicial del reactivo A.

Ecuación que sigue la ecuación general de una recta: $y = b + a \cdot x$

b = ordenada en el origen = $[A]_0$

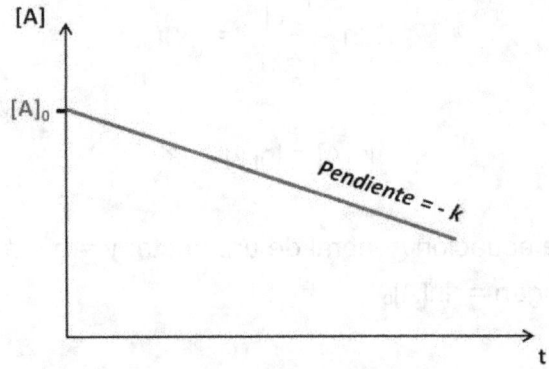

Gráfica de una reacción química de orden cero

Reacción química de primer orden

Hay dos tipos de reacciones de primer orden:
a) Reacción de primer orden sin coeficiente para el reactivo.
b) Reacción de primer orden con coeficiente para el reactivo.

10.6.1.1 Reacción de primer orden sin coeficiente para el reactivo A

Dada la reacción:

$$A \rightarrow \text{productos}$$

Al ser una reacción de primer orden, $\alpha = 1$

entonces, la ecuación de velocidad cinética es:

$$v = k \cdot [A]^1 = k \cdot [A]$$

Establecemos una igualdad entre la la ecuación de velocidad cinética y la velocidad instantánea:

$$v = k \cdot [A] = -\frac{d[A]}{dt}$$

reordenamos términos de la ecuación:

$$\frac{d[A]}{[A]} = -k \cdot dt$$

integrando:

$$\int_{A_0}^{A} \left(\frac{d[A]}{[A]}\right) = -k \cdot \int_{0}^{t} dt$$

$$\ln[A] - \ln[A]_0 = -k \cdot dt$$

Química general

$$\ln \frac{[A]}{[A_0]} = -k*t$$

$$\ln[A] = \ln[A]_0 - k*t$$

Ecuación que sigue la ecuación general de una recta: $y = b + a \cdot x$

b = ordenada en el origen = $\ln[A]_0$

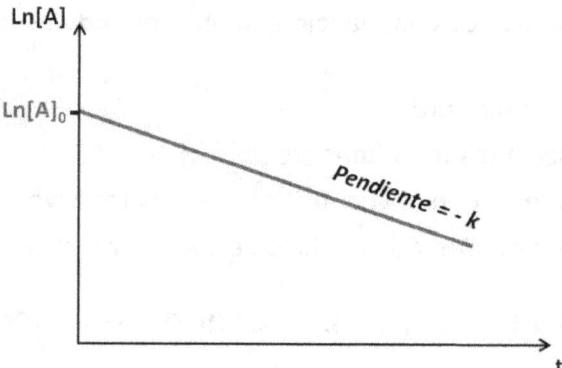

Gráfica de reacción química de primer orden

$$[A] = [A]_0 * e^{-kt}$$

10.6.1.2 Reacción de primer orden con coeficiente para el reactivo A

Dada la reacción:

$$aA \rightarrow \text{productos}$$

Al ser una reacción de primer orden, $\alpha = 1$

entonces, la ecuación de velocidad cinética es:

$$v = k \cdot [A]^1 = k \cdot [A]$$

Establecemos una igualdad entre la la ecuación de velocidad cinética y la velocidad instantánea:

$$v = k \cdot [A] = -\frac{1}{a} \cdot \left(\frac{d[A]}{dt}\right)$$

reordenamos términos de la ecuación:

$$\frac{d[A]}{dt} = -k \cdot a \cdot [A] = -k_a \cdot [A]$$

integrando:

$$\int_{A_0}^{A}\left(\frac{d[A]}{[A]}\right) = -k_a \cdot \int_0^t dt$$

$$\ln[A] - \ln[A]_0 = -k_a \cdot t$$

$$\ln \frac{[A]}{[A]_0} = -k_a \cdot t$$

$$\ln[A] = \ln[A]_0 - k_a{*}t$$

$$[A] = [A]_0 \cdot e^{-k_a \cdot t}$$

10.6.2 Reacción química de segundo orden

Hay dos tipos de reacción de segundo orden:
a) Tipo I.
b) Tipo II.

10.6.2.1 Reacción de segundo orden tipo I

Dada la reacción:

$$aA \rightarrow \text{productos}$$

Al ser una reacción de segundo orden, $a = 2$

entonces, la ecuación de velocidad cinética es:

$$v = k \cdot [A]^2$$

Establecemos una igualdad entre la la ecuación de velocidad cinética y la velocidad instantánea:

$$v = k \cdot [A]^2 = -\frac{1}{a} \cdot \left(\frac{d[A]}{dt}\right)$$

reordenamos términos de la ecuación:

$$\frac{d[A]}{dt} = -k \cdot a \cdot [A]^2 = -k_a \cdot [A]^2$$

$$\frac{d[A]}{[A]^2} = -k \cdot a \cdot dt = -k_a \cdot dt$$

Química general

integrando:

$$\int_{A_0}^{A}\left(\frac{d[A]}{[A]^2}\right) = -k_a \cdot \int_0^t dt$$

$$\frac{1}{[A]} = \frac{1}{[A]_0} + k_a \cdot t$$

Ecuación que sigue la ecuación general de una recta: $y = b + a \cdot x$

b = ordenada en el origen = $\dfrac{1}{[A]_0}$

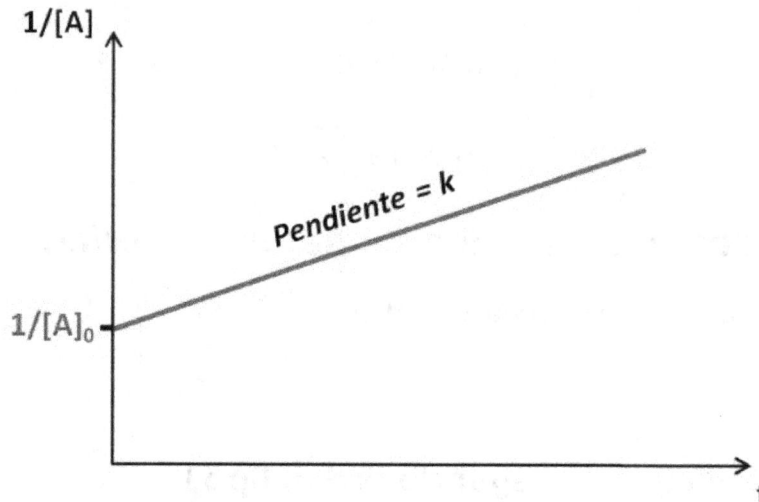

Gráfica de reacción química de segundo grado

$$[A] = \frac{[A]_0}{1 + k_a \cdot t \cdot [A]_0}$$

10.6.2.2 Reacción química de segundo orden tipo II

Dada la reacción:

$$aA + bB \rightarrow \text{productos}$$

Al ser una reacción de primer orden, $\alpha = 2$; $a = 1$, $b = 1$.

entonces, la ecuación de velocidad cinética es:

$$v = k \cdot [A] \cdot [B]$$

Establecemos una igualdad entre la la ecuación de velocidad cinética y la velocidad instantánea:

$$v = k \cdot [A] \cdot [B] = -\frac{1}{a}\cdot\left(\frac{d[A]}{dt}\right) = -\frac{1}{b}\cdot\left(\frac{d[B]}{dt}\right)$$

integrando:

$$\ln\left(\frac{[A]_0 \cdot [B]}{[B]_0 \cdot [A]}\right) = ([B]_0 - [A]_0) \cdot k \cdot t$$

10.7 Vida media de una reacción química

Vida media o periodo de semi-desintegración de una reacción química es el tiempo transcurrido hasta que la concentración de un reactivo se ha reducido a la mitad.

Por tanto, para un tiempo $t_{1/2}$, la concentración $[A] = \dfrac{[A]_0}{2}$

sustituyendo $[A] =$ en las ecuaciones de velocidad según sea el orden de reacción se obtiene:

10.7.1 Vida media de una reacción de orden cero

$$[A] = [A]_0 - k \cdot t$$

$$\frac{[A]_0}{2} = [A]_0 - k \cdot t_{1/2}$$

$$t_{1/2} = \frac{[A]_0}{2 \cdot k}$$

10.7.2 Vida media de una reacción de primer orden

$$\ln[A] = \ln[A]_0 - k \cdot dt$$

$$\ln \frac{[A]_0}{2} = \ln[A]_0 - k \cdot dt$$

$$\ln[A]_0 - \ln 2 = \ln[A]_0 - k \cdot dt$$

$$k \cdot dt = \ln 2$$

$$t_{1/2} = \frac{\ln 2}{k} = \frac{0{,}693}{k}$$

10.7.3 Vida media de una reacción de segundo orden

$$\frac{1}{[A]} = \frac{1}{[A]_0} + K_a \cdot t$$

$$\frac{2}{[A]_0} = \frac{1}{[A]_0} + K_a \cdot t_{1/2}$$

$$t_{1/2} = \frac{1}{k \cdot [A]_0}$$

10.8 Dependencia de la velocidad respecto a la temperatura. Ecuación de *Arrhenius*

Una mayor temperatura implica una mayor energía cinética de las moléculas de los reactivos. Por lo tanto, se producirán más colisiones efectivas que superarán la energía umbral o energía de activación E_a para que se produzca la reacción química a mayor velocidad.

La distribución de energía cinética de las moléculas a una determinada temperatura viene dada por las curvas de *Maxwell-Boltzmann*.

En muchas reacciones se ha encontrado que la velocidad de la reacción química se dobla cuando la temperatura es aumentada en 10°C.

Svante Arrhenius observó que la mayoría de reacciones mostraba un mismo tipo de dependencia con la temperatura. Esta observación condujo a la siguiente ecuación de *Arrhenius*:

$$k = A \cdot e^{-\frac{E_a}{R \cdot T}}$$

donde:
- k es la constante de velocidad.
- A es el factor de frecuencia o factor pre-exponencial. Tiene en cuenta la frecuencia con la que se producen las colisiones (con orientación adecuada) en la mezcla reactiva por unidad de concentración.
- E_a es la energía de activación ($kJ\ mol^{-1}$), y es la energía cinética mínima de la colisión necesaria para que la reacción ocurra.
- R es la constante de los gases ideales ($8.314\ J\ mol^{-1}\ K^{-1}$).
- T es la temperatura en *Kelvin*.

Química general

El término exponencial $e^{-E_a/RT}$ está relacionado con la fracción de colisiones con suficiente energía para reaccionar. Esta fracción aumenta cuando T aumenta, debido al signo negativo que aparece en el exponente.

Forma logarítmica de la ecuación de *Arrhenius*:

$$lnk = \ln A - \frac{E_a}{R \cdot T}$$

Ecuación que sigue la ecuación general de una recta. $y = b + ax$

b = ordenada en el origen = $\ln A$

a = pendiente de la recta = $- E_a / (R^*T)$

Al representar gráficamente *lnk* en ordenadas y $1/T$ en abscisas, se obtiene:

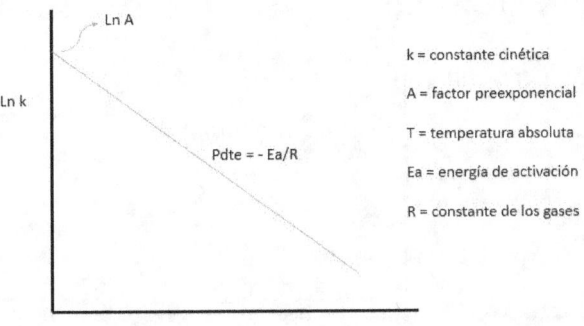

Representación gráfica de la ecuación de *Arrhenius*

Un aumento de la temperatura T a la que se realiza una reacción química resulta en un aumento en el valor de la constante de velocidad k y por tanto un aumento en la velocidad de la reacción química.

Un aumento en la energía de activación E_a resulta en una disminución en el valor de la constante de velocidad k y la consiguiente disminución en la velocidad de la reacción química.

La ecuación de *Arrhenius* permite determinar el valor de E_a conociendo el valor de k a dos temperaturas (T_1 y T_2) así como determinar k a una temperatura si conocemos E_a y k a otra temperatura.

$$lnk_2 = \ln A - \frac{E_a}{R \cdot T_2}$$

Química general

$$lnk_1 = lnA - \frac{E_a}{R \cdot T_1}$$

restando las ecuaciones, tenemos:

$$lnk_2 - lnk_1 = ln(A) - ln(A) - \frac{E_a}{R \cdot T_2} - (-\frac{E_a}{R \cdot T_1}) =$$

$$= \frac{E_a}{R} \cdot (\frac{1}{T_1} - \frac{1}{T_2})$$

Por tanto:

$$ln(\frac{k_2}{k_1}) = \frac{E_a}{R} \cdot (\frac{1}{T_1} - \frac{1}{T_2}) = -\frac{E_a}{R} \cdot (\frac{1}{T_2} - \frac{1}{T_1})$$

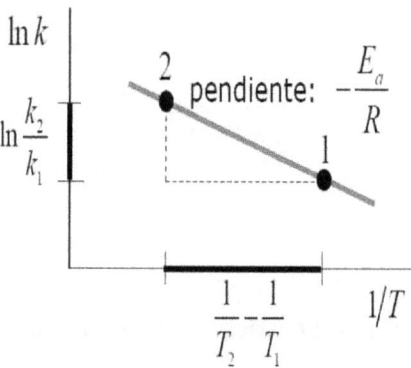

Grafica de la ecuación de Arrhenius

EJERCICIO 10.5

¿Cuál es la energía de activación E_a de una reacción química cuya velocidad v se duplica al pasar de 40°C a 50°C?

Si en dicho intervalo de temperatura la velocidad *v* se duplica también se duplicará la constante de velocidad *k*.

$$k = A \cdot e^{-\frac{E_a}{R \cdot 313}}$$

siendo $T_1 = 273 + 40 = 313$ K

$$2k = A \cdot e^{-\frac{E_a}{R \cdot 323}}$$

siendo $T_2 = 273 + 50 = 323$ K

Dividiendo entre sí ambas ecuaciones se obtiene:

$$\frac{k}{2k} = e^{-(\frac{E_a}{R \cdot 313})-(-\frac{E_a}{R \cdot 323})} = e^{\frac{E_a}{R} \cdot (\frac{1}{323} - \frac{1}{313})}$$

$$\ln 0{,}5 = \frac{E_a}{R} \cdot \left(\frac{313-323}{323 \cdot 313}\right)$$

despejando E_a:

$$E_a = \frac{\ln(0{,}5) \cdot 8{,}31 \cdot 323 \cdot 313}{313-323} = 58{,}3 \; kJ/mol$$

10.9 Catálisis

Un **catalizador** es una sustancia que modifica la velocidad de reacción sin sufrir él un cambio permanente en el proceso.

El catalizador no puede iniciar ni mantener una reacción química que no pueda producirse en su ausencia.

El catalizador modifica el tiempo necesario para alcanzar el equilibrio químico.

La **catálisis** es el proceso por el cual se varía la velocidad de una reacción química, debido a la participación de una sustancia llamada catalizador.

Dependiendo si el catalizador se encuentra en la misma fase que los reactivos o no la catálisis se divide en:

a) **Catálisis homogénea**. El catalizador y el sistema reactivo forman un sistema homogéneo con una sola fase. Son reacciones en fase gas o en disolución, por ejemplo catálisis ácido-base.

b) **Catálisis heterogénea**. La reacción se produce en una región interfacial. Así, para una reacción donde los reactivos están en fase gas o disolución, el catalizador se suele presentar en forma de sólido.

c) **Catálisis enzimática**. Reacciones bioquímicas cuya velocidad se incrementa por la acción de las enzimas, que son proteínas. Aunque formalmente es homogénea, presenta características propias de la catálisis heterogénea, como la existencia de centros activos.

Un **catalizador positivo** disminuye el valor de la energía de activación E_a aumentando la velocidad de la reacción química al aumentar el valor de k y por tanto el valor de v.

Un catalizador puede alterar la velocidad de reacción modificando el valor de A o el valor de E_a. Los efectos catalíticos más espectaculares provienen de reducir la energía de activación. Como regla general un catalizador reduce la energía de activación de la reacción.

Un catalizador reduce la energía de activación de la reacción haciendo normalmente que la reacción tenga lugar por un camino (mecanismo) diferente.

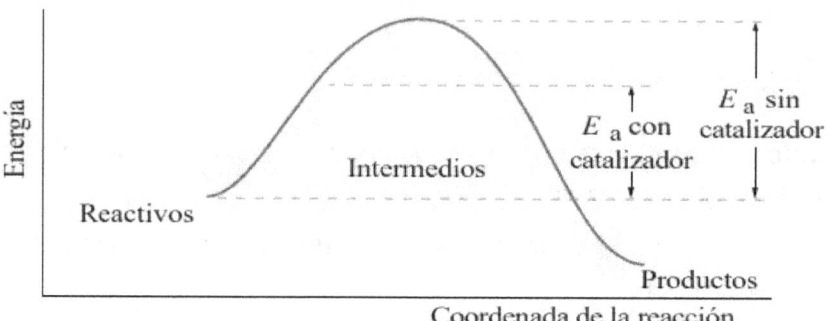

Efecto sobre la E_a de un catalizador

Un **catalizador negativo** aumenta el valor de la energía de activación E_a disminuyendo la velocidad de la reacción química

10.10 Teorías de las velocidades de las reacciones químicas

Se establecen las siguientes teorías acerca de las velocidades de una reacción química:
- Teoría de las colisiones y de la energía de activación
- Teoría del estado de transición.

10.10.1 Teoría de las colisiones

De acuerdo con la teoría de las colisiones una reacción bimolecular elemental ocurre cuando dos moléculas de reactivos colisionan con suficiente energía y con la orientación adecuada. Por tanto, para que se produzca una reacción entre dos moléculas primero éstas deben chocar en una determinada orientación y además su energía total molecular (vibracional, traslacional y rotacional) supera una energía umbral o energía de activación E_a.

Química general

Por lo tanto, no todos los choques dan lugar a la reacción.

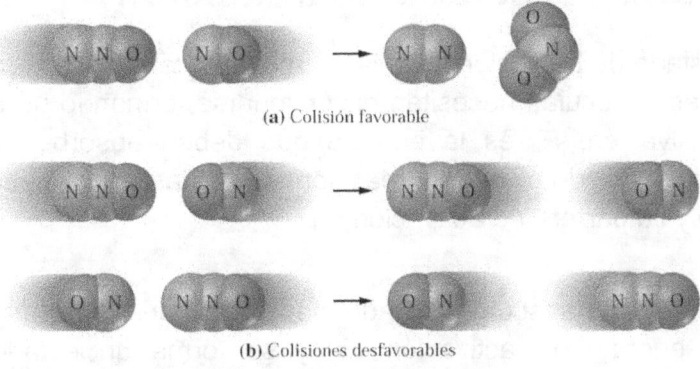

Orientación de la colisión

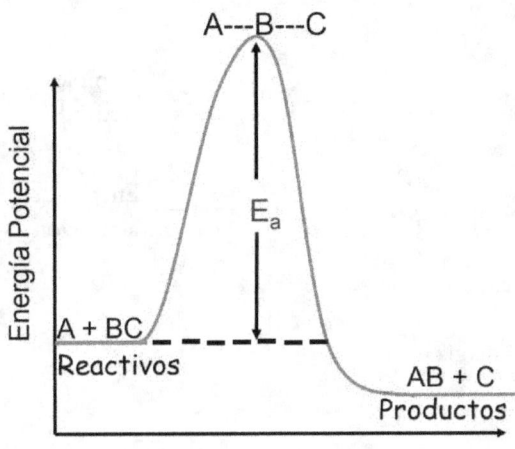

Energía de activación

Postulados de la teoría de las colisiones:
- Aplica solamente para reacciones bimoleculares en fase gas.
- La reacción se produce por colisión entre las moléculas de reactivo.
- Considera que las moléculas o átomos son esferas duras y que las interacciones intermoleculares son despreciables frente a su energía cinética.
- El complejo activado no juega un papel importante en esta teoría.

10.10.2 Teoría del estado de transición

La teoría del estado de transición vincula la cinética y termodinámica de una reacción. Para reaccionar, las moléculas necesitan distorsionarse formando un complejo activado. La energía de activación, E_a es la energía que deben absorber los reactivos para alcanzar el estado activado. En una reacción de varias etapas, cada una tiene su complejo activado y su barrera de activación

La reacción química transcurre cuando se aporta una determinada cantidad de energía, llamada energía de activación E_a, y se forma un estado intermedio muy inestable, llamado complejo activado, donde aunque no se han roto los enlaces de los reactivos, ya se empiezan a formar nuevos enlaces con los productos.

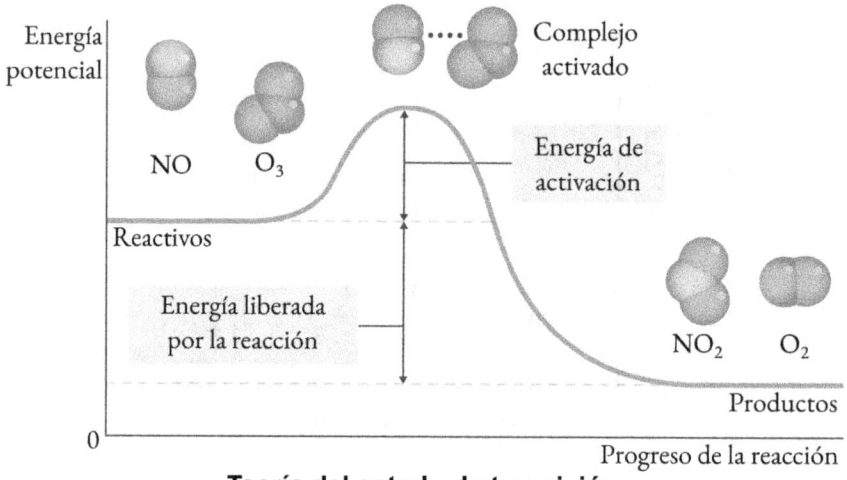

Teoría del estado de transición

El complejo activado es inestable, ya que corresponde a una situación de elevada energía potencial, por lo que tiende a evolucionar a la formación de los productos, que corresponde a un mínimo de energía potencial.

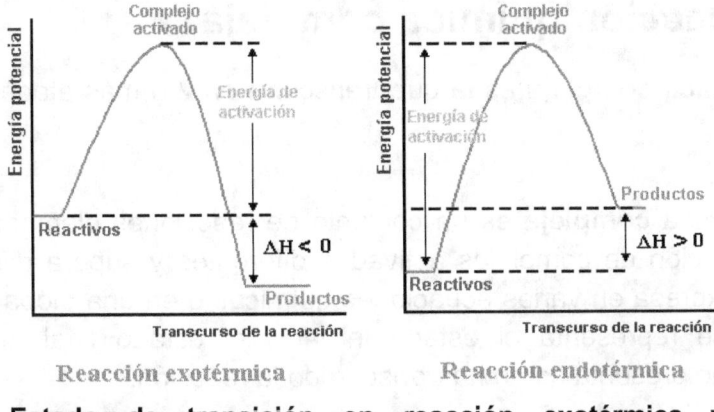

Estado de transición en reacción exotérmica y endotérmica

10.11 Mecanismo de de una reacción química

Un **mecanismo de reacción** es un postulado teórico que intenta explicar de manera lógica cuáles son las reacción(es) elemental(es) e intermediarios que suceden en una reacción química y que permiten explicar las características cualitativas (desarrollo de color, aparición de precipitados, etc.) y cuantitativas (una de las más importantes la velocidad de reacción) observadas en su desarrollo.

El mecanismo de reacción debe soportarse en los datos experimentales reportados para la reacción estudiada como los intermediarios, complejo(s) activado(s) y/o especies aislados en el trabajo experimental; la energía involucrada en cada paso propuesto (que determina la velocidad de reacción), cambios de fase, los efectos inducidos por el catalizador (si es que se adiciona alguno), los productos obtenidos, el rendimiento de la reacción, la estereoquímica de los productos, etc.

10.11.1 Reacción química elemental

Reacción química elemental es la que transcurre en una sola etapa.

En las reacciones elementales orden y molecularidad coinciden.

Tipos de reacciones elementales:
- Reacción de combinación. Ejemplo: $A + B \rightarrow AB$
- Reacción de descomposición. Ejemplo: $AB \rightarrow A + B$
- Reacción e desplazamiento. Ejemplo: $AB + C \rightarrow AC + B$

Las reacciones elementales pueden estudiarse a partir del cambio de la energía potencial en las moléculas involucradas mientras se aproximan entre sí.

10.11.2 Reacción química compleja

Reacción química compleja es la que transcurre en 2 o más etapas, con formación de intermediarios.

Reacción química compleja es un conjunto de reacciones elementales, donde hay más de una formación de complejos activados diferentes y supera diferentes barreras energéticas. Se expresa en varias ecuaciones químicas o en una global. En la ecuación química global, se representa el estado inicial y el estado final del global de las reacciones, pero no presenta como ha transcurrido la reacción.

En toda reacción química compleja hay una reacción química más lenta que controla la velocidad de la reacción química total.

10.12 Molecularidad

La **molecularidad** es el número de moléculas que forman parte como reactivos en una reacción química elemental, es decir, la suma de las moléculas de cada reactivo antes de formar el complejo activado para convertirse en los productos.

Molecularidad es el número de moléculas o átomos de los reactivos que deben chocar entre sí para que se lleve a cabo una reacción determinada.

Esta definición supone que la reacción ocurre en un solo paso. La mayoría de las reacciones son más complejas y tienen lugar en varios pasos intermedios, cada uno de los cuales tendrá su propia molecularidad.

<u>Tipos de reacciones químicas según su molecularidad:</u>
- **Unimoleculares** cuando sólo participa una molécula de reactivo. Ejemplo:
  $A \rightarrow B + C$
- **Bimoleculares** cuando sólo participan 2 moléculas de reactivo. Ejemplo:
  $A + B \rightarrow C; 2A \rightarrow D$
- **Trimoleculares** cuando sólo participan 3 moléculas de reactivo. Ejemplo:
  $2A + B \rightarrow C$
- ...

Química general

Teniendo en cuenta que las moléculas de una sustancia se encuentran en una distribución de *Boltzmann* es muy improbable estadísticamente que choquen cuatro moléculas al mismo tiempo por eso no existen reacciones tetramoleculares.

La molecularidad es un concepto teórico que indica el n.º de partículas individuales que participan en un paso elemental del mecanismo de reacción.

En las reacciones químicas simples la molecularidad de la reacción puede coincidir con el orden de la reacción.

La molecularidad es un concepto bastante útil para poder determinar cómo es el estado de transición y cuanta energía se necesita para llegar a él. Dado que las velocidades de reacción en una primera aproximación dependen únicamente del paso lento, se define como el número de moléculas involucradas en el estado de transición de la reacción elemental más lenta.

Química general

11 Equilibrio químico

La experiencia pone de manifiesto que la mayoría de las reacciones químicas son reacciones reversibles.

Las reacciones reversibles son aquellas en las que los reactivos no se transforman totalmente en productos, ya que éstos vuelven a formar los reactivos, dando lugar así a un proceso de doble sentido que desemboca en el equilibrio químico.

Las reacciones reversibles se representan con una doble flecha ($\rightleftarrows$) entre los dos miembros de la ecuación.

$$aA + bB \rightleftarrows cC + dD$$

El **equilibrio químico** es un estado que alcanzan las reacciones químicas reversibles cuando las actividades o concentraciones de los reactivos y los productos no tienen ningún cambio neto.

El equilibrio químico es dinámico donde las moléculas u átomos de los reactivos y productos siguen reaccionando, pero mantienen las mismas concentraciones durante el tiempo.

El equilibrio químico se alcanza cuando la velocidad de la reacción directa (V_d) es igual a la de la reacción inversa (V_i). Por tanto, el equilibrio químico es un equilibrio dinámico.

El equilibrio químico se establece cuando existen dos reacciones opuestas que tienen lugar simultáneamente a la misma velocidad.

$$aA + bB \underset{V_i}{\overset{V_d}{\rightleftarrows}} cC + dD$$

donde:
- v_d = velocidad de formación de los productos (velocidad directa).
- v_i = velocidad de descomposición de los productos (velocidad inversa).

Química general

La reacción química evolucionará cinéticamente, en uno u otro sentido, con el fin de adaptarse a las condiciones energéticas más favorables. Cuando estas se consigan, diremos que se ha alcanzado el equilibrio, esto es, $\Delta G = 0$.

En 1867 *Goldberg* y *Waage* encontraron que para muchas reacciones químicas elementales (reacciones en una sola etapa) la velocidad de reacción es proporcional a la concentración de cada uno de los reactivos elevada a su coeficiente estequiométrico.

$$aA + bB \rightleftharpoons cC + dD$$

Cuando el medio de reacción es homogéneo, en ausencia de catalizadores y para una reacción química como la descrita (dos reactivos y dos productos), las velocidades de reacción directa (v_d) e inversa (v_i) son directamente proporcionales a las concentraciones de los reaccionantes, según las siguientes fórmulas:

$$v_d = k_d \cdot [A]^a \cdot [B]^b$$
$$v_i = k_i \cdot [C]^c \cdot [D]^d$$

donde:
- $v_d = k_d \cdot [A]^a \cdot [B]^b$ es la velocidad de formación de los productos también denominada velocidad directa
- $v_i = k_i \cdot [C]^c \cdot [D]^d$ es la velocidad de descomposición de los productos también denominada velocidad inversa

Cuando se alcanza el equilibrio químico se cumple:
- $v_d = v_i$
- $k_d \cdot [A]^a \cdot [B]^b = k_i \cdot [C]^c \cdot [D]^d$

En una reacción química en equilibrio se dice que está desplazada hacia la derecha si hay más cantidad de productos (*C* y *D*) presentes en la misma que de reactivos (*A* y *B*), y se encontrará desplazada hacia la izquierda cuando ocurra lo contrario.

Química general

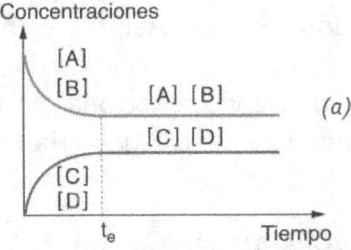

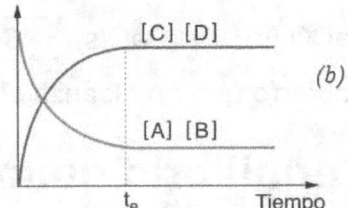

Representación de un sistema en equilibrio cuando predominan los reactivos (a) o los productos (b).

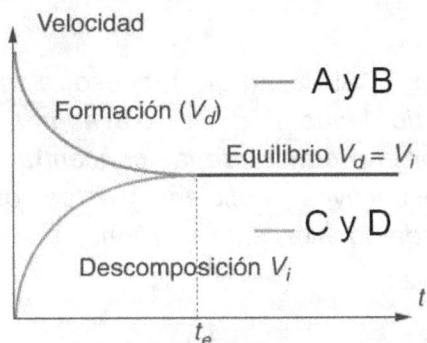

t_e = tiempo para alcanzar el equilibrio
Velocidades de formación y descomposición.

El que en el equilibrio químico las velocidades de formación (V_d) y descomposición (V_i) sean iguales, no implica que las concentraciones de los reactivos y productos también lo sean. Todo lo contrario, normalmente estas concentraciones son diferentes.

Química general

Hay que indicar que **para que el equilibrio químico tenga lugar el sistema ha de ser cerrado**, puesto que si intercambia materia podría ocurrir que la reacción no evolucionase en alguno de los dos sentidos. Así, por ejemplo, para una reacción como la descomposición térmica del carbonato de calcio, si el sistema permanece abierto, al liberarse el gas CO_2, escapa y no puede reaccionar con el CaO, por lo que la reacción no evoluciona en el sentido opuesto y el equilibrio sería imposible.

$$CaCO_3(s) \rightleftarrows CaO(s) + CO_2(g)$$

Sistema cerrado que alcanza el equilibrio

$$CaCO_3(s) \rightleftarrows CaO(s) + CO_2(g)\uparrow$$

Sistema abierto que no alcanza el equilibrio

11.1 Constante de equilibrio químico

Cuando se alcanza el equilibrio existe una relación entre las concentraciones de reactivos y productos que fue deducida por Guldbeerg y Waage en 1864. Esta relación se conoce con el nombre de **ley de acción de masas** y fue obtenida experimentalmente.

<u>Ley de acción de masas</u>, LAM. *En un proceso elemental, el producto de las concentraciones en el equilibrio de los productos elevadas a sus respectivos coeficientes estequiométricos, dividido por el producto de las concentraciones de los reactivos en el equilibrio elevadas a sus respectivos coeficientes estequiométricos, es una constante para cada temperatura, llamada constante de equilibrio.*

11.1.1 Constante de equilibrio K_c en función de las concentraciones para reacciones químicas con disoluciones ideales

Dado una reacción química cualquiera que evoluciona hasta alcanzar el equilibrio:

$$aA + bB \rightleftharpoons cC + dD$$

$$K_c = K_e = \frac{k_i}{k_d} = \frac{[C]_e^c \cdot [D]_e^d}{[A]_e^a \cdot [B]_e^b}$$

donde:
- el subídice $_e$ indica las concentraciones en condiciones de equilibrio de los reativos y productos de la reacción química reversible.
- K_c: constante de equilibrio para una reacción química con disoluciones ideales. K_c tiene un valor constante a cada temperatura, independiente de las concentraciones de los reactivos y de los productos. La K_c se expresa en las siguientes unidades: $(mol/L)^{\Delta v}$, siendo $\Delta v = ((c+d) - (a+b))$
- a, b, c y d son los coeficientes estequiométricos. Como normal general, suele tomarse como criterio el ajustar la ecuación química con números enteros.
- $[A]$ y $[B]$ son las concentraciones en mol/L de los reactivos A y B cuando la reacción química ha alcanzado el equilibrio
- $[C]$ y $[D]$ son las concentraciones de los productos C y D cuando la reacción química ha alcanzado el equilibrio

La magnitud K_c nos informa sobre la proporción entre reactivos y productos una vez alcanzado el equilibrio químico. Por lo tanto:
- Cuando $K_c > 1$, en el equilibrio resultante la mayoría de los reactivos se han convertido en productos.
- Cuando $K_c \rightarrow \infty$, en el equilibrio prácticamente solo existen los productos.
- Cuando $K_c < 1$, indica que, cuando se establece el equilibrio, la mayoría de los reactivos quedan sin reaccionar, formándose solo pequeñas cantidades de productos.

La constante de equilibrio K_c depende de la cinética, termodinámica y temperatura de la reacción química a la que se refiere. La constante de equilibrio tiene un valor constante

Química general

a cada temperatura, independiente de las concentraciones iniciales, del volumen del recipiente y de la presión.

EJERCICIO 11.1

En un recipiente de 14 L se introducen 3,2 moles de $N_2(g)$ y 3 moles de $H_2(g)$. Cuando se alcanza el equilibrio $N_2(g) + 3H_2(g) \rightleftarrows 2NH_3(g)$ a 200°C se obtienen 1,6 moles de $NH_3(g)$. Calcular el número de moles de los reactivos y producto en el equilibrio y el valor de K_c.

Dada la reacción

	↑N_2 (g) +	↑$3H_2$ (g) $\rightleftarrows$	$2NH_{3(ac)}$
Estequiometría	1	3	2
Moles iniciales	3,2	3	0
Moles que reaccionan	x	3x	0
Moles que se forman	0	0	2x
Moles en equilibrio	3,2 - x	3 - 3x	2x
Concentracion en equilibrio	$\dfrac{3,2-x}{14}$	$\dfrac{3-3x}{14}$	$\dfrac{2x}{14}$

$2x = 1,6$; $x = 0,8$

moles en equilibrio de $N_2(g)$: $3,2 - x = 3,2 - 0,8 = 2,4\ mol$

moles en equilibrio de $H_2(g)$: $3 - 3x = 3 - (3*0,8) = 0,6\ mol$

moles en equilibrio de $NH_3(g)$: $2x = 2*0,8 = 1,6\ mol$

$$K_c = \frac{[NH_3]^2}{[N_2]\cdot[H_2]} = \frac{\left(\dfrac{1,6}{14}\right)^2}{\left(\dfrac{2,4}{14}\right)\cdot\left(\dfrac{0,6}{14}\right)^3} = 967,9$$

11.1.2 Constante de equilibrio K_x en función de las fracciones molares para reacciones químicas con disoluciones ideales

Dada una reacción química cualquiera que evoluciona hasta alcanzar el equilibrio:

$$aA + bB \rightleftharpoons cC + dD$$

cuando la reacción anterior alcanza el equilibrio químico, se cumple que:

$$K_x = \frac{X_C^c \cdot X_D^d}{X_A^a \cdot X_B^b}$$

donde:

- K_x: constante de equilibrio para una reacción química con disoluciones ideales. K_x tiene un valor constante a cada tempera ura, independiente de las concentraciones de los reactivos y de los productos.

- a, b, c y d son los coeficientes estequiométricos. Como normal general, suele tomarse como criterio el ajustar la ecuación química con números enteros.

- $X^a{}_A$ y $X^b{}_B$ son las fracciones molares de los reactivos A y B cuando la reacción química ha alcanzado el equilibrio.

- $X^c{}_C$ y $X^d{}_D$ son las fracciones molares de los reactivos C y D cuando la reacción química ha alcanzado el equilibrio.

La magnitud K_c nos informa sobre la proporción entre reactivos y productos una vez alcanzado el equilibrio químico. Por lo tanto:

- Cuando $K_c > 1$, en el equilibrio resultante la mayoría de los reactivos se han convertido en productos.

- Cuando $K_c \to \infty$, en el equilibrio prácticamente solo existen los productos.

- Cuando $K_c < 1$, indica que, cuando se establece el equilibrio, la mayoría de los reactivos quedan sin reaccionar, formándose solo pequeñas cantidades de productos.

11.1.3 Constante de equilibrio K_p en función de las presiones parciales para reacciones químicas con gases ideales

Una reacción se dice que es homogénea cuando todos los reactivos y productos se mezclan uniformemente formando una única fase. Los equilibrios químicos entre gases son homogéneos, ya que todos los gases son miscibles y se mezclan uniformemente entre sí.

Para describir equilibrios químicos en reacciones entre gases es más conveniente utilizar sus presiones parciales, en cuyo caso se utiliza la K_p.

$$aA\,(g) + bB\,(g) \rightleftharpoons cC\,(g) + dD\,(g)$$

$$K_p = \frac{(p_C)^c \cdot (p_D)^d}{(p_A)^a \cdot (p_B)^b}$$

donde:

- K_p es la constante de equilibrio. La K_p se expresa en $(atm)^{\Delta v}$ siendo $\Delta v = ((c+d) - (a+b))$. El valor de K_p depende de los valores de la presiones parciales las cuales dependen de la temperatura.
- a, b, c y d son los coeficientes estequiométricos. Como normal general, suele tomarse como criterio el ajustar la ecuación química con números enteros.
- p_a y p_b son las presiones parciales de los reactivos en atm.
- p_c y p_d son las presiones parciales de los productos en atm.

> **EJERCICIO 11.2**
>
> Dada la reacción $CO_{2(g)} + C_{(s)} \rightleftarrows 2CO_{(g)}$ con $K_p = 10$ a 815ºC. Calcular las presiones parciales de CO_2 y CO una vez alcanzado el equilibrio químico, sabiendo que la presión total es de 2 atm.
>
> $$p_{total} = \sum p_{parciales} = p_{CO_2} + p_{CO} = 2$$
>
> $$p_{CO_2} = 2 - p_{CO}$$
>
> $$K_p = \frac{p_{CO}^2}{p_{CO_2}} = \frac{p_{CO}^2}{2 - p_{CO}} = 10$$
>
> $$10 \cdot (2 - p_{CO}) = p^2_{CO}$$
> $$20 - 10 \cdot p_{CO} - p^2_{CO} = 0$$
>
> resolviendo la ecuación de segundo grado se obtiene:
>
> $p_{CO} = 1,71$ atmosférica
>
> $$p_{CO_2} = 2 - p_{CO} = 2 - 1,71 = 0,29 \text{ atm}$$

11.1.4 Relación entre las constantes K_c y K_p

La relación entre la presión parcial p_i y la concentración c_i viene dada por la siguiente expresión.

Según la ecuación general de un gas ideal:

$$p_i \cdot V = n_i \cdot R \cdot T$$

Si C_i es la concentración del gas i

$$C_i = \frac{n_i}{V} = \frac{p_i}{R \cdot T}$$

$$K_c = \frac{\left(\frac{p_C}{R \cdot T}\right)^c \cdot \left(\frac{p_D}{R \cdot T}\right)^d}{\left(\frac{p_A}{R \cdot T}\right)^a \cdot \left(\frac{p_B}{R \cdot T}\right)^b} = \frac{(p_C)^c \cdot (p_D)^d}{(p_A)^a \cdot (p_B)^b} \cdot \left(\frac{1}{R \cdot T}\right)^{\Delta n} = K_p \cdot \left(\frac{1}{R \cdot T}\right)^{\Delta n}$$

$$K_p = K_c \cdot (R \cdot T)^{\Delta n} = \frac{(p_C)^c \cdot (p_D)^d}{(p_A)^a \cdot (p_B)^b}$$

donde:

- Δn es la variación de moles de los productos en estado gas menos la variación de moles reactivos en estado gaseoso.
- p_i es la presión parcial del gas i.

Química general

La constante de equilibrio K_c se utiliza para disoluciones ideales.
La constante de equilibrio K_p se utiliza para gases ideales.

EJERCICIO 11.3

El N_2O_4 se descompone a 45°C según el equilibrio: $N_2O_{4(g)} \rightleftarrows 2NO_{2(g)}$
En un recipiente de 1 L de capacidad se introducen 0,1 mol de N_2O_4 a 45°C.
Una vez alcanzado el equilibrio, la presión total es de 3,18 atm.
Calcular el valor de Kp y Kc

	$N_2O_{4(g)}$	$\rightleftarrows$	$2NO_{2(g)}$
Estequiometría	1		2
Moles iniciales	0,1		0
Moles que reaccionan	x		0
Moles que se forman	0		2x
Moles en equilibrio	0,1 - x		2x
Concentracion en equilibrio	$\dfrac{0,1-x}{1}$		$\dfrac{2x}{1}$

Número total de moles gaseoso en el equilibrio = 0,1 − x + 2x = 0,1 + x

$$p_{total} = \frac{n_{total} \cdot R \cdot T}{V}$$

$$3{,}18 = \frac{(0{,}1+x) \cdot 0{,}082 \cdot (273+45)}{1}$$

x = 0,02195

$$p_{N_2O_4} = \frac{n_{N_2O_4} \cdot R \cdot T}{V} = \frac{(0{,}1-x) \cdot 0{,}082 \cdot 318}{1} = \frac{(0{,}1-0{,}02195) \cdot 0{,}082 \cdot 318}{1} = 2{,}035 \text{ atm}$$

$$p_{NO_2} = \frac{n_{NO_2} \cdot R \cdot T}{V} = \frac{2x \cdot 0{,}082 \cdot 318}{1} = \frac{(2 \cdot 0{,}02195) \cdot 0{,}082 \cdot 318}{1} = 1{,}145 \text{ atm}$$

$$K_p = \frac{p_{NO_2}^2}{p_{N_2O_4}} = \frac{1{,}145^2}{2{,}035} \ 0\ 0{,}64$$

$$K_p = K_c \cdot (R \cdot T)^{\Delta n}$$

$$K_c = \frac{K_p}{(R \cdot T)^{\Delta n}} = \frac{0{,}64}{0{,}082 \cdot 318} = 0{,}0247$$

donde: $\Delta n = 2 - 1 = 1$

11.1.5 Constante de equilibrio para un sistema no ideal

Para calcular la constante de equilibrio de una reacción química en una disolución real no ideal, hay que tener en cuenta las actividades de los reactivos y productos.

Dado una reacción química cualquiera que evoluciona hasta alcanzar el equilibrio:

$$aA + bB \rightleftarrows cC + dD$$

cuando la reacción anterior alcanza el equilibrio químico, se cumple que:

$$K = \frac{(a_C)^c \cdot (a_D)^d}{(a_A)^a \cdot (a_B)^b}$$

donde:
- K es la constante de equilibrio termodinámica.
- a, b, c y d son los coeficientes estequiométricos. Como normal general, suele tomarse como criterio el ajustar la ecuación química con números enteros.
- a_A y a_B son las actividades de los reactivos.
- a_C y a_D son las actividades de los productos.

Generalizando la ecuación de 3quilibrio es:

$$K = \frac{\prod_{i=productos} a_i^{n_i}}{\prod_{i=reactivos} a_i^{n_i}}$$

donde:
- K es la constante termodinámica de equilibrio
- $a_i^{n_i}$ es la actividad del i-ésimo producto o reactivo

11.1.6 Constante de equilibrio termodinámica

En un equilibrio en disolución, y si el comportamiento es ideal, el cociente de las concentraciones en el equilibrio K_c, es una constante relacionada con la constante de equilibrio termodinámica K por la ecuación:

$$K = \frac{\prod_{i=productos} a_i^{n_i}}{\prod_{i=reactivos} a_i^{n_i}} = \frac{\prod_{i=productos} \left(\frac{c}{c^0}\right)_i^{n_i}}{\prod_{i=reactivos} \left(\frac{c}{c^0}\right)_i^{n_i}} = \frac{\prod_{i=productos} c_i^{n_i}}{\prod_{i=reactivos} c_i^{n_i}} \cdot (c^0)^{-\Delta n} = K_c \cdot (c^0)^{-\Delta n}$$

Como $c° = 1$ *mol* L^{-1}, si las concentraciones se expresan en moles por litro, el valor numérico de K_c coincide con el de K. Si uno de los reactivos es el disolvente de una disolución diluida, como $a_{disolvente} = 1$, su concentración no interviene en la expresión de K_c.

11.2 Actividad

La **actividad de una sustancia** (abreviada como *a*) describe la concentración efectiva de esa sustancia en la mezcla de reacción. La actividad tiene en cuenta la no idealidad de la mezcla de reacción, incluidas las interacciones disolvente-disolvente, disolvente-soluto y soluto-soluto. Por lo tanto, la actividad proporciona una descripción más precisa de cómo actúan todas las partículas en solución.

La diferencia entre la actividad y otras medidas de composición surge porque las moléculas en gases o soluciones no ideales interactúan entre sí, ya sea para atraerse o para repelerse mutuamente.

La magnitud de esta no-idealidad de las mezclas de gases y de las disoluciones reales aumenta al aumentar las presiones parciales (gases) y concentraciones (solutos) y consecuentemente las interacciones intermoleculares.

Los electrolitos casi siempre actúan como si tuvieran menos moles de iones de lo esperado respecto a su concentración formal.

Para soluciones muy diluidas, las actividades de las sustancias en la solución se acercan estrechamente a la concentración formal (concentración calculada en función de la cantidad de sustancia que se midió). A medida que aumentan las concentraciones de las soluciones, las actividades de todas las especies tienden a ser más pequeñas que la concentración formal. La disminución de la actividad a medida que aumenta la concentración es mucho más pronunciada para los iones que para los solutos neutros.

11.2.1 Estimación de la actividad

La actividad *a* de una sustancia puede estimarse a partir de la concentración nominal de esa sustancia *C* y su coeficiente de actividad *Y*.

$$a = Y \cdot [C]$$

El valor de *Y* depende de la sustancia, la temperatura y la concentración de todas las partículas de soluto en la solución. Cuanto menor sea la concentración de todas las partículas de soluto en la solución, más se acerca el valor de Y para cada soluto a 1:

$$\lim_{[C] \to 0} Y \to 1$$

Al aproximarse *Y* a 1 ($Y \to 1$), la actividad (*a*) del soluto se aproxima a su concentración (*C*):

$$\lim_{Y \to 1} a \to [C]$$

La actividad de los solutos no volátiles están tabuladas.

11.2.2 Actividad de un gas no ideal

Para un gas no ideal: $a_{gas} = \dfrac{P}{P^0}$

donde:
- a_{gas} es la actividad del gas.
- *P* es la presión parcial efectiva (fugacidad) del gas.
- P^0 es la presión parcial de referencia del gas en estado estándar. P^0 = 1 bar ≈ 1 atm.

11.2.3 Actividad de un soluto

Para un soluto: $a_{soluto} = \dfrac{C}{C^0}$

donde:
- a_{soluto} es la actividad del soluto.
- *C* es la concentración efectiva del soluto.
- C^0 es la concentración de referencia del soluto en estado estándar. Siendo C^0 = 1 molal (moles de soluto/kg de solvente).

Química general

11.2.4 Actividad de un sólido

Para un sólido: $a_{sólido} = \dfrac{C}{C^0} = 1$

El estado estándar de un sólido es sólido puro.

Para todos los sólidos, la actividad es una relación entre la concentración de un sólido puro y la concentración de ese mismo sólido puro.

11.2.5 Actividad de un líquido

Para un líquido: $a_{líquido} = \dfrac{C}{C^0} = 1$

El estado estándar de un líquido es líquido puro.

Para todos los líquidos, la actividad es una relación entre la concentración de un líquido puro y la concentración de ese mismo líquido puro.

11.3 Constante de equilibrio de una reacción química suma algebraica de otras

La constante de equilibrio de una reacción química suma algebraica de otras es igual al producto de las constantes de equilibrio de las distintas reacciones quimicas.

EJEMPLO

La reacción:

$$2SO_2(g) + O_2(g) + 2H_2O(g) \rightleftharpoons 2SO_4H_2(g)$$

se lleva a cabo en los siguientes pasos:

$$2SO_2(g) + O_2(g) \rightleftharpoons 2SO_3(g) \text{ con } K_1 = \dfrac{[SO_3]^2}{[SO_2]^2 \cdot [O_2]}$$

$$2SO_3(g) + 2H_2O(g) \rightleftharpoons 2SO_4H_2(g) \text{ con } K_2 = \dfrac{[SO_4H_2]^2}{[SO_3]^2 \cdot [H_2O]^2}$$

Química general

Por tanto:

$$K_c = K_1 * K_2 = \frac{[SO_4H_2]^2}{[SO_2]^2 \cdot [O_2] \cdot [H_2O]^2}$$

La constante de equilibrio de una reacción global es igual al producto de las constantes de equilibrio correspondientes a las reacciones parciales.

La constante de equilibrio de una reacción global es independiente del número de reacciones parciales que sean necesarias para su obtención.

11.4 Cociente de reacción Q

La expresión de la Ley de acción de masas para una reacción general que <u>no haya conseguido alcanzar el equilibrio</u> se escribe como:

$$aA + bB \rightleftharpoons cC + dD$$

en un instante dado, se cumple que:

$$Q_c = \frac{[C]^c \cdot [D]^d}{[A]^a \cdot [B]^b}$$

donde:
- Q_c es el cociente de reacción.
- a, b, c y d son los coeficientes estequiométricos. Como normal general, suele tomarse como criterio el ajustar la ecuación química con números enteros.
- [A] y [B] son las concentraciones en *mol/L* de los reactivos A y B cuando la reacción química no ha alcanzado el equilibrio.
- [C] y [D] son las concentraciones de los reactivos C y D cuando la reacción química no ha alcanzado el equilibrio.

$$aA\,(g) + bB\,(g) \rightleftharpoons cC\,(g) + dD\,(g)$$

$$Q_p = \frac{(p_C)^c \cdot (p_D)^d}{(p_A)^a \cdot (p_B)^b}$$

donde:
- Q_p es el cociente de reacción.
- a, b, c y d son los coeficientes estequiométricos. Como normal general, suele tomarse como criterio el ajustar la ecuación química con números enteros.
- p_a y p_b son las presiones parciales de los reactivos en *atm*.
- p_c y p_d son las presiones parciales de los productos en *atm*.

Química general

> El cociente de reacción (Q_c o Q_p) se calcula utilizando las concentraciones o presiones en un instante dado, y no las concentraciones de equilibrio.

Puede compararse la magnitud de Q con la K_c para una reacción en las condiciones de presión y temperatura a que tenga lugar, con el fin de prever si la reacción se desplazará hacia la derecha o hacia la izquierda. Existen dos escenarios:

- Si $Q < K_c$ las concentraciones de los reactivos exceden a los valores correspondientes al equilibrio, y la reacción consumirá reactivos y formará productos hasta alcanzar el estado de equilibrio. Es decir, la reacción irá de izquierda (reactivos) a derecha (productos) lo que aumentará el valor de Q hasta que $Q = K_c$ una vez alcanzado el equilibrio.

- Si $Q > K_c$ las concentraciones iniciales de los productos exceden a los valores correspondientes al equilibrio, y la reacción tenderá a alcanzar el equilibrio consumiendo productos y formando reactivos. Es decir, la reacción irá de derecha (productos) a izquierda (reactivos) lo que disminuirá el valor de Q hasta que $Q = K_c$ una vez alcanzado el equilibrio.

EJERCICIO 11.4

Dado el siguiente equilibrio: $2NH_{3(g)} \rightleftharpoons N_{2(g)} + 3H_{2(g)}$, $\Delta H = 185$ kJ

Justifique si es verdadera o falsa la siguiente afirmación: Si las concentraciones de las tres sustancias químicas se duplican, el equilibrio no se desplazará en ningún sentido.

Para determinar el efecto de la variación en las concentraciones de las sustancias químicas hay que comparar Q_c con K_c.

$$K_c = \frac{[N_2] \cdot [H_2]^3}{[NH_3]^2}$$

$$Q_c = \frac{(2 \cdot [N_2]) \cdot (2 \cdot [H_2])^3}{(2 \cdot [NH_3])^2} = \frac{2 \cdot 2^3}{2^2} \cdot \frac{[N_2] \cdot [H_2]^3}{[NH_3]^2} = 4 \cdot K_c$$

Como $Q_c > K_c$ la reacción irá de derecha (productos) a izquierda (reactivos) hasta que: $Q_c = K_c$

11.5 Características del equilibrio químico

Características del equilibrio químico:

a) El estado de equilibrio se caracteriza porque sus propiedades macroscópicas (concentración de reactivos y productos, presión de vapor, etc.) no varían con el tiempo.

b) El estado de equilibrio no intercambia materia con el entorno. Es decir, el intercambio quñimico tienen lugar en un sistema cerrado.

c) El equilibrio es un estado dinámico en el que se producen continuas transformaciones, en ambos sentidos, a la misma velocidad, y por eso no varían sus propiedades macroscópicas.

d) La temperatura es la variable fundamental que controla el equilibrio. Es decir, la constante de equilibrio varía con la temperatura.

e) La temperatura es la variable fundamental que controla el equilibrio.

11.6 Factores que afectan el equilibrio químico

Existen diversos factores capaces de modificar el estado de equilibrio en un proceso químico, entre los que destacan la temperatura, la presión, el volumen y las concentraciones. Esto significa que si en una reacción química en equilibrio se modifican la presión, la temperatura o la concentración de uno o varios de los reactivos o productos, la reacción evolucionará en uno u otro sentido hasta alcanzar un nuevo estado de equilibrio. Esto se utiliza habitualmente para aumentar el rendimiento de un proceso químico deseado o, por el contrario, disminuirlo si es una reacción indeseable (que interfiere o lentifica la reacción que nos interesa).

11.6.1 Principio de *Le Chatelier*

Principio de *Le Chatelier*. *Si en un sistema en equilibrio se modifica alguno de los factores que influyen en el mismo (temperatura, presión o concentración), el sistema evoluciona de forma que se desplaza en el sentido que tienda a contrarrestar dicha variación.*

11.6.2 Cambio en las concentraciones

Una variación en la concentración de las concentraciones de los reactivos y/o productos de una reacción química no modifica la constante de equilibrio pero si modifica la posición del equilibrio.

Un <u>aumento de la concentración de los reactivos</u> o una disminución de la concentración de los productos desplaza el equilibrio químico hacia la derecha.

Una <u>disminución de la concentración de los reactivos</u> o un aumento de la concentración de los productos desplaza el equilibrio químico hacia la izquierda.

11.6.3 Cambio en la presión total de la reacción química

Una variación de la presión total de la reacción química no modifica la constante de equilibrio pero si modifica la posición del equilibrio.

Si la reacción química tiene lugar entre gases y se produce <u>un aumento de la presión total</u> de la reacción, el equilibrio se desplaza en el sentido de un menor número de moles de gases para contrarrestar dicha perturbación. Porque a menor número de moles de gases menor presión total.

Si la reacción química tiene lugar entre gases y se produce <u>una disminución de la presión</u> de la reacción, el equilibrio se desplaza en el sentido de un mayor número de moles de gases para contrarrestar dicha perturbación. Porque a mayor número de moles de gases mayor presión total.

La variación en la presión total de una reacción química en equilibrio puede ser debida a: una variación en el volumen de la reacción química; una variación en la concentración de alguna de las sustancias químicas en estado gas; la adición de un gas inerte a la reacción.

11.6.4 Cambio en el volumen total de la reacción química

Si <u>aumenta el volumen</u> de la reacción química el equilibrio se desplaza en el mismo sentido que lo haría una disminución de la presión.

Si <u>disminuye el volumen</u> de la reacción química el equilibrio se desplaza en el mismo sentido que lo haría un aumento de la presión.

11.6.5 Cambio en la temperatura total de la reacción química

La **temperatura de la reacción química**. Una variación de temperatura de la reacción química modifica la constante de equilibrio y la posición del equilibrio.

Un <u>aumento en la temperatura</u> de la reacción favorece el desplazamiento del equilibrio en el sentido endotérmico.

Una disminución en la temperatura de la reacción favorece el desplazamiento del equilibrio en el sentido exotérmico. La variación en la temperatura de reacción si produce variación en la constante de equilibrio.

11.6.6 Ecuación de *Van't Hoff*

Ecuación de *Van't Hoff*:

$$\ln \frac{K_{p2}}{K_{p1}} = -\frac{\Delta H}{R} \cdot \left(\frac{1}{T_2} - \frac{1}{T_1}\right)$$

donde:
- ΔH es la variacción de entalpía de la reacción química.

11.6.7 Catalizadores

La adición de un catalizador a una reacción química origina una aumento de la velocidad de la reacción química debido a la disminución en la energía de activación.

Los catalizadores no modifican ni el valor de la constante de equilibrio ni las concentraciones delas sustancias que intervienen una vez alcanzado el equilibrio.

11.7 Grado de disociación

El **grado de disociación** α expresado en tanto por uno de un proceso químico es el cociente entre la cantidad de reactivo que ha reaccionado y la cantidad de reactivo inicial.

El grado de disociación puede expresarse en:

a) tanto por uno.
b) tanto por ciento.

El grado de disociación se puede calcular a partir de:

a) La concentración. $\alpha = \dfrac{c}{c_0} = \dfrac{\text{concentración una vez alcanzado el equilibrio}}{\text{concentración inicial}}$

b) La presión parcial. $\alpha = \dfrac{p_x}{p_0}$

c) El número de moles. $\alpha = \dfrac{n_x}{n_0} = \dfrac{\text{número de moles disociados}}{\text{número total de moles iniciales}} = \dfrac{\text{moles que ha reaccionado una vez alcanzado el equilibrio}}{\text{número total de moles iniciales}}$

Química general

> **EJERCICIO 11.5**
>
> El N_2O_4 se descompone a 45°C según el equilibrio: $N_2O_{4(g)} \rightleftarrows 2NO_{2(g)}$
>
> En un recipiente de 1 L de capacidad se introducen 0,1 mol de N_2O_4 a 45°C.
>
> Una vez alcanzado el equilibrio, la presión total es de 3,18 atm.
>
> Calcular el grado de disociación del N_2O_4.
>
> | | $N_2O_{4(g)}$ | $\rightleftarrows$ | $2NO_{2(g)}$ |
> |---|---|---|---|
> | Estequiometría | 1 | | 2 |
> | Moles iniciales | 0,1 | | 0 |
> | Moles que reaccionan | x | | 0 |
> | Moles que se forman | 0 | | 2x |
> | Moles en equilibrio | 0,1 - x | | 2x |
> | Concentracion en equilibrio | $\dfrac{0,1-x}{1}$ | | $\dfrac{2x}{1}$ |
>
> Número total de moles gaseoso en el equilibrio = 0,1 − x + 2x = 0,1 + x
>
> $$p_{total} = \frac{n_{total} \cdot R \cdot T}{V}$$
>
> $$3{,}18 = \frac{(0{,}1+x) \cdot 0{,}082 \cdot (273+45)}{1}$$
>
> x = 0,02195
>
> $$\alpha = \frac{moles\,disociados}{moles\,iniciales} = \frac{0{,}02195}{0{,}1} = 0{,}2195$$
>
> 21,95% disociado

11.8 Equilibrio químico heterogéneo

Sistema heterogéneo es aquel que presenta simultáneamente dos o más fases o estados de agregación.

Una reacción química se denomina heterogénea cuando en la mezcla de reacción pueden distinguirse varias fases, físicamente diferenciadas.

Equilibrio químico es heterogéneo es aquél en el que las sustancias que intervienen no están en la misma fase o estado de agregación.

Ejemplos de equilibrio químico heterogéneo:

a) Sólido y gas.
b) Sólido y líquido.
c) Líquido y gas.

Química general

> En un equilibrio químico heterogéneo no se incluyen las concentraciones de los sólidos y líquidos puros en el cálculo de la constante de equilibrio porque su concentración es constante durante la reacción química. Como en el cálculo de la constante de equilibrio sólo intervienen las concentraciones de reactivos y productos que varían durante la reacción química, no tiene sentido incluir sustancias (sólidos y líquidos puros) cuya concentración no varía durante la reacción química.
>
> Además en el cálculo de la constante de equilibrio en un sistema no ideal se utilizan las actividades de los reactivos y productos que intervienen en la reacción y la actividad de un sólido y un líquido puro es siempre 1.

En la reacción entre **sólidos y gases** si el sólido puro se encuentra en exceso se puede considerar su concentración constante y queda incluido en la constante de equilibrio.

$$aA_{(s)} + bB_{(g)} \rightleftarrows cC_{(g)} + dD_{(g)}$$

$$K_p = \frac{(p_C)^c \cdot (p_D)^d}{(p_B)^b}$$

$$K_c = \frac{[C]^c \cdot [D]^d}{[B]^b}$$

EJERCICIO 11.6

El NH_4CN a 11°C se descompone según la siguiente reacción:

$NH_4CN_{(s)} \rightleftarrows NH_{3(g)} + HCN_{(g)}$.

En un recipiente, en el que previamente se ha hecho el vacío, se introduce una cierta cantidad de NH_4CN y se calienta a 11°C. Cuando se alcanza el equilibrio, la presión total es de 0,3 atm. Dadas las masas atómicas: N = 14, C = 12, H = 1.

Calcular el valor de K_p y la masa de NH_4CN que se descompone si el recipiente tiene 2 L de capacidad.

Dada la reacción

	$NH_4CN_{(s)}$ $\rightleftarrows$	$NH_{3(g)}$ +	$HCN_{(g)}$
Estequiometría	1	1	1
Moles iniciales	n_0	0	0
Moles que reaccionan	x	0	0
Moles que se forman	0	x	x
Moles en equilibrio	$n_0 - x$	x	x

Concentracion en equilibrio $\quad \dfrac{n_0-x}{2} \quad \dfrac{x}{2} \quad \dfrac{x}{2}$

Como se forma el mismo número de moles de *NH₃* y de *HCN*, ambos gases ejercerán las misma presión p cuando la reacción química está en equilibrio

$p_{total} = p_{NH_3} + p_{HCN} = p + p = 2 \cdot p = 0,3$

$p = \dfrac{0,3}{2} = 0,15 \; atm$

$K_p = p_{NH_3} \cdot p_{HCN} = 0,15 \cdot 0,15 = 0,0225$

<u>Cálculo de los g de *NH₄CN* que se descomponen</u>

x son los moles de *NH₄CN* que se descomponen y coincide con los moles x de *NH₃* y de *HCN* que se forman.

$n_{NH_3} = \dfrac{p_{NH_3} \cdot V}{R \cdot T} = \dfrac{0,15 \cdot 2}{0,082 \cdot (273+11)} = 0,0129 \; mol \; NH_3$

$0,0129 \; mol \; NH_4CN \cdot \dfrac{44 \, g \, H_4CN}{1 \, mol \, H_4CN} = 0,567 \; g \; NH_4CN$

En la reacción entre **sólidos y líquidos** si el sólido puro se encuentra en exceso se puede considerar su concentración constante y queda incluido en la constante de equilibrio

$$aA_{(s)} + bB_{(l)} \rightleftarrows cC_{(s)} + dD_{(l)}$$

$$K_c = \dfrac{[D]^d}{[B]^b}$$

En la reacción entre **líquidos y gases** si el líquido puro se encuentra en exceso se puede considerar su concentración constante y queda incluida en la constante de equilibrio

$$aA_{(l)} + bB_{(g)} \rightleftarrows cC_{(g)} + dD_{(l)}$$

Química general

$$K_p = \frac{(p_C)^c}{(p_B)^b}$$

$$K_c = \frac{[C]^c}{[B]^b}$$

12 Termodinámica

La **termodinámica** es la rama de la física que describe los estados de equilibrio termodinámico a nivel macroscópico.

La termodinámica es la parte de la Física que estudia a nivel macroscópico las transformaciones de la energía, y cómo esta energía puede convertirse en trabajo (movimiento).

La termodinámica sólo sirve para predecir la dirección espontánea de una reacción química pero no permite predecir la rapidez con la que se llevará a cabo. Por ello, hay procesos que según la variación de energía libre son espontáneos pero no se llevan a cabo porque su velocidad es muy pequeña.

12.1 Energía

La **energía** es la capacidad que tiene un cuerpo o un sistema para producir trabajo o transferir calor.

Por tanto, el calor (Q) y el trabajo (W) son dos mecanismos de transferencia de la energía.

Según el **principio de conservación de la energía**: "La energía ni se crea ni se destruye, solo se transforma" y que existen diferentes tipos de energía (cinética, potencial...).

La **energía química** es la debida a las uniones entre los átomos, iones y moléculas que forman cada sustancia química.

12.2 Calor

El **calor** Q es la energía térmica que se transfiere de forma natural o espontánea entre dos cuerpos que se encuentran a diferente temperatura, del cuerpo con temperatura superior al cuerpo con la inferior hasta que se alcanza el equilibrio térmico.

$$Q = C \cdot \Delta T = m \cdot c \cdot \Delta T$$

donde:

- Q es el calor absorbido por el sistema. Unidades. kJ.
- C es la capacidad calorífica. Unidades: J/K.
- m es la masa. Unidades: kg.
- c es el calor específico. Unidades: $kJ/(kg \cdot K)$
- ΔT es la variación en temperatura: Unidades: K.

12.2.1 Calor específico

Calor específico, capacidad calorífica específica o capacidad térmica específica es una magnitud física que se define como la cantidad de calor que hay que suministrar a la unidad de masa de una sustancia o sistema termodinámico para elevar su temperatura en una unidad; esta se mide en varias escalas. En general, el valor del calor específico depende del valor de la temperatura inicial.

El calor específico es una propiedad intensiva de la materia, por lo que es representativo de cada materia.

Cuanto mayor es el calor específico de las sustancias, más energía calorífica se necesita para incrementar la temperatura.

La capacidad calorífica específica media ($\bar{c}$) correspondiente a un cierto intervalo de temperaturas ΔT, se define en la forma:

$$\bar{c} = \frac{Q}{m \cdot \Delta T}$$

donde:

- Q es la transferencia de energía en forma calorífica entre el sistema y su entorno u otro sistema.
- m es la masa del sistema (se usa una n cuando se trata del calor específico molar)
- ΔT es el incremento de temperatura que experimenta el sistema

Química general

El calor específico (c) correspondiente a una temperatura dada T se define como:

$$c = \lim_{\Delta T \to 0} \frac{Q}{m \cdot \Delta T} = \frac{1}{m} \cdot \frac{dQ}{dT}$$

El calor específico se mide en condiciones de presión constante o volumen constante.

Las mediciones del calor específico a presión constante c_p son mayores que a volumen constante c_v, debido a que en el primer caso se realiza un trabajo de expansión.

En el Sistema Internacional de Unidades, el calor específico se expresa en julios por kilogramo y por kelvin ($J \cdot kg^{-1} \cdot K^{-1}$); otra unidad, no perteneciente al SI, es la caloría por gramo y por grado centígrado ($cal \cdot g^{-1} \cdot °C^{-1}$)

12.2.2 Capacidad calorífica

Capacidad calorífica es la cantidad de calor que se debe suministrar a toda la masa de una sustancia para elevar su temperatura en una unidad (kelvin o grado Celsius). Se la representa con la letra C mayúscula.

La capacidad calorífica es una propiedad extensiva representativa de cada cuerpo o sistema particular.

12.2.3 Calor latente

El **calor latente** (L) es la cantidad de energía requerida por una sustancia para cambiar de fase, de sólido a líquido (calor de fusión) o de líquido a gaseoso (calor de vaporización). Se debe tener en cuenta que esta energía en forma de calor se invierte para el cambio de fase y no para un aumento de la temperatura.

El calor Q que es necesario aportar para que una masa m de cierta sustancia cambie de fase es igual a:

$$Q = m \cdot L$$

donde L es el calor latente de la sustancia y depende del tipo de cambio de fase.

Si el cambio de estado es de sólido a líquido, hablamos de calor latente de fusión L_f expresados en las unidades J/kg.

Química general

Si el cambio de estado es de líquido a gas, hablamos de calor latente de vaporización L_v expresados en las unidades J/kg.

EJERCICIO 12.1

¿Qué cantidad de calor es necesario comunican a 50 gramos de hiero que están a -10°C para obtener vapor de agua a 100°C? Siendo:

- El calor específico del agua es 1 cal/g·°C.
- El calor específico del hielo es 0,5 cal/g·°C.
- El calor de de fusión del hielo es 79,7 cal/g.
- El calor de vaporización del agua es 539,5 cal/g.

Calor necesario para elevar la temperatura del hielo de -10°C a 0°C:

$Q_1 = m \cdot c \cdot \Delta T = 50 \text{ g} \cdot 0,5 \text{ cal/g·°C} \cdot 10°C = 275 \text{ cal}$

Calor necesario para fundir el hielo:

$Q_2 = m \cdot l_f = 50 \text{ g} \cdot 79,7 \text{ cal/g} = 3985 \text{ cal}$

Calor necesario para calentar el agua desde 0°C hasta 100°C:

$Q_3 = m \cdot c \cdot \Delta T = 50 \text{ g} \cdot 1 \text{ cal/g·°C} \cdot 100°C = 5000 \text{ cal}$

Calor necesario para vaporizar el agua:

$Q_4 = m \cdot l_v = 50 \text{ g} \cdot 539,5 \text{ cal/g} = 26975 \text{ cal}$

Calor total:

$Q_T = Q_1 + Q_2 + Q_3 + Q_4 = 275 + 3985 + 5000 + 26975 = 36235 \text{ cal}$

12.3 Trabajo

El **trabajo** (W) lo definimos como el mecanismo de transferencia de energía basado en el empleo de una fuerza.

Nos interesa el trabajo de expansión-compresión asociado a los cambios de volumen que experimenta un sistema. El trabajo se calcula mediante la siguiente expresión:

$$W = -p \cdot \Delta V$$

12.4 Sistema termodinámico

La termodinámica elige una parte del universo sobre la que centra su estudio denominada **sistema**, y al resto del universo lo denomina **entorno**. La frontera que separa un sistema de su entorno se llama **pared**.

Química general

Un **sistema termodinámico** (también denominado sustancia de trabajo) se define como la parte del universo objeto de estudio.

Entorno, ambiente o alrededores del un sistema es la parte del universo que rodea a un sistema termodinámico y que no es objeto e estudio.

El sistema se separa de sus alrededores o entorno mediante un límite o pared que puede ser real o imaginario.

Los límites o paredes que separan un sistema de sus alrededores pueden ser:
a) **Adiabática** o **aislante** o adiabática y no permitir el flujo de calor.
b) **Diatérmica** o **conductora** y permitir el flujo de calor.
c) **Rígida** y mantener constante el volumen del sistema.

Los sistemas termodinámicos pueden ser aislados, cerrados o abiertos.
a) **Sistema aislado** es aquél que no intercambia ni materia ni energía con su entorno.
b) **Sistema cerrado** es aquél que intercambia energía (calor y trabajo) pero no materia con su entorno (su masa permanece constante).
c) **Sistema abierto** es aquél que intercambia energía y materia con su entorno.

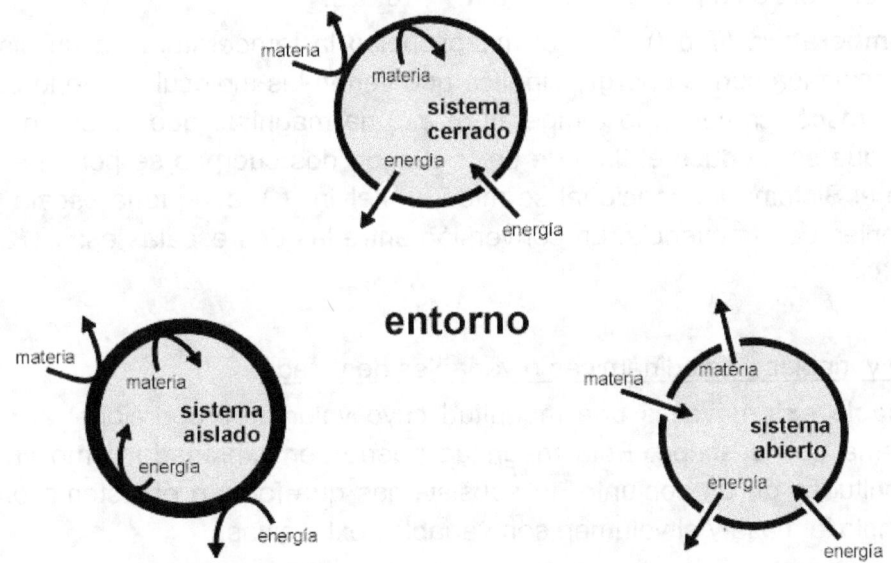

Tipos de sistemas termodinámicos

La mayoría de las reacciones químicas son sistemas cerrados porque las reacciones químicas suelen estudiarse en recipientes que no permiten el intercambio de materia con el exterior pero si de energía.

12.5 Variables termodinámicas

Las **variables termodinámicas** o **variables de estado** son las magnitudes que se emplean para describir el estado de un sistema termodinámico.

Dependiendo de la naturaleza del sistema termodinámico objeto de estudio, pueden elegirse distintos conjuntos de variables termodinámicas para describirlo.

En el caso de un gas, las variables de estado son:

- **Masa** (m ó n): es la cantidad de sustancia que tiene el sistema. En el Sistema Internacional se expresa respectivamente en kilogramos (kg) o en número de moles (mol).

- **Volumen** (V): es el espacio tridimensional que ocupa el sistema. En el Sistema Internacional se expresa en metros cúbicos (m^3). Si bien el litro (L) no es una unidad del Sistema Internacional, es ampliamente utilizada. Su conversión a metros cúbicos es: $1\ L = 10^{-3}\ m^3$.

- **Presión** (p): Es la fuerza por unidad de área aplicada sobre un cuerpo en la dirección perpendicular a su superficie. En el Sistema Internacional se expresa en pascales (Pa). La atmósfera es una unidad de presión comúnmente utilizada. Su conversión a pascales es: $1\ atm \simeq 10^5\ Pa$.

- **Temperatura** (T ó t). A nivel microscópico la temperatura de un sistema está relacionada con la energía cinética que tienen las moléculas que lo constituyen. Macroscópicamente, la temperatura es una magnitud que determina el sentido en que se produce el flujo de calor cuando dos cuerpos se ponen en contacto. En el Sistema Internacional se mide en kelvin (K), aunque la escala Celsius se emplea con frecuencia. La conversión entre las dos escalas es: $T\ (K) = t\ (°C) + 273$

Tipos de variables termodinámicas o variables de estado:

a) **Variable extensiva** es una magnitud cuyo valor es proporcional al tamaño del sistema que describe. Esta magnitud puede ser expresada como suma de las magnitudes de un conjunto de subsistemas que formen el sistema original. Por ejemplo la masa y el volumen son variables extensivas.

b) **Variable intensiva** es aquella cuyo valor no depende del tamaño ni la cantidad de materia del sistema. Es decir, tiene el mismo valor para un sistema que para cada una de sus partes consideradas como subsistemas del mismo. La temperatura y la presión son variables intensivas.

12.6 Función de estado

Función de estado es una propiedad de un sistema termodinámico que depende sólo del estado del sistema, y no de la forma (historia del estado) en que el sistema llegó a dicho estado.

Así por ejemplo, la energía interna y la entropía son funciones de estado.

El calor y el trabajo no son funciones de estado, ya que su valor depende del tipo de transformación que experimenta un sistema desde su estado inicial a su estado final.

Las funciones de estado pueden verse como propiedades del sistema, mientras que las funciones que no son de estado representan procesos en los que las funciones de estado varían.

EJEMPLO

Ejemplos de funciones de estado:
- la energía interna (U)
- la presión (p)
- el volumen (v)
- la entalpía (H)

12.7 Equilibrio termodinámico

La termodinámica clásica estudia las transformaciones entre sistemas en estado de equilibrio. La termodinámica clásica estudia cuánto cambian las variables de ese sistema entre dos estados de equilibrio, uno inicial y otro final, pero no se ocupa de cómo ha sido el proceso seguido para pasar de uno a otro.

Cuando un sistema está aislado y se le deja evolucionar un tiempo suficiente, se observa que las variables termodinámicas que describen su estado no varían. La temperatura en todos los puntos del sistema es la misma, así como la presión. En esta situación se dice que el sistema está en **equilibrio termodinámico**.

Un **sistema aislado** se encuentra en **equilibrio termodinámico** cuando las variables intensivas que describen su estado no varían a lo largo del tiempo.

Un **sistema cerrado** se encuentra en **equilibrio termodinámico** cuando cuando está simultáneamente en equilibrio térmico y mecánico.

Equilibrio térmico se produce cuando la temperatura del sistema es la misma que la de los alrededores.

Equilibrio mecánico se produce cuando la presión del sistema es la misma que la de los alrededores.

Un **sistema abierto** no puede estar en equilibrio termodinámico.

12.8 Transformaciones termodinámicas

Un sistema termodinámico puede describir una serie de transformaciones que lo lleven desde un cierto estado inicial (en el que el sistema se encuentra a una cierta presión, volumen y temperatura) a un estado final en que en general las variables termodinámicas tendrán un valor diferente. Durante ese proceso el sistema intercambiará energía con los alrededores.

Los procesos termodinámicos pueden ser de tres tipos:
a) **Cuasiestático** es un proceso que tiene lugar de forma infinitamente lenta. Generalmente este hecho implica que el sistema pasa por sucesivos estados de equilibrio, en cuyo caso la transformación es también reversible.
b) **Reversible** es un proceso que, una vez que ha tenido lugar, puede ser invertido (recorrido en sentido contrario) sin causar cambios ni en el sistema ni en sus alrededores.
c) **Irreversible** es un proceso que no es reversible. Los estados intermedios de la transformación no son de equilibrio.

12.9 Ecuación de estado

Ecuación de estado es una ecuación que relaciona, para un sistema en equilibrio termodinámico, las variables de estado que lo describen. Tiene la forma general:

$$f(p, V, T) = 0$$

No existe una única ecuación de estado que describa el comportamiento de todas las sustancias para todas las condiciones de presión y temperatura.

La ecuación de estado de un gas ideal está descrita en **2.3.1 Ecuación de estado de un gas ideal**.

12.10 Energía interna

La **energía interna** (U) de un sistema es un reflejo de la energía a escala macroscópica.

La energía interna es el resultado de la contribución de la energía cinética interna de las moléculas o átomos que lo constituyen, de sus energías de rotación, traslación y vibración, además de la energía potencial interna intermolecular debida a las fuerzas de tipo gravitatorio, electromagnético y nuclear.

La energía interna es una propiedad del sistema y por tanto una función de estado. La variación de la energía interna entre dos estados es independiente de la transformación que los conecte, sólo depende del estado inicial y del estado final.

Como consecuencia de ello, la variación de energía interna en un ciclo es siempre nula, ya que el estado inicial y el final coinciden.

La energía interna no incluye la energía cinética traslacional o rotacional del sistema como un todo. Tampoco incluye la energía potencial que el cuerpo pueda tener por su localización en un campo gravitacional o electrostático externo.

La energía interna es una propiedad del sistema y por tanto una función de estado.

En un sistema cerrado la variación total de energía interna es igual a la suma de las cantidades de energía comunicadas al sistema en forma de calor y de trabajo. Es decir:

$$\Delta U = Q + W$$

Química general

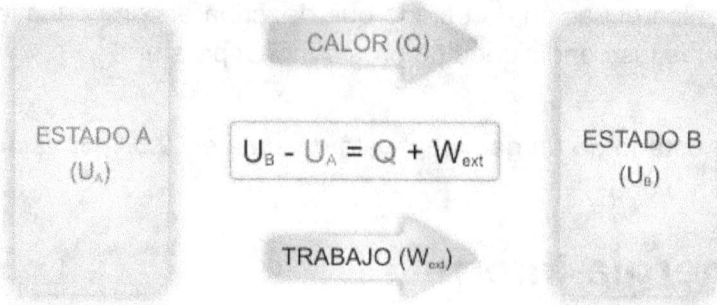

Cuando un sistema pasa de un cierto estado inicial A, a uno B, su energía interna varía. Durante la transformación se le suministra trabajo y calor, y la relación entre las tres magnitudes (parte central de la figura) se conoce como primer principio de la termodinámica.

El calor absorbido por un cuerpo será positivo y el calor cedido negativo.

El trabajo es positivo cuando lo realiza el gas (expansión) y negativo cuando el exterior lo realiza contra el gas (compresión).

12.10.1 Energía interna de un gas ideal

En el caso de un gas ideal puede demostrarse que la energía interna depende exclusivamente de la temperatura, ya en un gas ideal se desprecia toda interacción entre las moléculas o átomos que lo constituyen, por lo que la energía interna es sólo energía cinética, que depende sólo de la temperatura. Este hecho se conoce como la ley de Joule.

La variación de energía interna de un gas ideal (monoatómico o diatómico) entre dos estados A y B se calcula mediante la expresión:

$$\Delta U_{AB} = n \cdot C_V \cdot (T_B - T_A)$$

donde:
- n: número de moles.
- C_V: capacidad calórica molar a volumen constante.
- T_B y T_A temperaturas en los estados A y B en grados *Kelvin* (K).

12.10.2 Variación de la energía interna

La **variación de la energía interna** es la energía absorbida o desprendida en un sistema a volumen constante.

$$\Delta U = Q_v$$

Veamos como obtenemos dicha expresión.

Según el primer principio de termodinámica:

$$\Delta U = Q + W$$

Si consideramos que el sistema el sólo puede realizar trabajo por un cambio de presión y volumen y llevamos a cabo la reacción en un recipiente cerrado en el que no pueda haber variación de volumen ($dV = 0$), entonces tenemos:

$$\Delta U = Q + W = Q + \int_{V_1}^{V_2} P \cdot dV = Q + 0 = Q_v$$

siendo Q_v el calor de la reacción a volumen constante.

ΔU se expresa en kJ

En este caso, para medir sólo debemos realizar la reacción química a volumen constante y medir el calor absorbido o desprendido (Q_v) utilizando una bomba calorimétrica.

12.11 Primer principio de termodinámica

Según el **primer principio de termodinámica** en un sistema aislado la energía total permanece constante.

El primer principio de termodinámica no es más que una forma de enunciar el principio de conservación de la energía al establecer la relación entre la energía interna (U), el calor (Q) y el trabajo (W).

El primer principio de termodinámica se expresa de la siguiente manera:

$$\Delta U = Q + W$$
$$\Delta U = Q - W$$

Química general

Ambas expresiones, aparentemente contradictorias, son correctas y su diferencia está en que se aplique el convenio de signos termodinámicos utilizados. En el la ecuación primera se utiliza el convenio de signos termodinámicos de la IUPAC que es el más reciente. En la ecuación segunda se utiliza el convenio de signos termodinámicos tradicional que todavía se utiliza en la ingeniería mecánica.

Según la IUPAC (International Union of Pure and Applied Chemistry) el convenio de signos termodinámico es el siguiente:
- Positivo (+), para el trabajo y el calor que entran al sistema e incrementan la energía interna.
- Negativo (-), para el trabajo y el calor que salen del sistema y disminuyen la energía interna.

El convenio de signos termodinámico tradicional es el siguiente:
- Positivo (+), para el calor que entra en el sistema y trabajo que sale el sistema.
- Negativo (-), para el calor que sale del sistema y el trabajo que entra en el sistema

La energía interna de un sistema es una función de estado.

12.12   Entalpía

Entalpía es una magnitud termodinámica que es una función de estado, simbolizada con la letra H, definida como «el flujo de energía térmica en los procesos químicos efectuados a presión constante (Q_P) cuando el único trabajo es de presión-volumen.

$$H = U + W = U + P \cdot V$$

La **entalpía** es la cantidad de energía que un sistema termodinámico intercambia con su medio ambiente en condiciones de presión constante, es decir, la cantidad de energía que el sistema absorbe o libera a su entorno en procesos en los que la presión no cambia.

La variación de entalpía (ΔH) es igual al calor de reacción a presión constante (Q_P).

$$\Delta H = \Delta U + \Delta(P \cdot V) = \Delta U + P \cdot \Delta V = Q - W + P \cdot \Delta V = Q - P \cdot \Delta V + P \cdot \Delta V = Q_P$$

$$\boxed{\Delta H = Q_P}$$

Química general

W tiene signo negativo porque es trabajo que sale del sistema.

La mayoría de las reacciones químicas se efectúan en recipientes abiertos donde permanece constante la presión pero no el volumen.

Reacción endotérmica es aquella que absorbe energía en forma de calor y en la que $\Delta H > 0$

Reacción exotérmica es aquella que desprende energía en forma de calor y en la que $\Delta H < 0$

ΔH se expresa en *kJ*

Al ser la entalpía una función de estado su variación también lo será. Es decir, tendrá siempre el mismo valor para una reacción química determinada.

La variación de entalpía ΔH indica si una reacción química proporcionará o necesitará energía.

La variación de entalpía ΔH en una reacción química puede calcularse a partir de:
a) La variación de la entalpía de formación.
b) La variación de la entalpía de enlace.
c) La variación de la entalpía en una reacción de combustión.

12.12.1 Entalpía de formación

La variación de entalpía de una reacción química depende de: la masa; el estado físico de las sustancias que intervienen (reactivos y productos); la temperatura y presión a la que se lleva a cabo la reacción química.

La entalpía de formación es un tipo concreto de entalpía de reacción, que recibe el nombre de entalpía de formación estándar o entalpía normal de formación si la reacción se lleva a cabo a 25°C y a 1 *atm*, que son las condiciones estándar en termoquímica.

La **entalpía normal o estándar de formación** (también llamada a veces calor normal de formación), se representa por $\Delta H°_f$ y es la variación de entalpía cuando se forma 1 mol de sustancia química a partir de sus elementos en estado normal (esto es, en el estado de agregación y forma alotrópica más estable a la que dichos elemento se hallan en condiciones estándar). La unidad de la entalpía normal de formación es *kJ/mol*.

Química general

> La entalpía normal de formación de un elemento químico puro en su forma física más estable es $\Delta H^0_f = 0$.

EJEMPLO

Los siguientes elementos: $C(s)$, $O_2(g)$, $N_2(g)$, $H_2(g)$ tienen una $\Delta H^0_f = 0$

La entalpía normal de formación puede ser positiva (reacción endotérmica) o negativa (reacción exotérmica).

Las entalpías normales de formación permiten calcular la variación de la entalpía de cualquier reacción química si se conocen las entalpías normales de formación de todas las sustancias que intervienen en la reacción. Por tanto:

$$\Delta H^0 = \Sigma n \cdot \Delta H°_{f \, (productos)} - \Sigma n \cdot \Delta H°_{f \, (reactivos)}$$

donde, n son los coeficientes estequiométricos.

ΔH^0 se expresa en kJ/mol

EJERCICIO 12.2

Calcular la entalpía de la reacción $CH_4 \, (g) + 4Cl_2 \, (g) \rightarrow CCl_4 \, (g) + 4 \, HCl \, (g)$ si:

$\Delta H°_f \, CH_4$ es $-74,9 \, kJ/mol$

$\Delta H°_f \, CCl_4$ es $-106,6 \, kJ/mol$

$\Delta H°_f \, HCl$ es $-92,3 \, kJ/mol$

Como Cl_2 es un elemento puro, $\Delta H°_f \, Cl_2$ es $0 \, kJ/mol$

entonces,

$$\Delta H^0 = \Sigma n \cdot \Delta H°_{f \, (productos)} - \Sigma n \cdot \Delta H°_{f \, (reactivos)} =$$

$$= [1 \cdot (-106.6) + 4 \cdot (-92,3)] - [1 \cdot (-74,9)] = -400,9 \, kJ$$

12.12.2 Entalpía de enlace

La **energía de disociación** o **energía de enlace** es la energía total promedio necesaria para romper 1 mol de enlaces iguales de una sustancia en estado gaseoso. La energía de enlace tiene signo positivo y su unidad es kJ/mol.

Química general

Una reacción química consiste en el reagrupamiento o reordenamiento de los átomos de los reactivos para formar los productos. Así, algunos enlaces de los reactivos se rompen y se forman enlaces nuevos para dar las moléculas de los productos. Conociendo qué enlaces se rompen y qué enlaces se forman durante una reacción, es posible calcular su entalpía de reacción a partir de las energías de dichos enlaces. Ahora bien, los valores de entalpía de enlace son valores medios e imprecisos, y por este motivo sólo se usan para calcular entalpías de reacción de forma aproximada, cuando no se dispone de valores experimentales de entalpías de formación. En todo caso, son más fiables las entalpías de reacción calculadas a partir de las entalpías de formación que de las entalpías de enlace.

La fórmula empleada para calcular la entalpía de reacción con las energías de enlaces rotos y enlaces formados es la siguiente:

$$\Delta H^0 = \Sigma n \cdot \Delta H°_{\text{(enlaces rotos de los reactivos)}} - \Sigma n \cdot \Delta H°_{\text{(enlaces formados de los productos)}}$$

donde *n*, son los coeficientes estequiométricos.

EJERCICIO 12.3

Calcular la entalpía de la reacción $CH_4 (g) + 4Cl_2 (g) \rightarrow CCl_4 (g) + 4 HCl (g)$
si:

la entalpía del enlace C – H es 415 kJ/mol
la entalpía del enlace Cl – Cl es 244 kJ/mol
la entalpía del enlace C – Cl es 330 kJ/mol
la entalpía del enlace H – Cl es 430 kJ/mol

entonces,

$\Delta H^0 = \Sigma n \cdot \Delta H°_{\text{(enlaces rotos de los reactivos)}} - \Sigma n \cdot \Delta H°_{\text{(enlaces formados de los productos)}} =$
$= (1\ mol \cdot 4\ \text{enlaces} \cdot \Delta H_{\text{enlace C-H}} + 4\ mol \cdot 1\ \text{enlace} \cdot \Delta H_{\text{enlace Cl-Cl}}) - (1\ mol \cdot 4\ \text{enlaces} \cdot \Delta H_{\text{enlace C-Cl}} + 4\ mol \cdot 1\ \text{enlace} \cdot \Delta H_{\text{enlace H-Cl}}) =$
$= (1 \cdot 4 \cdot 415 + 4 \cdot 1 \cdot 244) - (1 \cdot 4 \cdot 330 + 4 \cdot 1 \cdot 430) =$
$= (1660 + 976) - (1320 + 1720) =$
$= 2636 - 3040 = -404\ kJ$

Química general

12.12.3 Entalpía de combustión

La **reacción de combustión** es una reacción de oxidación exotérmica.

La **entalpía de combustión** es la energía intercambiada en la combustión, reacción con el O_2, de 1 *mol* de sustancia química.

La variación de la entalpía en una reacción de combustión se calcula a partir de las variaciones de las entalpías de formación de sus productos y reactivos. Teniendo en cuenta que la entalpía normal de formación del O_2 es $\Delta H^0_f O_2 = 0$.

En las reacciones de combustión de hidrocarburos los productos son CO_2 y H_2O.

EJERCICIO 12.4

Calcular la variación de entalpía normal de combustión del etanol, sabiendo que las variaciones de entalpía normales de formación del etanol, CO_2 y H_2O son respectivamente: -277,7 kJ/mol, -393,5 kJ/mol y -285,5 kJ/mol.

$$CH_3CH_2OH\ (l) + O_2\ (g) \rightarrow CO_2\ (g) + H_2O\ (l)$$

Los coeficientes estequiométricos se ajustan en el siguiente orden: C, H y O.

$$CH_3CH_2OH\ (l) + 3O_2\ (g) \rightarrow 2CO_2\ (g) + 3H_2O\ (l)$$

Sabemos que: $\Delta H^0 = \Sigma n \cdot \Delta H°_{f\ (productos)} - \Sigma n \cdot \Delta H°_{f\ (reactivos)}$

$\Delta H^0_c = \Sigma n \cdot \Delta H°_{f\ (productos)} - \Sigma n \cdot \Delta H°_{f\ (reactivos)} =$

$= 2 \cdot \Delta H°_f CO_2 + 3 \cdot \Delta H°_f H_2O - 1 \cdot \Delta H°_f CH_3CH_2OH - 3 \cdot \Delta H^0_f O_2 =$

$= [-(2 \cdot 393,5) + -(3 \cdot 285,5)] - [-277,7 + 0] = (-787 + -865,5) - 277,7 =$

$= -1652,5 - (-277,7) = -1365,8$ kJ/*mol*

12.12.4 Entalpía de fusión

La entalpía de fusión (ΔH_{us}) es la cantidad de energía necesaria para hacer que un mol de un elemento alcance su punto de fusión y pase del estado sólido al líquido, a presión constante.

12.13 Aditividad de las entalpías de reacción: Ley de *Hess*

Según la **ley de *Hess*** la entalpía de una reacción química depende solo de los estados iniciales y finales, y su valor es el mismo independiente de que la reacción transcurra en una o varias etapas.

A partir de esta ley podemos afirmar que, cuando una reacción química puede expresarse como suma algebraica de otras, su variación de entropía entalpía de reacción es igual a la suma algebraica de las variaciones de entalpía de las reacciones parciales. Por tanto, la ley de *Hess* permite calcular las entalpías de formación de cualquier reacción problema de forma indirecta a través de las reacciones parciales cuya suma algebraica resulta en la reacción problema.

EJERCICIO 12.5

Si : $\Delta H_{combustión} C_3H_8$ = -2219,9 kJ/*mol*; $\Delta H_{formación} CO_2$ = -393,5 kJ/*mol*; $\Delta H_{formación} H_2O$ = -285,8 kJ/*mol*. Calcular la variación de entalpía de la siguiente reacción: $3C + 4H_2 \rightarrow C_3H_8$ ΔH=?

Desarrollamos las ecuaciones termoquímicas de combustión y formación:

$C_3H_8 + 5O_2 \rightarrow 3CO_2 + 4H_2O$ $\Delta H_c C_3H_8$ = -2219,9 kJ/mol = ΔH_1

$C + O_2 \rightarrow CO_2$ $\Delta H_f CO_2$ = -393,5 kJ/mol = ΔH_2

$H_2 + 1/2 O_2 \rightarrow H_2O$ $\Delta H_f H_2O$ = -285,8 kJ/mol = ΔH_3

Reordenamos las reacciones químicas:

$3CO_2 + 4H_2O \rightarrow C_3H_8 + 5O_2$ ΔH_1 = + 2219,9 kJ

$3C + 3O_2 \rightarrow 3CO_2$ ΔH_2 = 3·(-393,5 kJ/mol) = -1180,5 kJ

$4H_2 + 2O_2 \rightarrow 4H_2O$ ΔH_3 = 4·(-285,8 kJ/mol) = - 1143,2 kJ

$3C + 4H_2 \rightarrow C_3H_8$ ΔH = -103,8 kJ

La ley de *Hess* puede representarse gráficamente mediante un diagrama entálpico.

El **diagrama entálpico** es la representación del nivel energético de distintas reacciones relacionadas entre sí. En un diagrama entálpico en el eje de ordenadas *Y* se representa el valor de la entalpía mientras que en el eje de abscisas *X* se representan los reactivos o los productos de cada reacción química.

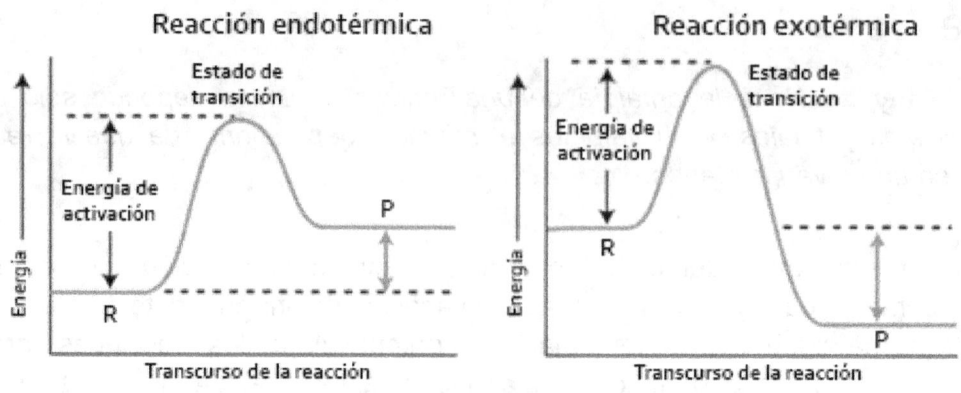

Diagrama entálpico

12.14 Ciclo de *Born-Haber*

La **energía reticular** U_0 es la energía requerida para formar un *mol* de un compuesto sólido iónico a partir de sus iones gaseosos. La energía reticular es una medida de estabilidad de la red cristalina.

La energía reticular tiene dimensiones de energía/*mol* y las mismas unidades que la entalpía estándar (*kJ/mol*), pero de signo contrario; $\Delta H^0 = -U_0$

El **ciclo de *Born–Haber*** se utiliza para calcular la energía reticular U_0 de un compuesto iónico que no puede ser determinada experimentalmente. El ciclo de *Born–Haber* comprende la formación de un compuesto iónico desde la reacción de un metal (normalmente un elemento del grupo 1 o 2) con un no metal (como gases, halógenos, oxígeno u otros).

Con el ciclo de *Born–Haber* se calcula la energía reticular comparando la entalpía estándar de formación del compuesto iónico (según los elementos) con la entalpía necesaria para hacer iones gaseosos a partir de los elementos. Esta es una aplicación de la Ley de Hess. Por tanto, en el ciclo de Born-Haber se identifican las siguientes etapas:

1. <u>Formación de átomos en estado gaseoso a partir de los elementos en su estado estándar</u>. En esta etapa generalmente habrá que tener en cuenta energías asociadas a la sublimación, vaporización o disociación de los elementos que formarán el compuesto iónico, y que dependerá del estado de agregación en el que estos se encuentren.

Química general

2. <u>Formación de los iones estables</u>, que se encuentran en el retículo iónico, a partir de los elementos en estado gaseoso. Están implicadas la energía de ionización y la afinidad electrónica de dichos elementos.

3. <u>Formación de la red cristalina</u> a partir de los iones estables gaseosos. Es una energía desprendida cuando se forma un compuesto iónico a partir de un metal y un no metal.

$$\Delta H^{o}_{f} = (S + I + D + E) + U$$

donde:

- ΔH^{o}_{f} = Entalpía de formación.
- S = Energía de sublimación. Sólido → gas
- I = Energía de ionización. metal gas sin carga → metal gas con carga positiva + e^{-}
- D = Energía de disociación molecular. No metal gas molécula → no metal gas elementos.
- E = Afinidad electrónica. No metal gas sin carga + e^{-} → no metal gas con carga negativa.
- U = Energía reticular.

EJERCICIO 12.6

Calcular la energía reticular del $MgCl_2$ a partir de los siguientes datos:

- $\Delta H^{o}_{f}MgCl_2$ = -655 kJ/mol. Variación de entalpía en la formación de 1 mol de $MgCl_2$
- $\Delta H_{S}Mg$ = 136 kJ/mol. Variación de entalpía en la sublimación [Mg (s) → Mg (g)] de 1 mol de Mg (s).
- $\Delta H_{I1}Mg$ = 738 kJ/mol. Variación de entalpía en la ionización 1 [Mg (g) → Mg^{+} (g)] de 1 mol de Mg (g).
- $\Delta H_{I2}Mg$ = 1451 kJ/mol. Variación de entalpía en la ionización 2 [Mg^{+} (g) → Mg^{2+} (g)] de 1 mol de Mg (g).
- $\Delta H_{D}Cl_2$ = 244 kJ/mol. Variación de entalpía en la disociación [Cl_2 (g) → $2Cl$ (g)] de 1 mol de Cl_2 (g).
- $\Delta H_{E}Cl$ = -349 kJ/mol. Variación de entalpía en la afinidad electrónica [Cl (g) → Cl^{-} (g)] de 1 mol de Cl (g).

Química general

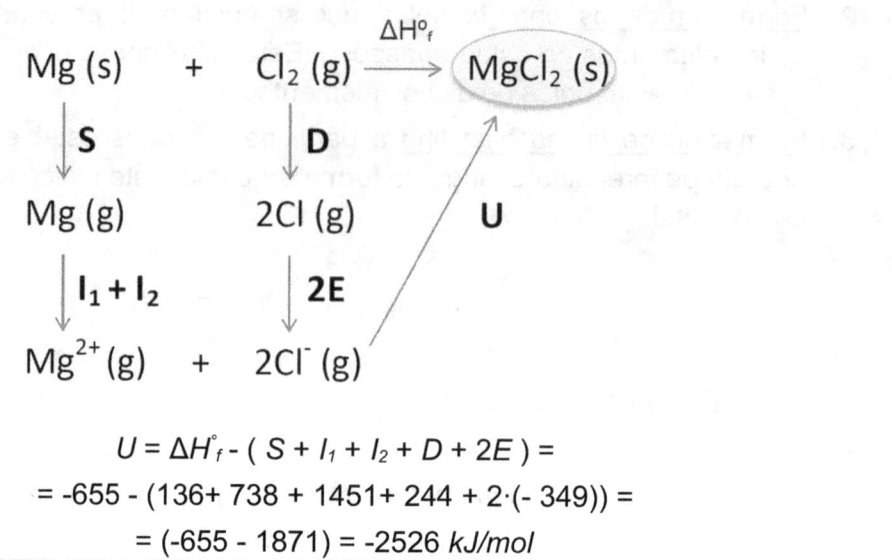

$$U = \Delta H°_f - (S + I_1 + I_2 + D + 2E) =$$
$$= -655 - (136 + 738 + 1451 + 244 + 2\cdot(-349)) =$$
$$= (-655 - 1871) = -2526 \text{ kJ/mol}$$

12.15 Relación entre energía interna (*U*) y entalpía (*H*)

En una reacción en la que todas las sustancias (reactivos y productos) se encuentren en un estado físico condensado (sólido o líquido) la variación de volumen es tan pequeña que puede despreciarse en trabajo implicado en la reacción. Por tanto, en este caso:

$$H = U + W$$
$$\Delta H = \Delta U + P\cdot\Delta V \approx \Delta U$$

En una reacción en la que intervienen gases que se comportan como ideales:

$$H = U + W$$
$$\Delta H = \Delta U + P\cdot\Delta V = \Delta U + \Delta n\cdot R\cdot T$$
$$\boxed{\Delta H = \Delta U + \Delta n\cdot R\cdot T}$$

donde:

- Δn es la variación de moles gaseosos (= moles de compuestos químicos productos – moles de compuestos químicos reactivos).

$$Qp = Qv + \Delta n\cdot R\cdot T$$

Si: $n = 0$, entonces: $Qp = Qv$

Química general

La diferencia entre los calores a presión (Qp) y volumen (Qv) constantes está relacionada con el cambio del número de moles de gases (Δn) que tenga lugar en el proceso. <u>Si en reactivos y productos hay el mismo número de moles de gases</u> los calores intercambiados a presión y volumen constantes son iguales.

EJERCICIO 12.7

Calcular la ΔH y la ΔU para la reacción: $C_3H_8(g) + 5O_2(g) \rightarrow 3CO_2(g) + 4H_2O(l)$, sabiendo que cuando se quema 1 g de gs propano en presencia de exceso de oxígeno en un calorímetro a 25ºC y a volumen constante, se desprenden 52,50 KJ de calor.

Masas atómicas $C = 12$ y $H = 1$.

Cálculo de ΔU:

$$\Delta U = 1 \ mol \ C_3H_8 \cdot \frac{44 \ g \cdot C_3H_8}{1 \ mol \ C_3H_8} \cdot \frac{-52{,}50 \ kJ}{1 \ g \cdot C_3H_8} = -2310 \ kJ$$

$\Delta n = 3 - 6 = -3$

$\Delta H = \Delta U + \Delta n \cdot R \cdot T = -2310 \ kJ + (-3 \ mol \cdot 0{,}00831 \ kJ \cdot K^{-1} \cdot mol^{-1} \cdot 298 \ K) = -2317{,}43 \ kJ$

12.16 Segundo principio de termodinámica

La **entropía** S es una magnitud termodinámica que es una función de estado y mide el desorden a nivel microscópico (molecular) de un sistema.

La palabra desorden se utiliza en el sentido de que cuanto mayor es el número de estados posibles (micro-estados) que producen el mismo estado global (macroestado), más desordenado está el macro-estado y será más probable que lo encontremos en la naturaleza.

El valor de la entropía S disminuye ($-\Delta S$) al aumentar el orden interno de un sistema y aumenta ($+\Delta S$) al aumentar el desorden interno de un sistema.

La variación de entropía (ΔS) sólo puede medirse en procesos reversibles (reacción química reversible) ideales que ocurren en un tiempo infinito.

$$\Delta S_{universo} = \Delta S_{sistema} + \Delta S_{entorno}$$

En un proceso reversible se cumple:

$$\Delta S_{sistema} = -\Delta S_{entorno}$$

Química general

y por tanto:

$$\Delta S_{universo} = 0$$

Según el segundo principio de termodinámica:

- En un <u>proceso reversible e ideal</u> la entropía del universo es constante. $\Delta S_{universo} = 0$
- En un <u>proceso irreversible y real</u> (**proceso espontáneo**) la entropía del universo aumenta. $\Delta S_{universo} > 0$. Ejemplo: la disolución de *NaCl* en H_2O.
- Los cambios espontáneos en un sistema ocurren en la dirección en que aumenta la entropía del universo.

Por tanto, según el segundo principio de termodinámica la entropía del universo tiende a incrementarse con el tiempo.

La ΔS se expresa en $J/mol \cdot K$

EJERCICIO 12.8

Determinar el signo de ΔS para la siguiente reacción química:

$$N_{2(g)} + 3H_2(g) \rightarrow 2NH_3(g)$$

Como disminuye el número de moles gaseosos (4 a 2), disminuye el desorden y por tanto, $\Delta S = -$.

12.17 Tercer principio de termodinámica

Según el tercer principio de termodinámica, la entropía de una sustancia pura, perfectamente cristalina es 0 ($S = 0$) en el cero absoluto de temperatura ($T = 0$ K).

Este principio nos permite obtener valores absolutos de entropía y no relativos como en el caso de la energía interna (U) y la entalpía (H).

La entropía aumenta, en general, según la secuencia: sólido, líquido y gas.
Por tanto:

- Un sólido y líquido aumenta su entropía al disolverse en un líquido.
- Un gas disminuye su entropía al disolverse en un líquido.

Química general

La entropía de una reacción química puede calcularse utilizando la siguiente expresión:

$$\Delta S^0 = \sum n \cdot S^0_{(productos)} - \sum n \cdot S^0_{(reactivos)}$$

Cuando una reacción química puede expresarse como suma algebraica de otras, su variación de entropía de reacción es igual a la suma algebraica de las variaciones de entropía de las reacciones parciales.

EJERCICIO 12.9

Conociendo los valores de las siguientes entropías (S°) ($J \cdot mol^{-1} \cdot K^{-1}$): H_2S (g) =205,8 ; SO_2 (g) = 248,2 ; H_2O (l) = 69,9 ; S (s) = 31,8

Calcular la variación de entropía (ΔS) de la siguiente reacción:

$$2H_2S\,(g) + SO_2\,(g) \rightarrow 2H_2O\,(l) + 3S\,(s)$$

$$\Delta S^0 = \sum n \cdot S^0_{(productos)} - \sum n \cdot S^0_{(reactivos)} =$$
$$= (2\ mol \cdot S°H_2O + 3\ mol \cdot S°S) - (2\ mol \cdot S°H_2S + 1 mol \cdot S°\ SO_2) =$$
$$= (2 \cdot 69,9 + 3 \cdot 31,8) - (2 \cdot 205,8 + 1 \cdot 248,2) =$$
$$= -424,6\ J/k = -0,4246\ kJ/K$$

12.18 Energía libre de *Gibbs*

La **energía libre de *Gibbs* (G)** o entalpía libre es una función de estado que se define mediante la siguiente ecuación:

$$G = H - T \cdot S$$

donde: G tiene dimensiones de energía y se mide en *KJ/mol*.

Para reacciones químicas a presión y temperatura constante, la variación de energía libre se calcula mediante la siguiente ecuación:

$$\Delta G = \Delta H - T \cdot \Delta S$$

Cuando ΔG es negativo y disminuye la energía libre el proceso es espontáneo.
Cuando ΔG es positivo y aumenta la energía libre el proceso es no espontáneo.
Cuando $\Delta G = 0$ el proceso ha alcanzado un estado de quilibrio.

Química general

Recordando conceptos ya estudiados:

- Si $\Delta H < 0$, ΔH es negativo (-) el proceso es exotérmico (desprende energía).
- Si $\Delta H > 0$, ΔH es positivo (+) el proceso es endotérmico (absorbe energía).
- Si $\Delta S < 0$, ΔS es negativo (-) el proceso transcurre con disminución del desorden.
- Si $\Delta S > 0$, ΔS es positivo (+) el proceso transcurre con aumento del desorden

En la siguiente tabla se resume los efectos de los signos de ΔH, ΔS y ΔG sobre la espontaneidad o no de una reacción química.

ΔH	ΔS	$T \cdot \Delta S$	$-T \cdot \Delta S$	ΔG	Espontaneidad de la reacción.
< 0	> 0	> 0	< 0	< 0	Siempre.
< 0	< 0	< 0	> 0	?	Será espontánea siempre y cuando $|\Delta H| > |T \cdot \Delta S|$ ya que de esta manera ΔG será negativo y la $T < T_e$. La temperatura es suficientemente baja.
> 0	> 0	> 0	< 0	?	Será espontáneo siempre y cuando $|T \cdot \Delta S| > |\Delta H|$ ya que de esta manera ΔG será negativo y la $T > T_e$. La temperatura es suficientemente elevada.
> 0	< 0	< 0	> 0	> 0	Nunca.

Siendo T_e la temperatura de equilibrio.

Proceso espontáneo es aquel que transcurre de forma natural, es decir, por sí mismo, sin intervención externa.

Sin embargo, que un proceso sea no espontáneo no significa que sea imposible, ya que puede producirse con la ayuda de agentes externos.

La variación de energía libre de Gibbs ΔG indica si una reacción química va a ser o no espontánea.

EJERCICIO 12.10

Calcular el valor de ΔG y la espontaneidad a 100ºC de la siguiente reacción:

$$CH_4(g) + 2O_2(g) \rightarrow CO_2(g) + 2H_2O\ (l)$$

sabiendo:

$\Delta H^0_{formación}$ (kJ/mol): $CH_4(g)$ = -74,8; $CO_2(g)$ = -393,5; H_2O = -285,5

$S^0 (J \cdot mol^{-1} \cdot K^{-1})$: $CH_4(g)$ = 186,3; $CO_2(g)$ = 213,7; H_2O = 69,9,5; O_2: 205,1

Fórmula solución: $\Delta G = \Delta H - T \cdot \Delta S$

Incógnitas: ΔH, ΔS.

Cálculo de ΔH:

$$\Delta H^0 = \Sigma n \cdot \Delta H°_{f\ (productos)} - \Sigma n \cdot \Delta H°_{f\ (reactivos)} =$$
$$= (1\ mol \cdot \Delta H°_f\ CO_2 + 2\ mol \cdot \Delta H°_f\ H_2O) - (1\ mol \cdot \Delta H°_f\ CH_4) =$$
$$= 1 \cdot (-393,5) + 2 \cdot (-285,5) - 1 \cdot (-74,8) = -889,7\ kJ$$

Cálculo de ΔS:

$$\Delta S^0 = \Sigma n \cdot S^0_{(productos)} - \Sigma n \cdot S^0_{(reactivos)} =$$
$$= (1\ mol \cdot S°_f\ CO_2 + 2\ mol \cdot S°_f\ H_2O) - (1\ mol \cdot S°_f\ CH_4 + 2\ mol \cdot S°_f\ O_2) =$$
$$= (1 \cdot 213,7 + 2*69,9) - (1 \cdot 186,3 + 2*205,1) = -243\ J/K = -0,243\ kJ/K$$

Cálculo de ΔG:

$$\Delta G = \Delta H - T \cdot \Delta S =$$
$$= -889,7\ kJ - [(273+100)K \cdot (-0,243\ kJ/K)] = -799,06\ kJ$$

Como $\Delta G < 0$ la reacción es espontánea a 100ºC.

12.18.1 Temperatura de equilibrio de un proceso

La **temperatura de equilibrio** (T_e) es la temperatura a la que un proceso está en equilibrio $\Delta G = 0$

$$\Delta G = \Delta H - T \cdot \Delta S$$
$$0 = \Delta H - T_e \cdot \Delta S$$
$$T_e = \Delta H / \Delta S$$

La T_e se expresa en K.

12.18.2 Energía libre normal de formación

La energía libre normal de formación de un compuesto puro es el cambio de energía libre del proceso de formación de 1 *mol* de dicho compuesto en su estado normal a partir de sus elementos en sus estados normales.

La energía libre normal de formación de un elemento en su forma física más estable es $\Delta G^0 = 0$.

La energía libre normal de una reacción se calcula mediante la siguiente ecuación:

$$\Delta G^0 = \Sigma n \cdot \Delta G^°_f \text{(productos)} - \Sigma n \cdot \Delta G^°_f \text{(reactivos)}$$

donde: *n* son los coeficientes estequiométricos.

13 Solubilidad

13.1 Solubilidad

La **solubilidad** es la capacidad de una sustancia (soluto) de disolverse en otra llamada disolvente. También hace referencia a la masa de soluto que se puede disolver en determinada masa de disolvente, en ciertas condiciones de temperatura, e incluso presión (en caso de un soluto gaseoso).

El término solubilidad se utiliza tanto para designar al fenómeno cualitativo del proceso de disolución como para expresar cuantitativamente la concentración de las soluciones.

Solubilidad del soluto es la máxima cantidad de soluto que se disolverá en una cantidad dada de disolvente a una temperatura específica.

La solubilidad del soluto puede expresarse como:

- **Solubilidad (g/L)**: Gramos de soluto disueltos en 1 L de disolución saturada.
- **Solubilidad molar (mol/L)**: Moles de soluto disueltos en 1 L de disolución saturada.

Atendiendo a su solubilidad las disoluciones se clasifican en:

- **Diluidas** si la proporción de soluto respecto a la de disolvente es muy pequeña.
- **Concentradas** si la proporción de soluto respecto a la de disolvente es alta.
- **Saturadas** si la cantidad de soluto disuelto es máxima. Si añadimos más soluto, éste no se disuelve.

Consideremos que una sal es soluble cuando su concentración en disolución es superior a 0,1 M, (disolución saturada), mientras que se considera insoluble o poco soluble cuando dicha concentración no supere los 0,01M.

Aunque es difícil predecir la solubilidad de los compuestos, lo que ocurre en los casos más corrientes es lo siguiente:

- Todos los iones negativos dan compuestos solubles con los alcalinos, alcalinotérreos, H^+(aq) y NH_4^+
- Los nitratos y los acetatos son todos solubles.
- Los cloruros, bromuros y yoduros son solubles, excepto los de Ag, Pb, Hg y Cu.
- *Los sulfatos son solubles todos, menos los de Ba, Sr y Pb.*
- Los sulfuros son insolubles, menos los de alcalinos y alcalinotérreos y de amonio.
- El ión hidroxilo OH^- forma compuestos insolubles, excepto con los iones alcalinos, alcalinotérreos, H^+ (aq) y NH_4^+
- Los Fosfatos, los Carbonatos y los Sulfitos son todos insolubles, menos los alcalinos y amonio.

> El grado de disociación α de una sal y su solubilidad S son dos conceptos diferentes. Una sal puede ser muy insoluble y en cambio estar disociada al 100 por 100.

13.2 Solvatación

Solvatación es una interacción de un soluto con un solvente que conduce a la estabilización de las especies del soluto en la solución.

La solvatación es el proceso de reorganización de las moléculas de soluto y solvente en complejos de solvatación.

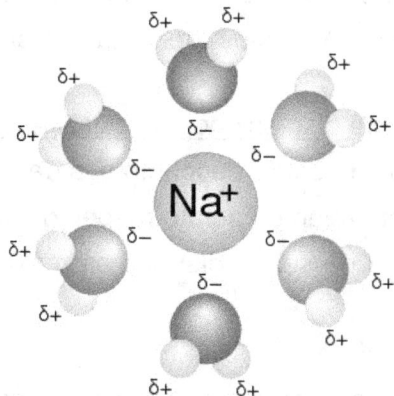

Solvatación de un ion Na^+

La solvatación implica diferentes tipos de interacciones intermoleculares: enlaces de hidrógeno, interacciones ion-dipolo y fuerzas de *Van der Waals* (que consisten en interacciones dipolo-dipolo, dipolo inducido por dipolo y dipolo inducido por dipolo). Cuáles de estas fuerzas están en juego depende de la estructura molecular y las propiedades del solvente y el soluto.

La similitud o el carácter complementario de estas propiedades entre el solvente y el soluto determina qué tan bien se puede solvatar un soluto con un solvente particular.

13.3 Producto de solubilidad

La disolución es un proceso cinético y se cuantifica por su velocidad.

> La solubilidad cuantifica el estado de equilibrio dinámico alcanzado cuando la velocidad de disolución iguala a la velocidad de precipitación.

Supongamos una disolución saturada de una sal que consideraremos prácticamente insoluble:

$$\downarrow C_mA_{n(s)} \rightleftarrows mC^{n+}_{(ac)} + nA^{m-}_{(ac)}$$

cuando la reacción anterior alcanza el equilibrio químico, se cumple que:

$$K_c = \frac{([C^{n+}]^m \cdot [A^{m-}]^n)}{[C_m \cdot A_n]}$$

$$K_c \cdot [C_m \cdot A_n] = K_s = [C^{n+}]^m \cdot [A^{m-}]^n$$

$$K_s = [C^{n+}]^m \cdot [A^{m-}]^n$$

donde:
- K_c: constante de equilibrio para una reacción química con disoluciones ideales. K_c tiene un valor constante a cada temperatura, independiente de las concentraciones de los reactivos y de los productos.
- K_s: <u>constante de equilibrio</u> o producto de solubilidad.
- *m*, y *n* son los coeficientes estequiométricos. Como normal general, suele tomarse como criterio el ajustar la ecuación química con números enteros.
- *C* representa el catión.
- *A* representa el anión.

Química general

- $[C_mA_n]$ es la concentraciones en *mol/L* de la sal C_mA_n cuando la reacción química de disolución ha alcanzado el equilibrio
- $[C^{n+}]$ y $[A^{m-}]$ son las concentraciones del catión C y del anión A cuando la reacción química de disolución de la sal ha alcanzado el equilibrio.

El **producto de solubilidad** K_{sol} o K_s (antiguamente denominado K_{ps}) de un compuesto químico iónico es el producto de las concentraciones molares <u>en equilibrio</u> de los iones constituyentes, de una <u>sal insoluble saturada</u>, elevados a sus respectivos coeficientes estequiométricos en la ecuación de equilibrio.

Relación entre K_s y las concentraciones de los iones:

- <u>Disolución</u>. Las concentraciones permiten que todo el soluto esté disuelto.

$$[C^{n+}]^m \cdot [A^{m-}]^n < K_s$$

- <u>Saturación</u>. El sólido precipitado se encuentra en equilibrio con los iones disueltos.

$$[C^{n+}]^m \cdot [A^{m-}]^n = K_s$$

- <u>Precipitación</u>. Hay iones en exceso y se produce la formación del precipitado.

$$[C^{n+}]^m \cdot [A^{m-}]^n > K_s$$

13.4 Relación entre solubilidad S y producto de solubilidad K_s

Dada la reacción

$$\downarrow C_mA_{n(s)} \rightleftarrows mC^{n+}{}_{(ac)} + nA^{m-}{}_{(ac)}$$

Estequiometría	1	m	n
Concentración inicial	C_0		
Reacciona	-S		
Se forman		m·S	n·S
Concentración en equilibrio	C_0 - S	m·S	n·S

$$K_s = [C^{n+}]^m \cdot [A^{m-}]^n = (m \cdot S)^m \cdot (n \cdot S)^n = m^m \cdot n^n \cdot S^{m+n}$$

donde:

- $[C^{n+}]^m = (m \cdot S)^m$
- $[A^{m-}]^n = (n \cdot S)^n$

Química general

despejando S:

$$S = \sqrt[m+n]{\frac{K_s}{m^m \cdot n^n}}$$

La solubilidad S y el producto de solubilidad K_s son dos conceptos diferentes:

- La solubilidad S es la cantidad de sustancia presente en una disolución saturada.
- El producto de solubilidad K_s es la constante del equilibrio de solubilidad a una temperatura dada.

> El producto de solubilidad sólo es aplicable en equilibrios de solubilidad de <u>sales concentradas poco solubles</u> y no es aplicable a sales concentradas de sales muy solubles como el *NaCl*.

EJERCICIO 13.1

Dada una disolución saturada de Ag_2S con un valor de $K_s = 5,5 \cdot 10^{-51}$ a 25ºC. Calcular la solubilidad molar del Ag_2S en H_2O pura.

$$\downarrow Ag_2S_{(s)} \rightleftarrows 2Ag^+_{(ac)} + S^{2-}_{(ac)}$$

Estequiometría	1	2	1
Concentración inicial	C_0		
Reacciona	$-S$		
Se forman		$2S$	S
Concentración en equilibrio	$C_0 - S$	$2S$	S

$$K_s = [Ag^+]^2 \cdot [S^{2-}] = (2S)^2 \cdot S = 4S^3$$

$$S = \sqrt[3]{\frac{K_s}{4}} = \sqrt[3]{\frac{1{,}11 \cdot 10^{-51}}{4}} = 1{,}11 \cdot 10^{-17} \; mol/L$$

Química general

> **EJERCICIO 13.2**
>
> *Dada una disolución saturada de Ag_2S con un valor de $K_s = 5,5 \cdot 10^{-51}$ a 25ºC. Calcular la solubilidad molar del Ag_2S en una disolución acuosa 0,2M de $AgNO_3$ totalmente disociado.*
>
> $$AgNO_{3(s)} \rightarrow Ag^+_{(ac)} + NO_3^-{}_{(ac)}$$
> $$0,2M \quad 0,2M \quad 0,2M$$
> $$\downarrow Ag_2S_{(s)} \rightleftarrows 2Ag^+_{(ac)} + S^{2-}_{(ac)}$$
>
> | | | | |
> |---|---|---|---|
> | Estequiometría | 1 | 2 | 1 |
> | Concentración inicial | C_0 | | |
> | Reacciona | -S | | |
> | Se forman | | 2·S + 0,2 | S |
> | Concentración en equilibrio | C_0 - S | 2·S + 0,2 | S |
>
> Si consideramos que $2S + 0,2 \approx 0,2$ ya que el valor de S es despreciable.
>
> $$K_s = [Ag^+]^2 \cdot [S^{2-}] = (0,2)^2 \cdot S = 0,04S$$
>
> $$S = \frac{K_s}{0,04} = \frac{5,5 \cdot 10^{-51}}{0,04} = 1,375 \cdot 10^{-49} \; mol/L$$
>
> Como consecuencia del efecto del ion común, en este caso Ag^+, la solubilidad del Ag_2S ha disminuido. Comparar solubilidad en el ejemplo 13.2 con la solubilidad en el ejemplo 13.1.

13.5 Precipitación

Precipitación es la aparición de una fase sólida (precipitado) en el seno de una disolución, al mezclarse dos disoluciones, cada una de las cuales posee un ión de una sal insoluble.

Un **precipitado** es un sólido insoluble que se separa de la disolución.

Reacciones de precipitación son las reacciones que se producen entre iones disueltos para formar un compuesto insoluble.

Las **reacciones de precipitación** son un tipo común de reacciones en disolución acuosa que se caracterizan por la formación de un producto insoluble o precipitado.

Para predecir la formación de un precipitado hay que tener en cuenta la solubilidad del soluto.

Química general

Cuando se obtiene una disolución saturada de una sal (compuesto iónico) poco soluble, se establece un equilibrio entre los iones disueltos y la sal sólida que permanece sin disolver.

Las reacciones de precipitación se utilizan con tres fines diferentes en el laboratorio analítico:

- Separación química. La separación física de distintos compuestos puede llevarse a cabo aprovechando la diferencia de solubilidad entre los compuestos sólidos.
- Identificación de iones. La presencia de una determinada especie química puede ponerse de manifiesto por la aparición de un determinado compuesto sólido.
- Análisis químico cuantitativo. Algunas reacciones químicas de precipitación son la base de procedimientos volumétricos para la determinación de ciertos aniones y cationes.

13.5.1   Producto iónico Q_s

El **producto iónico** Q_s es el producto de las concentraciones de los iones presentes en una disolución dada en un instnate concreto, elevadas a sus correspondientes coeficientes estequiométricos.

Podemos saber si una disolución está saturada o no conociendo comparando el valor del producto iónico Q_s y el valor del producto de solubilidad K_s. Así:

- Si $Q_s < K_s$ se trata de un disolución no saturada.
- Si $Q_s = K_s$ se trata de un disolución saturada.
- Si $Q_s > K_s$ se trata de un disolución sobre saturada y se produce un precipitado.

El valor de K_s indica la solubilidad de un compuesto iónico, es decir, cuanto menor sea su valor menos soluble será el compuesto.

EJERCICIO 13.3

El $PbCO_3$ es una sal poco soluble en H_2O con una $K_s = 1,5 \cdot 10^{-15}$.

Si se mezclan 150 mL de una disolución de $Pb(NO_3)_2$ de concentración 0,04 M con 50 mL de una disolución de Na_2CO_3 de concentración 0,01 M. Determinar si precipitará el $PbCO_3$.

$$\downarrow PbCO_{3(s)} \rightleftarrows Pb^{2+}_{(ac)} + CO_3^{2-}_{(ac)}$$

$$Pb(NO_3)_{2(s)} \rightarrow Pb^{2+}_{(ac)} + 2NO_3^-{}_{(ac)}$$

$0,15\ L \cdot 0,04\ M$

$6 \cdot 10^{-3}\ mol \qquad 6 \cdot 10^{-3}\ mol$

Química general

$$Na_2CO_{3(s)} \rightarrow 2Na^+_{(ac)} + CO_3^{2-}_{(ac)}$$
0,05 L·0,01 M
5·10⁻⁴ mol   5·10⁻⁴ mol

$[Pb^{2+}] = \dfrac{6 \cdot 10^{-3} \, mol}{0,15 \, L + 0,05 \, L} = 0,03 \, M$

$[CO_3^{2-}] = \dfrac{5 \cdot 10^{-4} \, mol}{0,15 \, L + 0,05 \, L} = 2,5 \cdot 10^{-3} \, M$

$K_s = [Pb^{2+}] \cdot [CO_3^{2-}] = 1,5 \cdot 10^{-15}$
$Q_s = [Pb^{2+}] \cdot [CO_3^{2-}] = 0,03 \cdot 2,5 \cdot 10^{-3} = 7,5 \cdot 10^{-5}$
Como $Q_s > K_s$, si se formará el precipitado.

EJERCICIO 13.4

Indicar si se formará un precipitado de PbI_2 al mezclar 100 mL de una disolución 0,01 M de $Pb(NO_3)_2$ con 100 mL de una disolución 0,02M de KI sabiendo que el K_s (PbI_2) = 7,1·10⁻⁹.

$$Pb(NO_3)_{2(s)} \rightarrow Pb^{2+}_{(ac)} + 2NO_3^-_{(ac)}$$
0,1 L·0,01 M
10⁻³ mol   10⁻³ mol

$$KI_{(s)} \rightarrow K^+_{(ac)} + I^-_{(ac)}$$
0,1 L·0,02 M
2·10⁻³ mol   2*10⁻³ mol

$$Pb^{2+}(ac) + 2I^-_{(ac)} \rightarrow PbI_2$$

$Q_s = [Pb^{2+}] \cdot [I^-]^2 = (5 \cdot 10^{-3})(0,01)^2 = 5 \cdot 10^{-7}$
siendo:

$[Pb^{2+}] = \dfrac{10^{-3} \, mol}{0,1 \, L + 0,1 \, L} = 5*10^{-3} \, M$

$$[I^-] = \frac{2 \cdot 10^{-3}}{0,1\,L + 0,1\,L} = 0,01\,M$$

Como K_s (7,1·10^{-9}) < Q_s (5·10^{-7}), entonces si se formará precipitado de PbI_2.

13.6 Factores que determinan la solubilidad de un soluto

La solubilidad de una sustancia en otra está determinada por el equilibrio de fuerzas intermoleculares entre el solvente y el soluto, y la variación de entropía (ΔH) que acompaña a la solvatación.

<u>Factores que determinan la solubilidad de un soluto:</u>
- Temperatura.
- Disolvente.
- Entropía:
    - ΔS > 0. Aumenta la solubilidad.
    - ΔS < 0. Disminuye la solubilidad.
- Tamaño de los iones:
    - Grande. Aumenta la solubilidad.
    - Pequeño. Disminuye la solubilidad.
- Densidad de carga:
    - Grande. Disminuye la solubilidad.
    - Pequeña. Aumenta la solubilidad.
- Efecto del ión común.
- Efecto salino.
- pH.
- Formación de complejos.

La solubilidad de una sal aumenta al incrementar la concentración de H_2O porque esto disminuirá la concentración de los iones y el equilibrio de solubilidad se desplazará a la derecha generando más iones.

La solubilidad de un hidróxido varía con el *pH* porque este modifica la concentración de [H_3O^+] y por consiguiente la concentración de [OH^-].

13.6.1 Efecto de la temperatura

Si la disolución de un soluto en un disolvente es un proceso endotérmico ($\Delta H_{dis} > 0$), entonces un aumento de la temperatura resulta en un aumento en la solubilidad del soluto.

Si la disolución de un soluto en un disolvente es un proceso exotérmico ($\Delta H_{dis} > 0$), entonces un aumento de la temperatura resulta en una disminución en la solubilidad del soluto.

EJEMPLO

El $Ce_2(SO_4)_3$ tiene una solubilidad en agua a 0°C de 39,5 % mientras que a 100°C es de 2,5 %.

13.6.2 Efecto del disolvente

La solubilidad de una sustancia determinada, depende de la constante dieléctrica ε disolvente utilizado.

La presencia de un disolvente con una elevada constante dieléctrica (ε), como por ejemplo en el caso del agua, hace que bajen bastante las fuerzas de atracción entre los iones lo que hace que se debiliten sus enlaces y aumente la solubilidad.

La presencia de un disolvente con una baja constante dieléctrica (ε) hace que aumenten bastante las fuerzas de atracción entre los iones lo que hace que se debiliten sus enlaces y baje la solubilidad.
- ↑ε resulta en ↑solubilidad.
- ↓ε resulta en ↓solubilidad.

13.6.3 Efecto del ión común

La adición de un ión común a un equilibrio de solubilidad conlleva que, para compensar dicha adición, la reacción se desplace hacia el lado donde no esté presente dicho ión (**principio de *le Chatelier***).

Si a una disolución saturada de una sal poco soluble en agua se añade una sal soluble en agua que contenga un ion común, se originará una precipitación de la sal insoluble.

Por tanto, la adición de un ión común a un equilibrio de solubilidad conlleva una disminución de la solubilidad de la sal.

> **EJERCICIO 13.5**
>
> *Indicar el efecto sobre la solubilidad de una disolución saturada de Ag_2CrO_4 al añadir una disolución acuosa de Na_2CrO_4.*
>
> $$\downarrow Ag_2CrO_{4(s)} \rightleftarrows 2Ag^+_{(ac)} + CrO_4^{2-}_{(ac)}$$
>
> $$Na_2CrO_{4(s)} \rightarrow 2Na^+(ac) + CrO_4^{2-}_{(ac)}$$
>
> La adición del ión común CrO_4^{2-} desplaza la reacción de disolución del $\downarrow Ag_2CrO_{4(s)}$ hacia la izquierda disminuyendo su solubilidad y aumentando la formación de precipitado.

13.6.4 Efecto salino

El **efecto salino** es la alteración de las propiedades termodinámicas o cinéticas de una disolución electrolítica. Esta alteración es provocada al modificarse el coeficiente de actividad de los iones del electrolito primario, debido a la presencia de los iones del electrolito secundario.

El efecto salino se detecta por el aumento de la solubilidad de una sal poco o muy soluble; cuanto más insoluble sea la sal primaria, más notable será el efecto salino.

Cuando a una disolución de sal insoluble añadimos una disolución de sal soluble, aumenta la solubilidad de la primera debido a las fuerzas de atracción entre iones de signo contrario.

La sal añadida no tiene que tener iones comunes con la primera sal.

13.6.5 Efecto del *pH*

En un equilibrio de disolución donde hay iones OH^- el pH de la solución afecta a la solubilidad del sólido.

EJEMPLO

En el equilibrio $Ca(OH)_2 \rightleftarrows Ca^{2+} + 2OH^-$

Al aumentar el *pH*, aumenta $[OH^-]$ en la disolución y por tanto el equilibrio se desplazará a la formación de $Ca(OH)_2$ disminuyendo la solubilidad.

Al disminuir el *pH*, disminuye $[OH^-]$ en la disolución y por tanto el equilibrio se desplazará a la formación de OH^- aumentando la solubilidad.

13.6.6 Formación de complejos

La solubilidad de un determinado compuesto depende también de su capacidad para formar iones complejos.

EJEMPLO

El hidróxido de zinc ($Zn(OH)_2$) en agua pura presenta un producto de solubilidad bajo ($Ks = 1,9 \times 10^{-17}$, a 25ºC).

$$Zn(OH)_2 \rightleftharpoons Zn^{2+} + 2OH^-$$

Sin embargo, si existe un exceso de iones hidroxilo, la solubilidad del hidróxido de zinc es bastante mayor, porque se forma un ión complejo.

$$Zn^{2+} + 2OH^- \rightleftharpoons [Zn(OH)_4]^{2-}_{(ac)}$$

13.7 Disolución de precipitados

Toda sal insoluble se encuentra en equilibrio en disolución acuosa con los iones precedentes de su disociación:

$$\downarrow Ag_2CrO_{4(s)} \rightleftharpoons 2Ag^+_{(ac)} + CrO_4^{2-}_{(ac)}$$

Si disminuimos la concentración de alguno de sus iones, el equilibrio se desplazará hacia la derecha, produciéndose la disolución total o parcial del precipitado (*Le Chatelier*).

Por tanto la disolución de un precipitado puede conseguirse mediante:
- La adición de disolvente lo que aumenta los iones en disolución y parte del sólido se solubiliza.
- La oxidación-reducción de alguno de los iones implicados en la formación del precipitado.
- La adición de un ácido fuerte que disuelve los precipitados de hidróxidos o sales débiles, por ejemplo, sulfuros, carbonatos, acetatos, etc…

13.8 Precipitación fraccionada

La precipitación fraccionada es una técnica en la que dos o más iones en disolución, todos ellos capaces de precipitar con un reactivo común, se separan mediante ese reactivo. El reactivo forma una sal que precipita con el ión el de menor producto de solubilidad. Luego, el reactivo forma una sal y precipita el siguiente ión.

Química general

La condición principal para una buena precipitación fraccionada es que haya una diferencia significativa en las solubilidades de las sustancia que se van a separar (normalmente una diferencia significativa en sus valores de K_s).

A partir de los productos de solubilidad es posible predecir cual de los iones precipita primero y si esta precipitación es completa cuando empieza a precipitar el segundo. Dicho de otra forma, es posible deducir si pueden separarse cuantitativamente dos iones por precipitación fraccionada.

EJEMPLO

A una disolución que contiene los aniones Cl^- y I^-, en una concentración que no sea muy distinta, se agregan cationes Ag^+ lentamente.

Precipitará primero la sustancia más insoluble (AgI, precipitado de color amarillo) y, antes de llegar a la precipitación total, comenzará a precipitar la menos insoluble (AgCl, precipitado de color blanco).

Podemos hacer un tratamiento cuantitativo del problema si consideramos las correspondientes constantes del producto de solubilidad.

A partir de los productos de solubilidad podemos obtener el siguiente cociente:

$$K_s(AgI) = [Ag^+]\cdot[I^-]$$
$$K_s(AgCl) = [Ag^+]\cdot[Cl^-]$$

$$\frac{k_s(AgI)}{k_s(AgCl)} = \frac{[Ag^+]\cdot[I^-]}{[Ag^+]\cdot[Cl^-]} = \frac{[I^-]}{[Cl^-]}$$

Puede ocurrir:

$$\frac{[I^-]}{[Cl^-]} < \frac{k_s(AgI)}{k_s(AgCl)}$$

En este caso, precipitará AgCl hasta que el cociente de concentraciones de los iones I^- y Cl^- iguale al cociente entre las constantes.

$$\frac{[I^-]}{[Cl^-]} = \frac{k_s(AgI)}{k_s(AgCl)}$$

Precipitarán simultáneamente el AgI y el AgCl.

$$\frac{[I^-]}{[Cl^-]} > \frac{k_s(AgI)}{k_s(AgCl)}$$

En este caso, precipitará AgI hasta que el cociente de concentraciones de los iones I^- y Cl^- iguale al cociente entre las constantes.

Química general

14 Ácido y base

Un **ácido** es cualquier compuesto químico que, cuando se disuelve en agua, produce una solución con una actividad de catión hidronio (H_3O^+) mayor que el agua pura, y posee un *pH* menor que 7.

14.1 Teoría de *Arrhenius* de ácidos y bases

Hacia 1880-1890, el científico sueco *Svante Arrhenius* desarrolló su teoría de la disociación electrolítica. Según dicha teoría, hay sustancias, llamadas electrolitos, que manifiestan sus propiedades químicas y su conductividad eléctrica en disolución acuosa.

Por ejemplo, las sales al disolverse en agua son conductoras de la corriente eléctrica, debido a la presencia de iones en la disolución:

$$NaCl + H_2O \rightleftarrows Na^+ + Cl^-$$

A partir de la teoría de la disociación electrolítica, y tomando el caso particular de las disoluciones acuosas de ácidos (por ejemplo *HCl*) y de bases (por ejemplo, *NaOH*), Arrhenius propuso la disociación iónica de estas sustancias según:

$$HCl \xrightleftarrows{H_2O} H^+ + Cl^-$$

$$NaOH \xrightleftarrows{H_2O} OH^- + Na^+$$

Generalizando:

$$HA \xrightleftarrows{H_2O} H^+ + A^-$$

$$BOH \xrightleftarrows{H_2O} OH^- + B^+$$

Química general

Y de aquí estableció su definición de ácido y de base:

- Un **ácido** es una sustancia que en disolución acusa se disocia en sus iones, liberando iones H^+.
- Una **base** es una sustancia que en disolución acuosa se disocia en sus iones, liberando iones OH^-.

La reacción de neutralización tiene lugar cuando un ácido reacciona completamente con una base produciéndose una sal y agua. La **reacción de neutralización** consiste en la combinación del ion H^+ propio del ácido con el ion OH^- propio de la base para producir H_2O no disociada.

EJEMPLO

$$HCl + NaOH \underset{}{\overset{H_2O}{\rightleftarrows}} NaCl + H_2O$$

Generalizando:

$$HA + BOH \underset{}{\overset{H_2O}{\rightleftarrows}} BA + H_2O$$

Limitaciones de la teoría de *Arrhenius* de ácidos y bases:

a) Según la teoría de *Arrhenius*, los conceptos de ácido y base dependen de la presencia de agua como disolvente. En realidad, se conocen abundantes sustancias que se comportan como ácidos o como bases en ausencia de agua.

b) Hay sustancias que tienen carácter ácido a pesar de no poseer hidrógeno en su molécula, como sucede con los óxidos ácidos (CO_2, SO_3...). Muchas sustancias tienen carácter básico sin contener iones OH^-, como amoniaco, NH_3, o ciertas sales, como Na_2CO_3 y $NaHCO_3$.

c) El ion H^+, debido a la carga que posee y a su pequeño tamaño, crea un intenso campo eléctrico que atrae a las moléculas polares de agua. Por tanto, los iones H^+ en presencia de agua se hidratan, es decir, se rodean de una o varias moléculas de agua, formando iones hidronio (u oxonio), H_3O^+.

Según *Arrhenius* un **ácido fuerte** o una **base fuerte** se disocian por completo en H_2O. Por tanto, $\alpha \approx 1$. Las reacciones de los ácidos fuertes y las bases fuertes son irreversibles ($\rightarrow$).

Según *Arrhenius* un **ácido débil** o una **base débil** se disocian parcialmente en H_2O. Por tanto, $\alpha \ll 1$. Las reacciones de los ácidos débiles y las bases débiles son reversibles ($\rightleftarrows$).

14.2 Teoría de *Brönsted-Lowry* de ácidos y bases

En 1923, casi simultáneamente pero siguiendo líneas de trabajo diferentes, dos científicos, el danés *Brönsted* y el inglés *Lowry*, propusieron una definición más amplia que la de Arrhenius sobre la naturaleza de los ácidos y de las bases.

Según esta teoría:

- **Ácido** es toda especie química, molecular o iónica, capaz de ceder un ion H^+, es decir un protón, a otra sustancia.
- **Base** es toda especie química, molecular o iónica, capaz de aceptar un ion H^+, es decir un protón, de otra sustancia.

Con estas dos definiciones, *Brönsted-Lowry* señalaron que las reacciones ácido-base se pueden considerar como reacciones de transferencia de protones entre ambas sustancias.

La teoría de *Brönsted-Lowry* supera las limitaciones de la teoría de *Arrhenius* ya que la definición de ácido – base no se limita a las disoluciones acuosas y es válida para cualquier disolvente.

La teoría de *Brönsted-Lowry* es más completa que la de Arrhenius, por lo que los ácidos y las bases de *Arrhenius* también lo serán en esta nueva teoría. Pero, además, presenta los siguientes avances:

a) Las definiciones de *Brönsted-Lowry* no se limitan a disoluciones acuosas; son válidas para cualquier otro disolvente o para procesos que no transcurran en disolución.

b) Aunque respecto al concepto de ácido (en disolución acuosa), ambas definiciones son muy parecidas, la definición de base presenta notables diferencias de una teoría a otra. La nueva teoría permite añadir un numeroso grupo de sustancias incapaces de ser clasificadas por *Arrhenius* como bases. Por ejemplo, NH_3, CO_3^{2-}, S^{2-}, CN^-, aminas,....

c) Permite dar una explicación a la existencia de sustancias anfóteras.

14.2.1 Pares conjugados ácido - base

Los conceptos de ácido y base son complementarios. El ácido (HA) sólo actúa como dador de protones (H^+) en presencia de alguna sustancia capaz de aceptarlos, es decir, la base (B). A su vez, la base (B) sólo puede aceptar algún protón (H^+) si reacciona con un ácido (HA) que se lo transfiera.

Por tanto:

$$HA + B \rightleftarrows A^- + HB^+$$
$$\;\;A1\;\;\;\;B2\;\;\;\;\;\;B1\;\;\;\;A2$$

donde:

- $A1$ es el ácido 1
- $B2$ es la base 2
- $B1$ es la base conjugada del ácido 1
- $A2$ es el ácido 2 conjugado de la base 2
- $A1$ y $B1$ así como $A2$ y $B2$ son los pares ácido-base conjugados

Las especies HA, ácido y A^- son interconvertibles mediante la ganancia o pérdida de un protón. Decimos de ellas que forman un par ácido-base conjugado, representándose por HA/A^-. De la misma forma, las especies HB^+ y B forman el segundo par ácido-base conjugado.

EJEMPLO

$$HCl + H_2O \rightleftarrows Cl^- + H_3O^+$$
Ácido

$$NH_3 + H_2O \rightleftarrows NH_4^+ + OH^-$$
Base

La esencia de la teoría de *Brønsted-Lowry* es que un ácido solo existe como tal en relación con una base, y viceversa.

> Cuanto mayor sea la tendencia de un ácido a ceder protones (ácido fuerte), menor será la tendencia de su par conjugado a aceptarlos (base débil).
>
> Por tanto:
>
> Cuanto más débil sea un ácido, más fuerte será su base conjugada, y viceversa.
>
> Cuanto más débil sea una base, más fuerte será su ácido conjugado y viceversa.

14.2.2 Sustancias anfóteras

Sustancia anfótera es aquella que puede reaccionar ya sea como un ácido o como una base.

La teoría de *Brönsted-Lowry* permite justificar por qué muchas sustancias pueden actuar a veces como ácidos y otras, como bases. Así, por ejemplo, hemos visto como el agua (H_2O) se comporta como una base frente al ácido clorhídrico (HCl), pero, sin embargo, actúa como ácido frente al amoníaco (NH_3). A este tipo de sustancias se las denomina anfóteras.

EJEMPLO

$$HCO_3^- + OH^- \rightleftarrows CO_3^{2-} + H_2O$$
$$\quad A1 \quad\quad B2 \quad\quad B1 \quad\quad A2$$

$$HCl + HCO_3^- \rightleftarrows Cl^- + H_2CO_3$$
$$A1 \quad\quad B2 \quad\quad B1 \quad\quad A2$$

14.3 Teoría de *Lewis* de ácidos y bases

Lewis formuló en 1923 una definición de ácidos y bases alternativa a la de *Brönsted-Lowry*:

- Un **ácido de *Lewis*** es un ion o molécula aceptor de pares electrónicos.
- Una **base de *Lewis*** es un ion o molécula dador de pares electrónicos.

Todos los ácidos y bases de *Brönsted-Lowry* son ácidos y bases de *Lewis*. Sin embargo, muchos ácidos de *Lewis* no son ácidos de *Brönsted-Lowry*.

La teoría de *Lewis* de ácidos y bases amplía considerablemente las sustancias consideradas como ácidos pero mantiene como bases las sustancias consideradas como tales según la teoría de *Brönsted-Lowry*.

14.4 Autoionización del agua

Se ha comprobado experimentalmente que el agua pura presenta una ligerísima conductividad eléctrica, lo que está sugiriendo que en ella deben existir iones (cargas eléctricas) aunque sean en escasa concentración.

Química general

La baja conductividad eléctrica del agua se puede justificar si tenemos en cuenta su carácter anfótero. Esta propiedad permite que entre dos moléculas de agua haya un proceso de transferencia de protones, denominado autoprotólisis, que origina una débil autoionización

$$H_2O_{(l)} + H_2O_{(l)} \rightleftarrows OH^-_{(ac)} + H_3O^+_{(ac)}$$

Como la reacción de autoionización del agua es reversible, puede aplicársele la ley de acción de masas:

$$K_c = \frac{[OH^-]\cdot[H_3O^+]}{[H_2O]^2}$$

Como la cantidad de moléculas de H_2O disociadas es muy pequeña, es válido suponer que la concentración de agua no varía (55,6 mol/L) e incluirla dentro de la constante de equilibrio K_C. Es decir:

$$K_c \cdot [H_2O]^2 = [OH^-]\cdot[H_3O^+]$$

Al producto $K_c \cdot [H_2O]^2$, que es constante se le denomina **constante de ionización del agua** o **producto iónico del agua** y suele representarse por K_w. Por tanto, la expresión de la constante de equilibrio quedaría:

$$K_w = [OH^-]\cdot[H_3O^+]$$

Como cualquier constante de equilibrio, el valor de K_w sólo depende de la temperatura y a 25ºC se cumple:

$$K_w = [OH^-]\cdot[H_3O^+] = 1{,}0\cdot 10^{-14}$$

- Cuando $[OH^-] = [H_3O^+] = 1\cdot 10^{-7}$ se dice que la disolución es **neutra**.
- Cuando $[H_3O^+] > 1\cdot 10^{-7}$ se dice que la disolución es **ácida**.
- Cuando $[OH^-] > 1\cdot 10^{-7}$ se dice que la disolución es **básica**.

En el caso de una **disolución neutra** de H_2O pura y a 25ºC se cumple:

$$[OH^-] = [H_3O^+]$$

por tanto:

$$K_w = [OH^-]\cdot[H_3O^+] = [H_3O^+]^2 = 1{,}0\cdot 10^{-14}$$
$$[H_3O^+] = (K_w)^{1/2} = (1{,}0\cdot 10^{-14})^{1/2} = 10^{-7}\,M$$

En las **disoluciones ácidas** hay un exceso de iones H_3O^+ respecto de los iones OH^-, pero el valor constante de K_w exige que la concentración de los iones OH^- disminuya en la misma cantidad que el aumento de $[H_3O^+]$. Es decir: $[H_3O^+] > 1\cdot 10^{-7}\,M$ y $[OH^-] < 1\cdot 10^{-7}\,M$ (a 25º C).

En las **disoluciones básicas** hay un exceso de iones OH^- respecto a los iones H_3O^+, pero el valor constante de K_w exige que la concentración de los iones OH^- aumente en la misma cantidad que la disminución de $[H_3O^+]$. Es decir: $[OH^-] > 1 \cdot 10^{-7}\ M$ y $[H_3O^+] < 1 \cdot 10^{-7}\ M$ (a 25° C).

14.5 Medida de la acidez de una disolución: Concepto de *pH*

En las disoluciones acuosas, las concentraciones de los iones hidronio, H_3O^+, e iones hidróxido, OH^-, están relacionadas a través del producto iónico del agua, por lo que, conocida la concentración de uno de ellos, podemos determinar inmediatamente la concentración del otro. Normalmente se suele utilizar la concentración de iones hidronio.

Pero ocurre que, en general, los valores de estas concentraciones son pequeños y muy variados, por lo que es conveniente introducir una escala más sencilla para conocer la acidez (o basicidad) de un medio sin tener que manejar continuamente potencias negativas de diez. Por esto, el químico danés *S.P. Sörensen* introdujo en 1909 el concepto de *pH*, definiéndolo como el logaritmo decimal de la concentración de iones H_3O^+ cambiado de signo. Es decir:

$$pH = -\log[H_3O^+]$$
$$[H_3O^+] = 10^{-pH}$$

Análogamente se puede definir:

$$pOH = -\log[OH^-]$$
$$[OH^-] = 10^{-pOH}$$

Teniendo en cuenta la expresión del producto iónico del agua y su valor a 25° C, para esta temperatura se tiene:

$$pH + pOH = 14$$

A una temperatura de 25°C, diremos que una disolución es ácida, básica o neutra en función de su *pH*. Es decir:

- Si *pH* < 7, la disolución es ácida porque $[H_3O^+] > 10^{-7}$ y $[H_3O^+] > [OH^-]$
- Si *pH* = 7, la disolución es neutra
- Si *pH* > 7, la disolución es básica porque $[H_3O^+] < 10^{-7}$ o $[OH^-] > 10^{-7}$ y $[H_3O^+] < [OH^-]$

Debido al signo menos que lleva delante el logaritmo, la escala de *pH* va en sentido contrario al de la concentración de iones H_3O^+. Es decir, cuanto más ácida sea una disolución, la concentración de iones H_3O^+ es cada vez mayor, pero el valor del *pH* es menor.

Hay que señalar que son posibles valores negativos de *pH* y valores mayores que 14. El primer caso corresponde a disoluciones donde siempre es $[H_3O^+] > 1$ *mol/L*, y el segundo cuando sea $[OH^-] > 1$ *mol/L*. Esto es debido a que el valor del logaritmo será positivo y como tiene el signo menos el resultado final será negativo.

Normalmente, las concentraciones de H_3O^+ y de OH^- en una disolución acuosa diluida, que es el caso más frecuente no superan el valor de 1 *M*. Por esta razón, el valor del *pH* oscila entre:

- valor máximo ocurre cuando $[H_3O^+] = 1$ M, pH = 0.
- valor mínimo ocurre cuando $[OH^-] = 1$ M, pH = 14.

EJERCICIO 14.1

Calcular la concentración de iones H_3O^+ y el pH en una disolución acuosa 0,1 M de *HCl*, completamente disociado.

Reacción de disociación del *HCl*:

$$HCl + H_2O \rightarrow Cl^- + H_3O^+$$
$$0,1\ M \qquad\qquad\qquad 0,1\ M$$

$[H_3O^+] = [HCl] = 10^{-1}\ M$

$pH = -\log[H_3O^+] = -\log 0,1 = 1$

> **EJERCICIO 14.2**
>
> Calcular el volumen de H_2O que hay que añadir a una disolución acuosa 0,1 M de HCl para que el pH resultante sea 1,88.
>
> Para un pH = 1,88
>
> la concentración de $[H_3O^+]$ = 10^{-pH} = $10^{-1,88}$ = 0,013 M
>
> Como el HCl está completamente disociado: [HCl] = $[H_3O^+]$ = 0,013 M
>
> Para conseguir 0,013 M HCl:
>
> $$M = \frac{mol\, HCl}{L\, disolución}$$
>
> $0,013 = \dfrac{0,1\,M \cdot 0,05\,L}{0,05\,L + x} = $
>
> $0,05 + x = (0,005/0,013)$
>
> $x = (0,005/0,013) - 0,05 = 0,334\ L$

14.5.1 Determinación del *pH*

La determinación del pH puede realizarse colorimétricamente mediante un fotómetro o potenciométricamente mediante pHmetro, siendo esta segunda técnica la más utilizada gracias a su gran precisión y rango de medida.

La medida potenciométrica se basa en la diferencia de potencial existente entre un electrodo de vidrio indicador y otro de referencia sumergidos en una misma solución. Esta diferencia de potencial es una función lineal del *pH* de esta.

14.6 Fuerza relativa de los ácidos y de las bases

Arrhenius, en su teoría de la disociación electrolítica, introduce el concepto de grado de disociación *α*, lo que permitió en su momento hacer una primera comparación de la fuerza de un ácido o de una base, ya que podemos decir:

- Un **ácido (o una base)** es **fuerte** cuando en disolución acuosa se encuentra totalmente disociado y su grado de disociación *α* ≈ 1. Las reacciones de los ácidos fuertes y las bases fuertes son irreversibles (→).

  $[H_3O^+] \approx C_0$

  $[OH^-] \approx C_0$

Química general

- Un **ácido (o una base)** es **débil** cuando en disolución acuosa esté poco disociado y su grado de disociación $\alpha \ll 1$. Las reacciones de los ácidos débiles y las bases débiles son reversibles ($\rightleftharpoons$).

$[H_3O^+] \approx C_0 \cdot \alpha$

$[OH^-] \approx C_0 \cdot \alpha$

Siendo:

$$\alpha = \frac{x}{C_0} = \frac{Concentración\ disociada}{Concentración\ inicial}$$

donde:
- x es la concentración disociada en M.
- C_0 es la concentración inicial en M.
- α es el grado de disociación o ionización.

> La fuerza de un ácido y una base viene determinada por su capacidad para disociarse en el H_2O y no por su concentración.

Según la teoría de *Brönsted-Lowry*:
- **Los ácidos fuertes** se ionizan completamente en las disoluciones acuosas diluidas, debido a su gran tendencia a ceder iones H^+. Son ácidos fuertes el HCl, el $HClO_4$, el HBr, el HI, el H_2SO_4 y el HNO_3.
- Los **ácidos débiles** sólo se ionizan parcialmente, a causa de su débil tendencia a ceder iones H^+, apareciendo un equilibrio entre las moléculas no ionizadas y los iones formados.
- Las **bases fuertes** muestran gran tendencia a recibir iones H^+ de los ácidos. Son bases fuertes el $LiOH$, el $NaOH$, el $RbOH$, el $Ca(OH)_2$, el $Sr(OH)_2$ y el $Ba(OH)_2$. Son bases fuertes los hidróxidos de los elementos del grupo 1 y 2 de la tabla periódica.
- Las **bases débiles** tienen poca tendencia a recibir iones H^+, apareciendo un equilibrio entre las moléculas no ionizadas y los iones formados. Un ejemplo de base débil es el amoniaco NH_3.

La ionización de un ácido o de una base es una reacción de equilibrio que lleva asociada una constante de equilibrio. De forma cuantitativa, las fuerzas de los ácidos o de las bases pueden establecerse comparando las tendencias que tienen a ceder o a

Química general

ganar protones frente a una misma sustancia. De forma habitual, para medir la fuerza de los ácidos y de las bases, elegiremos el agua como sustancia de referencia.

Ácido o Base	Constante de ionización K_a o K_b
Fuerte	$K > 55,5$
Moderado	$55,5 > K > 10^{-4}$
Débil	$10^{-4} > K\ 10^{-10}$
Muy débil	$10^{-10} > K\ 10^{-16}$
Extraordinariamente débil	$1,8 \cdot 10^{-16} < K$

EJERCICIO 14.3

Se dispone de disoluciones 1 M de las siguientes sustancias: NaCl, CH$_3$COOH, CH$_3$COONa, NH$_3$ y NH$_4$Cl. Sabiendo que: $K_a(CH_3COOH) = K_b(NH_3) = 1,8 \cdot 10^{-5}$, $K_w = 1 \cdot 10^{-14}$.

Ordenar dichas sustancias en orden creciente de su pH.

Cuanto mayor sea el valor de K_a o K_b mayor será la fuerza del ácido (pH más bajo) o base (pH más alto), respectivamente.

Sal <u>NaCl</u>

Disociación: $NaCl \rightarrow Na^+ + Cl^-$

El ion Na^+ procede del NaOH (base fuerte). Por ello no reaccionará con el H_2O y no modificará el pH.

El ion Cl^- procede del HCl (ácido fuerte). Por ello no reaccionará con el H_2O y no modificará el pH.

Como ninguno de los iones modifica el pH de la disolución, la disolución de NaCl tiene pH = 7.

Ácido <u>CH$_3$COOH</u>

$K_a(CH_3COOH) = 1,8 \cdot 10^{-5}$

Reacción: $CH_3COOH + H_2O \rightleftharpoons CH_3COO^- + H_3O^+$

La disociación del CH$_3$COOH resulta en una disolución ácida

Sal <u>CH_3COONa</u>

Sal de un ácido débil y base fuerte con $K_h = \dfrac{K_w}{K_a} = \dfrac{10^{-14}}{1,8 \cdot 10^{-5}} = 5,56 \cdot 10^{-10}$

Disociación: $CH_3COONa \rightarrow CH_3COO^- + Na^+$

El ion Na^+ procede del $NaOH$ (base fuerte). Por ello no reaccionará con el H_2O y no modificará el pH.

El ion CH_3COO^- procede del CH_3COOH (ácido débil) y reaccionará con el H_2O subiendo el pH.

$CH_3COO^- + H_2O \rightleftarrows CH_3COOH + OH^-$

<u>NH_3</u>

Reacción: $NH_3 + H_2O \rightleftarrows NH_4^+ + OH^-$

El amoniaco al disolverse en H_2O origina una disolución básica con una $K_b(NH_3) = 1,8 \cdot 10^{-5}$

Sal <u>NH_4Cl</u>

Sal de ácido fuerte y base débil con $K_h = \dfrac{K_w}{K_b} = \dfrac{10^{-14}}{1,8 \cdot 10^{-5}} = 5,56 \cdot 10^{-10}$

Disociación: $NH_4Cl \rightarrow NH_4^+ + Cl^-$

El ión NH_4^+ procede del NH_3 (base débil). Por ello reaccionará con el H_2O y bajando el pH de la disolución.

$NH_4^+ + H_2O \rightleftarrows NH_3 + H_3O^+$

Ácidos:
$K_a(CH_3COOH) = 1,8 \cdot 10^{-5}$
$K_h(NH_4Cl) = 5,56 \cdot 10^{-10}$
Neutro: $NaCl$
Bases:
$K_h(CH_3COONa) = 5,56 \cdot 10^{-10}$
$K_b(NH_3) = 1,8 \cdot 10^{-5}$

Por tanto:
$pH(CH_3COOH) < pH(NH_4Cl) < pH(NaCl) < pH(CH_3COONa) < pH(NH_3)$

Química general

← Acidez   Neutro   Basicidad →

14.6.1 Constante de acidez K_a

La <u>fuerza relativa de los ácidos en disolución acuosa</u> se puede deducir observando sus constantes de ionización. Cuando un ácido cualquiera HA se halla en disolución acuosa, se establece el siguiente equilibrio:

$$HA + H_2O \rightleftharpoons A^- + H_3O^+$$

Si aplicamos la ley de acción de masas a dicho equilibrio, obtenemos la siguiente expresión:

$$K_c = \frac{[A^-] \cdot [H_3O^+]}{[HA] \cdot [H_2O]}$$

La concentración de agua en disoluciones diluidas y poco disociadas permanece prácticamente constante, $[H_2O]$ = 55,5 mol/L, al variar la concentración de ácido. Por tanto, podemos incluir este valor dentro de la constante de equilibrio:

$$K_a = K_c \cdot [H_2O] = \frac{[A^-] \cdot [H_3O^+]}{[HA]}$$

La constante K_a característica del ácido se llama **constante de ionización** o **constante de acidez**. Como otras constantes de equilibrio, sólo depende de la temperatura.

El valor de la constante de ionización K_a de un ácido indica el grado en que se produce la transferencia de protones entre el ácido y el agua.

> Un ácido será más fuerte cuanto mayor sea sea su constante de ionización K_a.
> Un ácido será más débil cuanto menor sea sea su constante de ionización K_a

pK_a se define como:

$$pK_a = -\log K_a$$

Cuando reaccionan entre sí dos ácidos, la especie que se comporta como ácido será aquella que tenga mayor K_a.

Química general

EJERCICIO 14.4

Calcular el pH y el grado de disociación de una disolución 0,05M de ácido benzóico si su $K_{a(C6H5COOH)} = 6,5 \cdot 10^{-5}$.

Reacción de disociación:

$$C_6H_5COOH + H_2O \rightleftharpoons C_6H_5COO^- + H_3O^+$$

Inicial	0,05M	0	0
En equilibrio	0,05 − x	x	x

$$K_a = \frac{[C_6H_5COO^-]\cdot[H_3\cdot O^+]}{[C_6tH_5COOH]} = \frac{x^2}{0,05-x} \approx \frac{x^2}{0,05} = 6,5\cdot10^{-3}M$$

La aproximación 0,05 − x = 0,05 puede realizarse para valodre de $k_a \leq 10^{-5}$. En este caso se considera que la cantidad que se disocia x es despreciable respecto con la concentración inicia C_0 del ácido.

$x^2 = 0,05 \cdot 6,5 \cdot 10^{-3}$

$x = \sqrt{0,05 \cdot (6,5\cdot 10^{-3})} = 1,80\cdot 10^{-3} M$

Cálculo del *pH*:

pH = -log[H_3O^+] = -log(1,80·10^{-3}) = 2,74

Cálculo del grado de disociación *α*:

$$\alpha = \frac{x}{C_0} = \frac{Concentración\ disociada}{Concentración\ inicial} = \frac{1,80\cdot 10^{-3}}{0,05} = 0,036$$

Por tanto el ácido benzoico está disociado un 3,6%

14.6.2 Constante de basicidad K_b

La fuerza relativa de las bases en disolución acuosa se puede deducir observando sus constantes de ionización. Cuando una base cualquiera B se halla en disolución acuosa, se establece el siguiente equilibrio:

$$B + H_2O \rightleftharpoons BH^+ + OH^-$$

$$BOH \rightleftharpoons B^+ + OH^-$$

Si aplicamos la ley de acción de masas a dicho equilibrio, obtenemos la siguiente expresión:

$$K_c = \frac{[BH^+] \cdot [OH^-]}{[B] \cdot [H_2O]}$$

La concentración de agua en disoluciones diluidas y poco disociadas permanece prácticamente constante, $[H_2O] = 55{,}5$ mol/L, al variar la concentración de ácido. Por tanto, podemos incluir este valor dentro de la constante de equilibrio:

$$K_b = K_c \cdot [H_2O] = \frac{[BH^+] \cdot [OH^-]}{[B]}$$

La constante K_b característica de la base se llama **constante de ionización** o **constante de basicidad**. Como otras constantes de equilibrio, sólo depende de la temperatura.

El valor de la constante de ionización K_b de una base indica el grado en que se produce la transferencia de protones entre el agua y la base.

> Una base será más fuerte cuanto mayor sea sea su constante de ionización K_b.
> Una base será más débil cuanto menos sea sea su constante de ionización K_b.

pK_b se define como:

$$pK_b = -\log K_b$$

> **EJERCICIO 14.5**
>
> *Calcular la constante de basicidad del amoniaco y el pH de una disolución acuosa de amoniaco a 25°C que contiene 0,17 g de amoniaco por litro y está disociado un 4,3%.*
>
> Cálculo de la concentración inicial del amoniaco:
>
> $$\frac{0,17\,g \cdot NH_3}{1\,L\,disolución} \cdot \frac{1\,mol \cdot NH_3}{17\,g \cdot NH_3} = 0,01\ M\ NH_3$$
>
> Reacción de disociación:
>
> $$NH_3 + H_2O \rightleftarrows NH_4^+ + OH^-$$
>
> Inicial   0,01M   0   0
> En equilibrio   0,01 − x   x   x
>
> Cálculo de [OH⁻]
>
> Una disociación del 4,3% del amoniaco equivale a $\alpha = 0,043$
>
> $$\alpha = \frac{x}{C_0} = \frac{Concentración\ disociada}{Concentración\ inicial}$$
>
> $x = C_0 \cdot \alpha = 0,01 \cdot 0,043 = 4,3 \cdot 10^{-4}$ M
>
> $[OH^-] = 4,3 \cdot 10^{-4}$ M
>
> Cálculo del *pH*
>
> $pOH = -\log[OH^-] = -\log(4,3 \cdot 10^{-4}) = 3,36$
>
> $pH = 14 - pOH = 14 - 3,36 = 10,63$

14.6.3 Relación entre las constante K_a y K_b

Entre la constante de acidez K_a de un ácido y la constante de basicidad K_b de su base conjugada se establece la siguiente relación:

$$K_w = K_a \cdot K_b = 10^{-14} \quad \text{a 25°C}$$

Por tanto, cuanto más fuerte sea un ácido o una base más débil será su conjugado correspondiente.

14.6.4 Ácido fuerte

En una disolución en H_2O un ácido fuerte se disocia completamente aportando mayoritariamente la $[H_3O^+]$ debido a que inhibe la autoionización del H_2O. Por tanto, la $[H_3O^+]$ debida a la autoionización del H_2O será inferior a 10^{-7} M.

EJEMPLO

$$HCl + H_2O \rightarrow Cl^- + H_3O^+$$

$$H_2O + H_2O \leftarrow OH^- + H_3O^+$$

14.6.5 Base fuerte

En una disolución en H_2O una base fuerte se disocia completamente aportando mayoritariamente la $[OH^-]$ debido a que inhibe la autoionización del H_2O. Por tanto, la $[OH^-]$ debida a la autoionización del H_2O será inferior a 10^{-7} M.

EJEMPLO

$$NaOH + H_2O \rightarrow Na^+ + OH^- + H_2O$$

$$H_2O + H_2O \leftarrow OH^- + H_3O^+$$

14.6.6 Ácido débil

Al añadir una cierta cantidad de un ácido AH al H_2O se establecerán simultáneamente los siguientes equilibrios:

$$HA + H_2O \rightleftarrows A^- + H_3O^+$$
$$H_2O + H_2O \rightleftarrows OH^- + H_3O^+$$

Deseamos conocer la concentración de todas las sustancias presentes en la disolución. Por tanto hay que calcular: $[HA]$, $[A^-]$, $[H_2O]$, $[H_3O^+]$ y $[OH^-]$.

Si suponemos que la disolución del ácido HA en el H_2O es muy diluida, entonces puede considerarse que $[H_2O]$ = 55,5 moles/L.

Por tanto, queda por saber el valor de las siguientes 4 incógnitas: $[HA]$, $[A^-]$, $[H_3O^+]$ y OH^-.

Para ello, hay que plantear 4 ecuaciones que puedan resolverse simultáneamente.

Química general

Como sabemos, todo equilibrio químico debe cumplir el postulado de la ley de conservación de la masa. Por tanto:

ecuación 1ª:

$$K_a = K_c \cdot [H_2O] = \frac{[A^-] \cdot [H_3O^+]}{[HA]}$$

ecuación 2ª:

$$K_w = [OH^-] \cdot [H_3O^+] = 1{,}0 \cdot 10^{-14}$$

ecuación 3ª:

$$[HA]_0 = [HA] + [A^-]$$

siendo $[HA]_0$ la concentración inicial de ácido.

Como sabemos, en todo equilibrio químico se conserva la carga total. Por tanto:

ecuación 4ª:

$$[H_3O^+] = [A^-] + [OH^-]$$

Procedemos a resolver las incógnitas.

En la ecuación 2ª despejamos $[OH^-]$:

$$[OH^-] = \frac{K_w}{[H_3O^+]} \qquad \text{ecuación 5ª}$$

y sustituimos el valor de $[OH^-]$ en la ecuación 4ª:

$$[H_3O^+] = [A^-] + [OH^-] = [A^-] + \frac{K_w}{[H_3O^+]}$$

despejamos el valor de $[A^-]$:

$$[A^-] = [H_3O^+] - \frac{K_w}{[H_3O^+]} \qquad \text{ecuación 6ª}$$

sustituimos el valor de $[A^-]$ en la ecuación 3ª, obteniendo:

$$[HA]_0 = [HA] + [A^-] = [HA] + [H_3O^+] - \frac{K_w}{[H_3O^+]}$$

despejamos el valor de $[HA]$:

Química general

$$[HA] = [HA]_0 - [H_3O^+] + \frac{K_w}{[H_3O^+]} \quad \text{ecuación 7}^a$$

Sustituimos el valor de [A⁻] obtenido en la ecuación 6ª y el valor de [HA] obtenido en la ecuación 7ª en la ecuación 1ª obteniendo:

$$K_a = \frac{([H_3O^+] - \frac{K_w}{[H_3 \cdot O^+]})[H_3O^+]}{[HA]_0 - [H_3O^+] + \frac{K_w}{[H_3O^+]}} \quad \text{ecuación 8}^a$$

En resumen:
- El valor de [H_3O^+] y el pH pueden calcularse utilizando la ecuación 8ª.
- El valor de [OH^-] puede calcularse utilizando la ecuación 5ª.
- El valor de [A^-] puede calcularse utilizando la ecuación 6ª.
- El valor de [HA] puede calcularse utilizando la ecuación 7ª.

La ecuación 8 puede simplificarse en base a las siguientes dos suposiciones:

a) Debido a la disociación del ácido débil *HA* y a que la concentración de iones hidronio H_3O^+ debida a su disociación es > 10^{-6} *M*, se produce la retrogradación de la disociación del H_2O, según el principio de *Le Chatelier*. Por tanto, se supone despreciable la autoionización del H_2O y consecuentemente la concentración iones hidronio H_3O^+ debida a su disociación es < 10^{-7} *M*.

Consecuentemente, se considera muy pequeño el valor de K_w / [H_3O^+] respecto a [H_3O^+] > 10^{-6} *M*. lo que permite eliminar el cociente K_w / [H_3O^+] en la ecuación 8.

b) La disociación del ácido débil *HA* es muy pequeña comparada con su concentración inicial [HA]$_0$

Consecuentemente, la cantidad de HA disociada x es despreciable frente a [HA]$_0$ lo que permite: [HA]$_0$ - [H_3O^+] ≈ [HA]$_0$

En base a las suposiciones a) y b) la ecuación 8 queda simplificado de la siguiente manera:

$$K_a = \frac{[H_3O^+]^2}{[HA]_0} \quad \text{ecuación 9}^a$$

$$[H_3O^+] = \sqrt[2]{K_a \cdot C_0}$$

donde: C_0 = [HA]$_0$

Química general

Esta simplificación es sólo válida cuando el ácido es débil ($K_a < 10^{-6}$) y concentrada (C_0 grande).

14.6.7 Base débil

Al añadir una cierta cantidad de un base B al H_2O se establecerán simultáneamente los siguientes equilibrios:

$$B + H_2O \rightleftharpoons BH^+ + OH^-$$
$$H_2O + H_2O \rightleftharpoons OH^- + H_3O^+$$

Deseamos conocer la concentración de todas las sustancias presentes en la disolución. Por tanto hay que calcular: $[B]$, $[BH^+]$, $[H_2O]$, $[H_3O^+]$ y $[OH^-]$.

Si suponemos que la disolución de la base B en el H_2O es muy diluida, entonces puede considerarse que $[H_2O] = 55,5$ *mol/L*.

Por tanto, queda por saber el valor de las siguientes 4 incógnitas: $[B]$, $[BH^+]$, $[H_3O^+]$ y OH^-.

Para ello, hay que plantear 4 ecuaciones que puedan resolverse simultáneamente.

Como sabemos, todo equilibrio químico debe cumplir el postulado de la *ley de conservación de la masa*. Por tanto:

ecuación 1ª:

$$K_b = K_c*[H_2O] = \frac{[BH^+]\cdot[OH^-]}{[B]}$$

ecuación 2ª:

$$K_w = [OH^-]\cdot[H_3O^+] = 1,0*10^{-14}$$

ecuación 3ª:

$$[B]_0 = [B] + [BH^+]$$

siendo $[HA]_0$ la concentración inicial de ácido.

Como sabemos, en todo equilibrio químico se conserva la carga total. Por tanto:

ecuación 4ª:

$$[H_3O^+] + [BH^+] = [OH^-]$$

Procedemos a resolver las incógnitas.

En la ecuación 2ª despejamos $[H_3O^+]$:

$$[H_3O^+] = \frac{K_w}{[OH^-]} \quad \text{ecuación 5}^a$$

y sustituimos el valor de [H_3O^+] en la ecuación 4^a:

$$\frac{K_w}{[OH^-]} + [BH^+] = [OH^-]$$

despejamos el valor de [BH^+]:

$$BH^+ = [OH^-] - \frac{K_w}{[OH^-]} \quad \text{ecuación 6}^a$$

sustituimos el valor de [BH^+] en la ecuación 3^a, obteniendo:

$$[B]_0 = [B] + [BH^+] = [B] + [OH^-] - \frac{K_w}{[OH^-]}$$

despejamos el valor de [B]:

$$[B] = [B]_0 - [OH^-] + \frac{K_w}{[OH^-]} \quad \text{ecuación 7}^a$$

Sustituimos el valor de [BH^+] obtenido en la ecuación 6^a y el valor de [B] obtenido en la ecuación 7^a en la ecuación 1ª obteniendo:

$$K_b = \frac{([OH^-] - \frac{K_w}{[OH^-]}) \cdot [OH^-]}{[B]_0 - [OH^-] + \frac{K_w}{[OH^-]}} \quad \text{ecuación 8}^a$$

En resumen:
- El valor de [OH^-] y el pOH pueden calcularse utilizando la ecuación 8^a.
- El valor de [H_3O^+] puede calcularse utilizando la ecuación 5^a.
- El valor de [BH^+] puede calcularse utilizando la ecuación 6^a.
- El valor de [B] puede calcularse utilizando la ecuación 7^a.

La ecuación 8 puede simplificarse en base a las siguientes dos suposiciones:
a) Debido a la disociación de la base débil B y a que la concentración de iones hidroxido OH^- debida a su disociación es > 10^{-6} M, se produce la retrogradación de la disociación del H_2O, según el principio de *Le Chatelier*. Por tanto, <u>se supone</u>

despreciable la autoionización del H_2O y consecuentemente la concentración iones hidróxido OH^- debida a su disociación es $< 10^{-7}$ M.

Consecuentemente, se considera muy pequeño el valor de $K_w / [OH^-]$ respecto a $[OH^-] > 10^{-6}$ M. lo que permite eliminar el cociente $K_w / [OH^-]$ en la ecuación 8.

b) La disociación de la base débil B es muy pequeña comparada con su concentración inicial $[B]_0$

Consecuentemente, la cantidad de BH^+ disociada x es despreciable frente a $[B]_0$ lo que permite: $[B]_0 - [OH^-] \approx [B]_0$

En base a las suposiciones a) y b) la ecuación 8 queda simplificado de la siguiente manera:

$$K_b = \frac{[OH^-]^2}{[B]_0} \qquad \text{ecuación 9a}$$

$$[OH^-] = \sqrt[2]{K_b \cdot C_0}$$

donde: $C_0 = [B]_0$

Esta simplificación es sólo válida cuando la base es débil ($K_b < 10^{-6}$) y concentrada (C_0 grande).

14.7 Ácido polipróticos

Ácidos polipróticos son los ácidos capaces de ceder dos o más protones.

La ionización de los ácidos polipróticos tiene lugar mediante reacciones sucesivas en cada una de las cuales se ioniza un protón. La base conjugada de cada reacción parcial se convierte en el ácido conjugado de la reacción parcial siguiente.

Si alguna de estas reacciones no es completa, se produce un equilibrio con su propia constante de ionización característica.

En los ácidos inorgánicos el valor de la constante de ionización decrece conforme progresa la ionización sucesiva de los iones H^+.

EJEMPLO

$$H_2S + H_2O \rightleftharpoons H_3O^+ + HS^- \quad K_1 = 9,5 \cdot 10^{-8}$$
$$HS^- + H_2O \rightleftharpoons H_3O^+ + S^{2-} \quad K_2 = 1,0 \cdot 10^{-12}$$

14.8 Disolventes niveladores y diferenciadores

14.8.1 Efecto nivelador del disolvente

El efecto nivelador o nivelación del solvente se refiere al efecto del solvente sobre las propiedades de los ácidos y las bases.

La fuerza de un ácido fuerte está limitada ("nivelada") por la basicidad del disolvente. De manera similar, la fuerza de una base fuerte se nivela con la acidez del solvente.

Cualquier ácido *HA* que sea un donador de protones más fuerte que el H_3O^+ dará su protón a la molécula de H_2O, por lo que estará completamente disociado en el agua.

El ácido más fuerte que puede existir en agua es el H_3O^+.

El mismo efecto nivelador del H_2O se aplica a las bases. Así por ejemplo, aunque la amida de sodio (*NaNH₂*) es una base excepcional (pK_a de $NH_3 \sim 33$), en el agua es tan buena como el hidróxido de sodio (*NaOH*).

En el agua, todos los ácidos más fuertes que H_3O^+ son nivelados a la fuerza de éste y las bases más fuertes que OH^- son niveladas a la fuerza de ésta.

La base más fuerte que puede existir en agua es el OH^-.

14.8.2 Efecto diferenciador del disolvente

En un disolvente diferenciador, por otro lado, varios ácidos se disocian en diferentes grados y, por lo tanto, tienen diferentes concentraciones.

Si queremos medir la fuerza relativa de los ácidos que son fuertes en el agua debemos escoger un disolvente más ácido que el agua, por ejemplo el ácido acético.

Si queremos medir la fuerza relativa de las bases que son fuertes en agua, debemos escoger un disolvente más básico que el agua, por ejemplo el amoniaco.

En la siguiente figura se recoge una escala relativa de fuerza de ácidos y de bases. Sólo las especies que están dentro del rango de estabilidad para cada disolvente pueden existir como tales en el disolvente señalado. Así no pueden existir en agua sustancias como *HCl* (se ioniza totalmente en Cl^- y H_3O^+), NH_2^- (reacciona totalmente con H_2O para dar NH_3 y OH^-, o O^{2-} (reacciona totalmente con H_2O para dar OH^-).

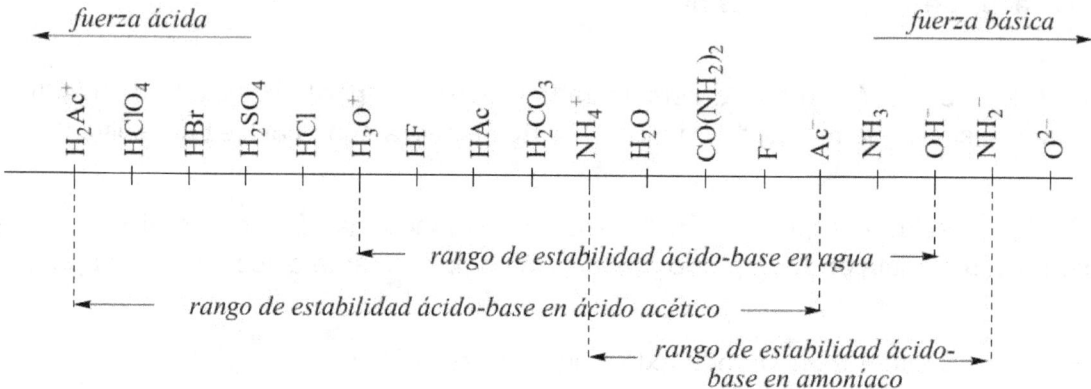

Figura 14.1. Efecto nivelador del disolvente

Las bases fuertes son solventes niveladores para ácidos, las bases débiles son solventes diferenciadores para ácidos.

14.9 Reacción ácido-base o reacción de neutralización

Reacción de neutralización es la reacción completa de un ácido con una base en disolución acuosa para generar una sal y H_2O.

$$\text{ÁCIDO FUERTE} + \text{BASE FUERTE} \rightarrow \text{SAL} + H_2O$$

La sal resultante de reaccionar un ácido fuerte con una base fuerte (reacción de neutralización) no experimentará hidrólisis y no modificará el *pH*.

EJEMPLO

$$HCl + NaOH \rightarrow NaCl + H_2O$$

En función de la relación estequiométrica existente entre el ácido y la base fuertes reaccionantes, existen las siguientes posibilidades:

- Cuando el ácido y la base fuertes están en las **mismas cantidades estequiométricas**, todo el ácido fuerte es neutralizado por toda la base fuerte y la disolución resultante tiene un $pH = 7$.

- Cuando el ácido y la base fuertes están en **distintas cantidades estequiométricas**, uno de los reactivos (ácido o base) quedará sin reaccionar aportando iones H_3O^+ (si el reactivo en exceso es el ácido) o iones OH^- (si el reactivo en exceso es la base) lo cual modificará el pH de la disolución resultante y determinará su valor final.

14.10   Valoración ácido-base

Una **valoración ácido-base** es una técnica de análisis que permite determinar la concentración de una disolución a partir de su reacción ácido-base con otra disolución de concentración conocida.

El **punto de equivalencia** o **punto estequiométrico** de una reacción química se produce durante una valoración química cuando la cantidad de sustancia valorante agregada es estequiométricamente equivalente a la cantidad presente del analito o sustancia a analizar en la muestra, es decir reacciona exactamente con ella.

El punto de equivalencia de una valoración ácido-base se alcanza cuando todo el ácido fuerte ha reaccionado con toda la base fuerte y el número de moles de iones H_3O^+ procedentes del ácido fuerte neutraliza el número de moles de OH^- procedentes de la base fuerte.

> Si durante la valoración de un ácido y base fuerte, reaccionan las mismas cantidades estequiométricas de ambos, no quedará ácido o base fuerte sin reaccionar y por tanto el pH del punto de equivalencia será 7. Es decir, resultará una disolución neutra.

Química general

Si durante la valoración de un ácido y base fuerte, reaccionan distintas cantidades estequiométricas de ambos, una vez llevada a cabo la reacción de neutralización, quedará una cantidad de ácido o base sin neutralizar. Esta cantidad de ácido o base sin neutralizar aportará iones H_3O^+ o iones OH^- que modificarán y determinarán el pH final de la disolución.

EJERCICIO 14.6

Calcular el volumen de una disolución 2 M de NaOH necesario para neutralizar 25 mL de una disolución 0,5 M de HNO_3. Calcular el pH en el punto de equivalencia.

Reacción de neutralización:
$$NaOH + HNO_3 \rightarrow NaNO_3 + H_2O$$
Estequiometría: 1   1

Por tanto, 1 *mol* NaOH reacciona con 1 *mol* HNO_3

$0,5\ M \cdot 0,025\ L = 2M \cdot V$

$V = (0,5 \cdot 0,025)/2 = 6,25 \cdot 10^{-3}\ L$

EJERCICIO 14.7

Calcular el pH de la disolución que resulta al mezclar 200 mL de $Ba(OH)_2$ 0,2 M con 100 mL de una disolución acuosa de HCl 0,3 M. Suponer volúmenes aditivos.

Reacción de neutralización:
$$2HCl + Ba(OH)_2 \rightarrow BaCl_2 + 2H_2O$$
Estequiometría: 2   1

Por tanto, 2 *mol* HCl reaccionan con 1 *mol* $Ba(OH)_2$.

$$2HCl + Ba(OH)_2 \rightarrow BaCl_2 + 2H_2O$$
Estequiometría: 2   1
Inicial: $0,1\ L \cdot 0,3\ M$ $0,2\ L \cdot 0,2\ M$
               0,03 *mol*   0,04 *mol*
Reacciona: 0,03 *mol*   0,15 *mol* (= 0,03/2)

Pon tanto, una vez haya reaccionado todo el HCl con el $Ba(OH)_2$ todavía quedará sin reaccionar 0,025 mol de $Ba(OH)_2$.

Concentración de $Ba(OH)_2$ en exceso y sin reaccionar:

$$[Ba(OH)_2] = \frac{0,025\,mol}{0,2\,L + 0,1\,L} = 0,083\ M\ Ba(OH)_2$$

Disociación del $Ba(OH)_2$ en H_2O:

$$Ba(OH)_2 + H_2O \rightarrow Ba^{2+} + 2OH^-$$

Estequiometría: 1   2
Inicial: 0,083 M
Final: 2 · 0,083 M

pH final de la disolución:

$pOH = -\log[OH^-]$ 0 $-\log(2\cdot 0,083) = 0,78$
$pH = 14 - pOH = 14 - 0,78 = 13,22$

14.11 Hidrólisis de sales

Una **reacción de hidrólisis** es cualquier reacción química en la que una sustancia se descompone en dos sustancias más simples al reaccionar con agua.

La **hidrólisis de una sal** es su disociación en H_2O generando un catión y un anión.

Numerosas sales, al disolverse en agua, se comportan como ácidos o bases de *Brönsted-Lowry*, ya que, al menos, uno de los iones (catión y/o anión) que se forman reaccionan con el H_2O aportando un exceso de iones H_3O^+ y/o iones OH^- que modifican el pH resultante de la disolución.

Tipos de sales:
a) Sal de ácido y base fuerte.
b) Sal de ácido fuerte y base débil.
c) Sal de ácido débil y base fuerte.
d) Sal de ácido débil y base débil.

14.11.1 Sal de ácido y base fuerte

Las sales procedentes de ácido fuerte y base fuerte no producen reacción de hidrólisis, por lo que no modifican el pH del H_2O. La disolución resultante siempre es neutra ($pH = 7$).

14.11.2 Sal de ácido fuerte y base débil

El catión procedente de la base débil se hidroliza originando una aumento en [H_3O^+], acidificando la disolución y el pH < 7.

Disociación de la sal: $BA \rightarrow B^+ + A^-$

Reacción de hidrólisis: $B^+ + 2H_2O \rightleftharpoons BOH + H_3O^+$

Si aplicamos la ley de acción de masas a dicho equilibrio, obtenemos la siguiente expresión:

$$K_c = \frac{[BOH]\cdot[H_3\cdot O^+]}{[B^+]\cdot[H_2O]^2}$$

La concentración de agua en disoluciones diluidas y poco disociadas permanece prácticamente constante, [H_2O] = 55,5 mol/L, al variar la concentración de ácido. Por tanto, podemos incluir este valor dentro de la constante de equilibrio:

$$K_h = K_c \cdot [H_2O] = \frac{[BOH]\cdot[H_3O^+]}{[B^+]}$$

donde: K_h es la constante de hidrólisis

si multiplicamos el numerador y denominador por [OH^-], tenemos:

$$K_h = \frac{[BOH]\cdot[H_3O^+]\cdot[OH^-]}{[B^+]\cdot[OH^-]}$$

sabemos que:

$$K_w = [OH^-]\cdot[H_3O^+]$$

$$K_b = \frac{[B^+]\cdot[OH^-]}{[BOH]}$$

Química general

por tanto:

$$K_h = \frac{K_w}{K_b}$$

Grado de hidrólisis: $x = \sqrt{\dfrac{K_h}{c}}$

$pH = 7 + \dfrac{1}{2} \cdot pK_b + \dfrac{1}{2} \cdot \log(c)$

14.11.3 Sal de ácido débil y base fuerte

El anión procedente del ácido débil se hidroliza originando una aumento en [OH⁻], basificando la disolución y el pH > 7.

Disociación de la sal: $BA \rightarrow B^+ + A^-$

Reacción de hidrólisis: $A^- + H_2O \rightleftharpoons HA + OH^-$

Si aplicamos la ley de acción de masas a dicho equilibrio, obtenemos la siguiente expresión:

$$K_c = \frac{[HA]\cdot[OH^-]}{[A^-]\cdot[H_2O]^2}$$

La concentración de agua en disoluciones diluidas y poco disociadas permanece prácticamente constante, $[H_2O] = 55{,}5$ mol/L, al variar la concentración de ácido. Por tanto, podemos incluir este valor dentro de la constante de equilibrio:

$$K_h = K_c \cdot [H_2O] = \frac{[HA]\cdot[OH^-]}{[A^-]}$$

donde: K_h es la constante de hidrólisis

si multiplicamos el numerador y denominador por [H₃O⁺], tenemos:

$$K_h = \frac{[HA]\cdot[OH^-]\cdot[H_3O^+]}{[A^-]\cdot[H_3O^+]}$$

sabemos que:

$$K_w = [OH^-] \cdot [H_3O^+]$$

$$K_a = \frac{[A^-] \cdot [H_3O^+]}{[HA]}$$

por tanto:

$$K_h = \frac{K_w}{K_a}$$

Grado de hidrólisis: $x = \sqrt{\dfrac{K_h}{c}}$

$$pH = 7 + \frac{1}{2} \cdot pK_a + \frac{1}{2} \cdot \log(c)$$

14.11.4 Sal de un ácido débil y una base débil

En la disolución de una sal procedente de la reacción de un ácido débil y una base débil, tanto el anión como el catión sufren hidrólisis y podrán presentar carácter ácido, básico o neutro, dependiendo de la fuerza relativa del anión y del catión.

En la hidrólisis de una sal de ácido débil y base débil es imposible determinar el carácter ácido o básico de la disolución sin conocer los valores de las respectivas constantes de ionización (K_a y K_b). De forma cualitativa, podemos hacer algunas predicciones:

- **$K_b > K_a$**. La disolución resultante será básica ($pH > 7$) por que el catión se hidroliza más que el anión originando que $[OH^-] > [H^+]$.

- **$K_a > K_b$**. La disolución resultante será ácida ($pH < 7$) por que el anión se hidroliza más que el catión originando que $[H^+] > [OH^-]$.

- **$K_a = K_b$**. La disolución resultante será neutra o casi neutra ($pH = 7$) porque ambos iones (catión y anión) se hidrolizan en el mismo grado.

Disociación de la sal: $BA \rightarrow B^+ + A^-$

Hidrólisis de la sal: $B^+ + A^- + H_2O \rightleftarrows HA + BOH$

$$K_h = \frac{[HA] \cdot [BOH]}{[B^+] \cdot [A^-]} = \frac{k_w}{k_a \cdot k_b}$$

$$pH = 7 + \frac{1}{2} \cdot pK_a + \frac{1}{2} \cdot pK_b$$

14.12 Disolución reguladora o amortiguadora

Las disoluciones que están formadas por ácidos débiles y una de sus sales (que provenga de una base fuerte) o bases débiles y una de sus sales (que provenga de un ácido fuerte), se denominan **disoluciones reguladoras o amortiguadoras**.

Las disoluciones reguladoras o amortiguadoras presentan gran resistencia a variar la concentración de iones H_3O^+, y por lo tanto el pH, incluso añadiendo pequeñas cantidades de ácido o de base, que sobre el agua pura modificarían varias unidades el pH de la misma.

Las disoluciones amortiguadoras tienen aplicación en procesos de análisis químico en los que se precisen condiciones constantes de pH, y gran importancia en los procesos bioquímicos de los organismos vivos.

Por tanto, en una disolución amortiguadora en agua tenemos un ácido débil (HA) una de sus sales (NaA).

Al añadir una cierta cantidad de un ácido AH y su sal NaA al H_2O se establecerán simultáneamente los siguientes equilibrios:

$$HA + H_2O \rightleftarrows A^- + H_3O^+$$

$$NaA + H_2O \rightleftarrows A^- + Na^+ + H_3O^+$$

$$H_2O + H_2O \rightleftarrows OH^- + H_3O^+$$

Deseamos conocer la concentración de todas las sustancias presentes en la disolución. Por tanto hay que calcular: [HA], [A^-], [$Na+$], [H_2O], [H_3O^+] y [OH^-].

Si suponemos que la disolución del ácido HA en el H_2O es muy diluida, entonces puede considerarse que [H_2O] = 55,5 mol/L.

Por tanto, queda por saber el valor de las siguientes 4 incógnitas: [HA], [A^-], [H_3O^+] y OH^-. Para ello, hay que plantear 4 ecuaciones que puedan resolverse simultáneamente.

Química general

Como sabemos, todo equilibrio químico debe cumplir el postulado de la *ley de conservación de la masa*. Por tanto:

ecuación 1ª:

$$K_a = K_c \cdot [H_2O] = \frac{[A^-]\cdot[H_3O^+]}{[HA]}$$

ecuación 2ª:

$$K_w = [OH^-]\cdot[H_3O^+] = 1{,}0\cdot10^{-14}$$

ecuación 3ª:

$$[HA]_0 + [NaA]_0 = [HA] + [A^-]$$

siendo $[HA]_0$ la concentración inicial de ácido.

Como sabemos, en todo equilibrio químico se conserva la carga total. Por tanto:

ecuación 4ª:

$$[H_3O^+] + [Na^+] = [A^-] + [OH^-]$$

Procedemos a resolver las incógnitas.

En la ecuación 4ª despejamos $[A^-]$:

$$[A^-] = [H_3O^+] + [Na^+] - [OH^-] \quad \text{ecuación 5ª}$$

y sustituimos el valor de $[A^-]$ en la ecuación 3ª:

$$[HA]_0 + [NaA]_0 = [HA] + [A^-] = [HA] + [H_3O^+] + [Na^+] - [OH^-]$$

despejamos el valor de $[HA]$:

$$[HA] = [HA]_0 + [NaA]_0 - [H_3O^+] - [Na^+] + [OH^-] \quad \text{ecuación 6ª}$$

Como la $[Na^+] = [NaA]_0$, la ecuación 6ª, queda:

$$[HA] = [HA]_0 + [NaA]_0 - [H_3O^+] - [Na^+] + [OH^-] =$$

Química general

$$= [HA]_0 + [Na^+] - [H_3O^+] - [Na^+] + [OH^-] = [HA]_0 - [H_3O^+] + [OH^-] \quad \text{ecuación 7ª}$$

Sustituyendo el valor de [A⁻] obtenido en la ecuación 5ª y el valor de [HA] obtenido en la ecuación 7ª en la ecuación 1ª, obtenemos:

$$K_a = \frac{([Na^+]+[H_3O^+]-[OH^-])\cdot[H_3O^+]}{[AH]_0-[H_3O^+]+[OH^-]} \quad \text{ecuación 8ª}$$

Por la ecuación 2ª sabemos que:

$$[OH^-] = \frac{K_w}{[H_3O^+]}$$

sustituyendo el valor de [OH⁻] e la ecuación 8ª, obtenemos:

$$K_a = \frac{([Na^+]+[H_3O^+]-\frac{K_w}{[H_3O^+]})\cdot[H_3O^+]}{[AH]_0-[H_3O^+]+\frac{K_w}{[H_3O^+]}} \quad \text{ecuación 9ª}$$

Pueden realizarse ciertas suposiciones si tanto la concentración inicial de ácido débil [HA]₀ como la concentración inicial de la sal [NaA]₀ son bastante mayores que la concentración de los iones hidronio [H₃O⁺] en el equilibrio. En tal caso:

$$[H_3O^+] - \frac{K_w}{[H_3O^+]} \quad \text{puede despreciarse frente a [Na⁺]}$$

y

$$-[H_3O^+] + \frac{K_w}{[H_3O^+]} \quad \text{puede despreciarse frente a [HA]₀}$$

de tal manera que la ecuación ecuación 9ª queda simplificada a:

$$K_a = \frac{[Na^+]\cdot[H_3O^+]}{[HA]_0} = \frac{[Sal]\cdot[H_3O^+]}{[Ácido]}$$

Química general

Despejando la concentración de los iones hidronio, tenemos:

$$[H_3O^+] = K_a \cdot \left(\frac{[\text{Ácido}]}{[\text{Sal}]}\right)$$

y tomando logaritmos cambiados de signo, tenemos:

$$pH = pK_a + \log\left(\frac{[\text{Sal}]}{[\text{Ácido}]}\right)$$

EJEMPLO

Calcular el *pH* de una solución reguladora formada por 0,1 *M* de ácido acético y 0,1 *M* de acetato sódico, siendo $K_a = 1{,}76 \cdot 10^{-5}$

$$CH_3COOH + H_2O \rightleftarrows CH_3COO^- + H_3O^+$$

$$CH_3COONa \rightarrow CH_3COO^- + Na^+$$

$$pH = pK_a + \log\left(\frac{[\text{Sal}]}{[\text{Ácido}]}\right) = -\log 1{,}76 \cdot 10^{-5} + \log\left(\frac{0{,}1}{0{,}1}\right) = 4{,}75$$

14.13 Indicadores ácido-base

Un **indicador** es una sustancia que nos permite conocer de forma aproximada el pH de una disolución acuosa.

Desde un punto de vista químico, se trata normalmente de un ácido débil que tiene diferente color en su forma ácida (ácido sin disociar), y su forma básica (ácido disociado).

Cuando añadimos algunas gotas de un indicador a una disolución acuosa, se produce inmediatamente la disociación del mismo, que se puede representar por:

$$InH + H_2O \rightarrow In^- + H_3O^+$$

$$K_a = K_c \cdot [H_2O] = \frac{[In^-] \cdot [H_3O^+]}{[InH]}$$

$$[H_3O^+] = K_a \cdot \left(\frac{[InH]}{[In^-]}\right)$$

Química general

$$pH = pK_a + \log\left(\frac{[In^-]}{[InH]}\right)$$

Si la disolución es ácida, al existir una elevada concentración de H3O+, el equilibrio anterior se desplaza hacia la izquierda, consumiéndose la forma básica del indicador (In^-) y apareciendo más forma ácida (*InH*). La disolución se volverá del color de la forma ácida si ésta predomina lo suficiente.

Si la disolución es básica, el equilibrio del indicador se desplaza hacia la derecha porque los iones H_3O^+ se irían consumiendo al reaccionar con los OH^- que deben abundar en el medio. Con esto, la disolución adquiere el color de la forma básica.

Existe un intervalo de *pH* en el cual no predomina de forma suficiente ninguna de las dos formas y no podemos distinguir el color con precisión. Se estima que para que el ojo humano pueda apreciar un color en una mezcla de estos, es necesario que este en una proporción de 1:10 (al menos).

Uno de los dos colores del indicador es apreciable cuando la concentración de esa forma del indicador es aproximadamente 10 veces mayor que la otra:

$$[InH] > 10[In^-] \text{ o } [In^-] > 10[InH]$$

Indicador	Color ácido. *InH*	Color básico *In*⁻	Intervalo de viraje, en pH
Violeta de metilo	Amarillo	Violeta	0,0 – 2.0
Amarillo de metilo	Rojo	Amarillo	2,0 – 4.0
Azul de bromofenol	Amarillo	Violeta	3.0 - 4.6
Rojo metilo	Rojo	Amarillo	4,2 – 6.3
Tornaso	Rojo	Azul	6,0 – 8,0
Rojo fenol	Amarillo	Rojo	6,8 - 8,4
Fenolftaleina	Incoloro	Rojo	8,0 – 9,5
Timolftaleina	Incoloro	Azul	9,3 – 10,5

Química general

15 Oxidación y reducción

Oxidación es el proceso de ganancia de oxígeno, o pérdida de electrones, o aumento en el número de oxidación positivo de un átomo, ión o molécula.

EJEMPLO

$$Fe \rightarrow Fe^{2+} + 2e^-$$

Reducción es el proceso de pérdida de oxígeno, o ganancia de electrones, o disminución en el número de oxidación de un átomo, ión o molécula.

EJEMPLO

$$Ag^+ + e^- \rightarrow Ag$$

Oxidante o agente oxidante es el átomo, ión o molécula que capta o gana electrones en una reacción química. El agente oxidante se reduce ganando electrones y disminuyendo su número de oxidación.

Reductor o agente oxidante es el átomo, ión o molécula que cede o pierde electrones en una reacción química.

Reacción de oxidación-reducción (**redox**) es aquella en la que un agente (reductor) se oxida al ceder electrones y un agente (oxidante) se reduce al aceptarlos.

$$\text{Reductor}_1 + \text{Oxidante}_2 \rightleftarrows \text{Oxidante}_1 + \text{Reductor}_2$$

15.1 Número de oxidación

El **número** o **estado de oxidación** de un átomo en una entidad molecular es un número positivo o negativo que representa la carga que quedaría en el átomo si los pares electrónicos de cada enlace que forma se asignaran al miembro más electronegativo.

Química general

El número de oxidación de un elemento varía según el tipo de compuesto en el que interviene.

Convencionalmente se admite que:
a) El número de oxidación de un ion simple coincide con su carga.
b) En un elemento, el número de oxidación de los átomos es cero.
c) La suma de los números de oxidación de los átomos que constituyen un compuesto, multiplicados por los correspondientes subíndices, es cero en los compuestos neutros y el número de carga en los iones.

> La variación en el número de oxidación permite identificar los elementos que se oxidan o reducen. De forma que:
> Los elementos que aumentan su número de oxidación se han oxidado.
> Los elementos que disminuyen su número de oxidación se han reducido.

Reglas para asignar los números de oxidación de los elementos:
- A los elementos en estado libre se les asigna el número de oxidación 0. Ejemplo: *Na, Cu, Mg, H_2, O_2, Cl_2, N_2*.
- El número de oxidación del hidrógeno (*H*) cuando está combinado con otro elemento es de +1, excepto en los hidruros metálicos (compuestos formados por *H* y algún metal), en los que es de -1 (p. ej., *NaH*, *CaH_2*).
- El número de oxidación del oxígeno (*O*) cuando está combinado con otro elemento es de -2. Excepto en los peróxidos en los que tiene un número de oxidación de -1, y cuando se combina con el flúor (*F*) en cuyo caso su número de oxidación es +2.
- Los metales de los grupos 1 y 2 de la tabla periódica tienen un número de oxidación de +1 y +2, respectivamente.
- Los elementos del grupo 17 de la tabla periódica tienen un número de oxidación de -1.
- En los iones monoatómicos el número de oxidación coincide con la carga del ión.
- En un compuesto neutro la suma algebraica de los números de oxidación multiplicados por los correspondientes subíndices debe ser 0.

EJEMPLO

$$H_2SO_4$$

H: +1

S: +6

O: -2

$(1\cdot 2) + (6\cdot 1) + (-2\cdot 4) = 0$

- En un ión poliatómico, la suma algebraica de los números de oxidación multiplicados por los correspondientes subíndices debe coincidir con la carga del ión.

EJEMPLO

$$MnO_4^-$$

Mn: +7

O: -2

$(1\cdot 7) + (-2\cdot 4) = -1$

15.2 Ajuste de ecuaciones redox por el método del ión-electrón

Una ecuación redox puede ajustarse por el método ión-electrón tanto en medio ácido como en medio básico.

15.2.1 Método a seguir para ajustar una ecuación redox en medio ácido

Método a seguir para ajustar una ecuación redox en medio ácido:

1. <u>Asignar el número de oxidación de todos los elementos</u> que intervienen en la reacción química redox.
2. <u>Escribir las semirreacciones de oxidación y de reducción</u>. Las sales, ácidos y bases se disocian en sus iones. Los compuestos covalentes no se disocian.
3. <u>Ajustar la masa de todos los elementos, excepto el H y O</u>, en las semirreacciones de oxidación y de reducción.
4. <u>Ajustar la masa del H y O</u> en las semirreacciones de oxidación y de reducción, añadiendo H^+ y H_2O respectivamente.
5. <u>Ajustar la carga</u> en las semirreacciones de oxidación y de reducción añadiendo electrones donde corresponda.

Química general

6. <u>Igualar el número de electrones</u> en ambas semirreacciones de oxidación y de reducción. Igualar los electrones cedidos a los ganados.
7. Sumar las semirreacciones de oxidación y de reducción.
8. Simplificar los iones y moléculas a ambos lados de la ecuación iónica ajustada.
9. Ajustar la ecuación molecular al comparar la ecuación inicial sin ajustar con la ecuación iónica ajustada.

EJERCICIO 15.1

Ajustar la siguiente reacción redox en medio ácido:

$$KMnO_4 + KI + H_2SO_4 \rightarrow MnSO_4 + I_2 + K_2SO_4 + H_2O$$

Paso 1

Lado izquierdo:
- K: +1
- Mn: +7
- O: -2
- I: -1
- S: +6

Lado derecho:
- Mn: +2
- I_2: 0

Paso 2

$$MnO_4^- \rightarrow Mn^{2+} \text{ (semirreacción de reducción)}$$
$$I^- \rightarrow I_2 \text{ (semirreacción de oxidación)}$$

Paso 3

$$MnO_4^- \rightarrow Mn^{2+} \text{ (semirreacción de reducción)}$$
$$2I^- \rightarrow I_2 \text{ (semirreacción de oxidación)}$$

Paso 4

$$MnO_4^- + 8H^+ \rightarrow Mn^{2+} + 4H_2O \text{ (semirreacción de reducción)}$$
$$2I^- \rightarrow I_2 \text{ (semirreacción de oxidación)}$$

Paso 5

$$MnO_4^- + 8H^+ + 5e^- \rightarrow Mn^{2+} + 4H_2O \text{ (semirreacción de reducción)}$$
$$2I^- \rightarrow I_2 + 2e^- \text{ (semirreacción de oxidación)}$$

Paso 6

$$2*(M_nO_4^- + 8H^+ + 5e^- \rightarrow M_n^{2+} + 4H_2O)$$
$$5 \cdot (2I^- \rightarrow I_2 + 2e^-)$$

Paso 7

$$2M_nO_4^- + 16H^+ + 10I^- + 10e^- \rightarrow 2M_n^{2+} + 8H_2O + 5I_2 + 10e^-$$

Paso 8

$$2M_nO_4^- + 16H^+ + 10I^- + \cancel{10e^-} \rightarrow 2M_n^{2+} + 8H_2O + 5I_2 + \cancel{10e^-}$$

Paso 9

$$KM_nO_4 + KI + H_2SO_4 \rightarrow M_nSO_4 + I_2 + K_2SO_4 + H_2O$$
$$2M_nO_4^- + 10I^- + 16H^+ \rightarrow 2M_n^{2+} + 8H_2O + 5I_2$$

$$2M_nO_4^- + 16H^+ + 10I^- \rightarrow 2M_n^{2+} + 8H_2O + 5I_2$$
$$2KM_nO_4 + 10KI + 8H_2SO_4 \rightarrow 2M_nSO_4 + 5I_2 + 6K_2SO_4 + 8H_2O$$

15.2.2 Método a seguir para ajustar una ecuación redox en medio básico

Método a seguir para ajustar una ecuación redox en medio básico:

1. <u>Asignar el número de oxidación de todos los elementos</u> que intervienen en la reacción química redox.

2. <u>Escribir las semirreacciones de oxidación y de reducción</u>. Las sales, ácidos y bases se disocian en sus iones. Los compuestos covalentes no se disocian.

3. <u>Ajustar la masa de todos los elementos, excepto el H y O</u>, en las semirreacciones de oxidación y de reducción.

4. <u>Ajustar la masa del H y O</u> en las semirreacciones de oxidación y de reducción, añadiendo H_2O y OH^- respectivamente. Primero añadir el H_2O en el lado donde hay exceso de O y tantas moléculas como exceso de O haya. Luego compensar añadiendo OH^- donde corresponda.

5. <u>Ajustar la carga</u> en las semirreacciones de oxidación y de reducción añadiendo electrones donde corresponda.

6. <u>Igualar el número de electrones</u> en ambas semirreacciones de oxidación y de reducción. Igualar los electrones cedidos a los ganados.

7. Sumar las semirreacciones de oxidación y de reducción.

8. Simplificar los iones y moléculas a ambos lados de la ecuación iónica ajustada.

9. Ajustar la ecuación molecular al comparar la ecuación inicial sin ajustar con la ecuación iónica ajustada.

Química general

EJERCICIO 15.2

Ajustar la siguiente reacción redox en medio básico:

$$M_nO_2 + KClO_3 + KOH \rightarrow KM_nO_4 + KCl + H_2O$$

Paso 1

Lado izquierdo:

- M_n: +4
- O: -2
- K: +1
- Cl: +5
- H: +1

Lado derecho:

- M_n: +7
- Cl: -1

Paso 2 y 3

$$ClO_3^- \rightarrow Cl^- \text{ (semirreacción de reducción)}$$
$$M_nO_2 \rightarrow M_nO_4^- \text{ (semirreacción de oxidación)}$$

Paso 4

añadir H_2O

$$ClO_3^- + 3H_2O \rightarrow Cl^- \text{ (semirreacción de reducción)}$$
$$M_nO_2 \rightarrow M_nO_4^- + 2H_2O \text{ (semirreacción de oxidación)}$$

añadir OH^-

$$ClO_3^- + 3H_2O \rightarrow Cl^- + 6OH^- \text{ (semirreacción de reducción)}$$
$$M_nO_2 + 4OH^- \rightarrow M_nO_4^- + 2H_2O \text{ (semirreacción de oxidación)}$$

Paso 5

$$ClO_3^- + 3H_2O + 6e^- \rightarrow Cl^- + 6OH^- \text{ (semirreacción de reducción)}$$
$$M_nO_2 + 4OH^- \rightarrow M_nO_4^- + 2H_2O + 3e^- \text{ (semirreacción de oxidación)}$$

Paso 6

$$ClO_3^- + 3H_2O + 6e^- \rightarrow Cl^- + 6OH^- \text{ (semirreacción de reducción)}$$
$$2 \cdot (M_nO_2 + 4OH^- \rightarrow M_nO_4^- + 2H_2O + 3e^-) \text{ (semirreacción de oxidación)}$$

Paso 7

$$2M_nO_2 + 8OH^- + ClO_3^- + 3H_2O + 6e^- \rightarrow 2M_nO_4^- + 4H_2O + 6e^- + Cl^- + 6OH^-$$

Paso 8

$$2M_nO_2 + 2OH^- + ClO_3^- \rightarrow 2M_nO_4^- + H_2O + Cl^-$$

Paso 9

$$M_nO_2 + KClO_3 + KOH \rightarrow KM_nO_4 + KCl + H_2O$$
$$2M_nO_2 + ClO_3^- + 2OH^- \rightarrow 2M_nO_4^- + Cl^- + H_2O$$

$$2M_nO_2 + KClO_3 + 2KOH \rightarrow 2KM_nO_4 + KCl + H_2O$$

15.3 Celda electroquímica

La celda electroquímica consta de dos electrodos sumergidos en una disolución de electrolito y conectados por un conductor. Por el conductor circulan electrones y por la disolución iones

Hay dos tipos fundamentales de celdas y en ambas tiene lugar una reacción redox, y la conversión o transformación de un tipo de energía en otra:

- La **celda galvánica** o **celda voltaica** transforma una reacción química espontánea en una corriente eléctrica, como las pilas y baterías.

- La **celda electrolítica o cuba electrolítica** transforma una corriente eléctrica en una reacción química de oxidación-reducción que no tiene lugar de modo espontáneo. En muchas de estas reacciones se descompone una sustancia química por lo que dicho proceso recibe el nombre de electrólisis. A diferencia de la celda voltaica, en la celda electrolítica, los dos electrodos no necesitan estar separados, por lo que hay un solo recipiente en el que tienen lugar las dos semirreacciones.

Celda de concentración o **pila de concentración** es una celda electroquímica que tiene dos semiceldas equivalentes del mismo electrolito, que solo difieren en las concentraciones.1 Se puede calcular el potencial desarrollado por dicha pila usando la ecuación de Nernst. Una célula de concentración producirá una tensión o voltaje en su intento de alcanzar el equilibrio, que se produce cuando la concentración en las dos semipilas son iguales.

15.4 Pila galvánica

Pila galvánica, pila voltaica o pila electroquímica es la que utiliza una reacción química redox espontánea para producir una corriente eléctrica.

Una pila galvánica consta de dos disoluciones separadas por un tabique poroso, un puente salino o por gravedad. Dentro de cada disolución se introduce un electrodo (una disolución y un electrodo constituye una semipila o semicelda) y los electrodos están conectados mediante un cable conductor.

El electrodo donde se produce la oxidación o generación de electrones se denomina **ánodo** o polo negativo.

El electrodo donde se produce la reducción o captación de electrones se denomina **cátodo** o polo positivo.

La pila *Daniel Zn-Cu* consta de:
- Ánodo: disolución de $ZnSO_4$
- Cátodo: disolución de $CuSO_4$
- Puente salino: disolución saturada de *KCl*. La misión del puente salino es restablecer la neutralidad eléctrica de ambas disoluciones de tal forma que se produce un desplazamiento de los aniones hacia el ánodo para mantener o compensar el déficit aniónico mientras que hacia el cátodo se produce un desplazamiento de los cationes para compensar el déficit catiónico.

Los electrones generados en el ánodo circulan por el cable eléctrico hacia el cátodo.

A través del puente salino: los iones positivos se dirigen al cátodo y los iones negativos se dirigen al ánodo.

Reacción de oxidación en el ánodo:

$$Zn \rightarrow Zn^{2+} + 2e^-$$

Reacción de reducción en el cátodo:

$$Cu^{2+} + 2e^- \rightarrow Cu$$

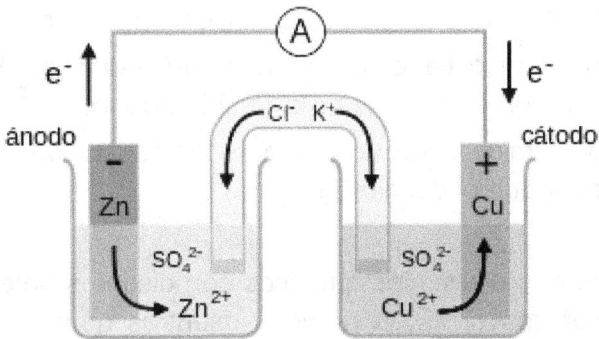

Figura 15.1. Pila de Daniel

15.4.1 Representación de una pila

Para representar una pila se escribe a la izquierda el elemento que se oxida (ánodo) y a la derecha el elemento que se reduce (cátodo). Entre ambos se coloca una doble barra para indicar la separación entre ambos. También se indica el estado de agregación de cada elemento.

Para representar a una pila galvánica se utiliza la siguiente expresión:

$$- Zn(s) \mid Zn^{2+}(ac)\ 1M \parallel Cu^{2+}(ac)\ 1M \mid Cu(s) +$$

$$\text{Ánodo} \qquad\qquad \text{Cátodo}$$

$$\text{Oxidación} \qquad\qquad \text{Reducción}$$

15.4.2 Potencial estándar de reducción E^0

El **potencial estándar de reducción** E^0 es una magnitud que mide la tendencia a reducirse de un elemento químico. Su unidad es el voltio (V).

Las condiciones normales o estándar para determinar el potencial estándar de reducción E^0 son: una temperatura de 25 °C (298,15 K), una presión de 1 *atm* (100 *kPa*) y en una solución acuosa con una concentración de 1 M (1 molar).

El potencial estándar de reducción E^0 se mide por comparación con el que tiene el hidrógeno, elemento escogido como referencia, y al que se re asigna un $E^0\ 2H^+/H^2 = 0$ V.

El potencial estándar de reducción E^0 se utiliza para poder determinar el potencial electroquímico o el potencial de un electrodo de una celda electroquímica o de una celda galvánica.

Química general

Hay potenciales estándar de reducción E^0 positivos y negativos.

- Si un elemento químico tiene un potencial de reducción E^0 positivo es que su potencial de reducción es mayor que el del hidrógeno.
- Si un elemento químico tiene un potencial de reducción E^0 negativo es que su potencial es menor que el del hidrógeno.

Al poner en contacto dos elementos químicos con distintos potenciales de reducción, el elemento químico con mayor E^0 se reducirá mientras que el elemento químico con menor E^0 se oxidará.

EJERCICIO 15.3

Si $E^0(Ag^+/Ag) = 0,80$ V y $E^0(Ni^{2+}/Ni) = -0,25$ V. ¿Qué par actuará como cátodo y cual como ánodo?

$$Ni/Ni^{2+}(ac) \parallel Ag^+(ac)/Ag$$
$$\text{Ánodo} \parallel \text{Cátodo}$$

Porque $E^0(Ag^+/Ag) > E^0(Ni^{2+}/Ni)$

EJERCICIO 15.4

Si $E^0(Zn^{2+}/Zn) = -0,76$ V y $E^0(Fe^{2+}/Fe) = -0,44$ V. ¿Qué par actuará como cátodo y cual como ánodo?

$$Zn/Zn^{2+}(ac) \parallel Fe^{2+}(ac)/Fe$$
$$\text{Ánodo} \parallel \text{Cátodo}$$

Porque $E^0(Fe^{2+}/Fe) > E^0(Zn^{2+}/Zn)$

Ver tabla de potenciales estándar de reducción en el Anexo.

15.4.3 Fuerza electromotriz de una pila

El potencial estándar o fuerza electromotriz de una pila viene dado por la siguiente expresión:

$$E^0_{pila} = E^0_{cátodo} - E^0_{ánodo}$$

siendo: $E^0_{cátodo} > E^0_{ánodo}$

El potencial estándar de reducción E^0 es una magnitud intensiva y no depende de la estequiometría de la semireacción a la que aplica.

Química general

> **EJERCICIO 15.5**
>
> Calcular el potencial estándar de una pila de Daniel, siendo: $E^0(Zn^{2+}/Zn) = -0,76$ V y $E^0(Cu^{2+}/Cu) = 0,34$ V.
>
> $$E^0_{pila} = E^0_{cátodo} - E^0_{ánodo} = 0,34 - (-0,76) = 1,1 \text{ V}$$

15.4.4 Espontaneidad de una reacción redox

Para una reacción redox:

$$\Delta G = -n \cdot F \cdot E^0_{pila}$$

donde:

- ΔG es la variación en la energía libre de Gibbs.
- n es el número de moles de electrones intercambiados.
- F es la constante de *Faraday* y representa la carga de 1 *mol* de electrones. $F = 96500$ C.
- E^0_{pila} es la fuerza electromotriz de la pila.

Si $E^0_{pila} > 0$, entonces $\Delta G < 0$ y la ecuación redox que representa la pila es espontánea.

Si $E^0_{pila} < 0$, entonces $\Delta G > 0$ y la ecuación redox que representa la pila no es espontánea.

Si $E^0_{pila} = 0$, entonces $\Delta G = 0$ y la ecuación redox que representa la pila está en equilibrio.

> **EJERCICIO 15.6**
>
> Teniendo en cuenta que $E^0(Cd^{2+}/Cd) = -0,40$V y $E^0(Cl_2/Cl^-) = 1,36$V, indicar si la siguiente reacción, una vez ajustada, será o no espontánea.
>
> $$Cl_2 + Cd \rightarrow Cd^{2+} + Cl^-$$
>
> $$Cl_2 + 2e^- \rightarrow 2Cl^- \quad E^0 = 1,36\text{V}$$
>
> $$Cd \rightarrow Cd^{2+} + 2e^- \quad E^0 = 0,40 \text{ V}$$
>
> $$Cl_2 + Cd \rightarrow Cd^{2+} + 2Cl^- \quad E^0_{pila} = 1,76 \text{ V}$$
>
> $$\Delta G = -n{*}F{*}E^0_{pila} =$$

Química general

> Como $E^0_{pila} > 0$, entonces $\Delta G < 0$ y la ecuación redox que representa la pila es espontánea.

15.4.5 Ecuación de *Nernst*

El potencial o fuerza electromotriz E de una pila depende, entre otros factores, de las concentraciones de los elementos químicos que intervienen en la reacción redox.

La ecuación de *Nernst* permite calcula el potencial o fuerza electromotriz E de una pila en función de las concentraciones de los elementos químicos que intervienen en la reacción redox.

$$E = E^0 - \frac{2{,}303 \cdot R \cdot T}{n \cdot F} \cdot \log Q$$

siendo:

- R la constante universal de los gases. $R = 8{,}32\ J \cdot grad^{-1}$
- T la temperatura en grados *Kelvin* (K).
- n el número de moles de electrones.
- F es la constante de *Faraday* y representa la carga de 1 *mol* de electrones. $F = 96500\ C$.
- Q es el cociente de reacción Q_c.

Para una temperatura de 25°C, la ecuación de Nernst se simplifica en:

$$E = E^0 - \frac{0{,}059}{n} \cdot \log Q$$

Aplicada a un electrodo cualquiera, la ecuación de *Nernst* queda:

$$M^{n+}(ac) + ne^- \rightarrow M(s)$$

$$E = E^0 - \frac{0{,}059}{n} \cdot \log\left(\frac{1}{[M^{n+}]}\right)$$

15.4.5.1 Ecuación de Nernst para una reacción química redox

Para una reacción química redox:

$$aOx_1 + bRed_2 \rightleftarrows cRed_1 + dOx_2$$

la ecuación de *Nernst* es:

$$E = E^0 - \frac{0,059}{n} \cdot \log Q = E^0 - \frac{0,059}{n} \cdot \log \frac{[Red_1]^c \cdot [Ox_2]^d}{[Ox_1]^a \cdot [Red_2]^b}$$

EJERCICIO 15.7

Se forma una pila con electrodos de estaño y de plomo. Indicar cual será el potencia de la pila si:

- la reacción redox tiene lugar a 25ºC.
- los potenciales estándar de reducción son: $E^0(Sn^{2+}/Sn) = -0,14V$ y $E^0(Pb^{2+}/Pb) = -0,13V$
- las concentraciones de los elementos químicos que intervienen son las siguientes: $[Sn^{2+}] = 0,001M$ y $[Pb^{2+}] = 1\ M$

$$Sn \rightleftarrows Sn^{2+} + 2e^- \quad E^0 = +0,14\ V$$
$$Pb^{2+} + 2e^- \rightleftarrows Pb \quad E^0 = -0,13\ V$$

$$Sn(s) + Pb^{2+} \rightleftarrows Sn^{2+} + Pb(s) \quad E^0 = +0,01\ V$$

$$E = E^0 - \frac{0,059}{n} \cdot \log Q = 0.01 - \frac{0,059}{2} \cdot \log\left(\frac{[Sn^{2+}]}{[Pb^{2+}]}\right) =$$

$$= 0,01 - 0,03 \cdot \log\left(\frac{0,001}{1}\right) = = 0,10\ V$$

Ecuación de Nernst para una celda o pila de concentración

$$E = \frac{0,059}{n} \cdot \log\left(\frac{c_2}{c_1}\right)$$

siendo $c_2 > c_1$

15.5 Tipos de pilas

En general, las pilas comerciales se clasifican en: pilas primarias, pilas secundarias o acumuladores y las pilas de combustión.

En la pila primaria los reactivos químicos se van consumiendo al producir energía eléctrica y al cabo de cierto tiempo la pila se agota y no es posible regenerar los reactivos consumidos.

En la pila secundaria o acumulador los reactivos químicos se van consumiendo al producir energía eléctrica y al cabo de cierto tiempo la pila se agota. Pero es posible regenerar los reactivos mediante electrolisis pasando una corriente eléctrica en sentido contrario a la que produce la pila.

En la pila de combustión la sustancia química activa es un combustible como el hidrógeno, metano u otro hidrocarburo que reacciona con el oxígeno.

15.6 Electrolisis

Electrolisis es el proceso en el que utilizando una corriente eléctrica externa tiene lugar una reacción química redox no espontánea.

La electrolisis se realiza en un recipiente denominado cuba o celda electrolítica que contiene una disolución de un sal o bien una sal fundida, en la que se introducen dos electrodos conectados a una fuente de corriente continua que suministra los electrones necesarios para que transcurra una reacción química redox no espontánea.

En la electrolisis:
- El ánodo es el polo positivo donde se ceden electrones y se produce la oxidación.
- El cátodo es el polo negativo donde se captan electrones y se produce la reducción.

Química general

> **EJERCICIO 15.8**
>
> Conociendo los potenciales estándar de reducción: $E^0(Na^+/Na) = -2,71V$ y $E^0(Cl_2/Cl^-) = +1,36V$, escribir la semirreacciones de la electrolisis de NaCl fundido a 800°C.
>
> Reacción de oxidación en el ánodo:
> $$2Cl^- \rightarrow Cl_2 + 2e^- \quad E^0_1 = -1,36 \ V$$
>
> Reacción de reducción en el cátodo:
> $$2*(Na^+ + 1e^- \rightarrow Na) \quad E^0_2 = -2,71 \ V$$
>
> Reacción de electrolisis:
> $$2Na^+ + 2Cl^- \rightarrow 2Na + Cl_2 \quad E^0 = -4,07 \ V$$
>
> Por tanto, hay que suministrar 4,07V para que la reacción de electrolisis tenga lugar.

La electrólisis presenta multitud de aplicaciones industriales:

- Así la electrolisis es el procedimiento utilizado para obtener muchos elementos, tanto en el laboratorio como en el ámbito industrial (aluminio, cloro, hidrógeno, magnesio, flúor), o para purificar otros ya obtenidos como el cobre, el plomo o el estaño.
- Además, se utiliza también para recubrir objetos metálicos con pequeñas capas de otos metales (baño electrolítico), bien con finalidad decorativa (plateado, dorado electrolítico, niquelado y cromado), o como método para proteger los objetos metálicos de la corrosión (galvanizado de perfiles y chapas de acero, cadmiado de tornillos, etc.).

15.6.1 Leyes de *Faraday*

Las leyes de *Faraday* relacionan la corriente eléctrica de un proceso electrolítico con las cantidades de sustancias que toman parte en dicha reacción.

15.6.1.1 Primera ley de Faraday

La masa de sustancia liberada en una electrolisis es directamente proporcional a la cantidad de electricidad que ha pasado a través del electrolito.

$$m = E \cdot Q = E \cdot I \cdot t$$

donde:

- m es la masa en gramos de sustancia liberada o de electrolito descompuesto.
- E es el equivalente electroquímico o cantidad de electrolito descompuesto o de sustancia liberada por 1 C de electricidad.
- Q es la cantidad de electricidad que ha circulado a través del electrolito. $Q = I \cdot t$
- I es la intensidad en amperios (A) de la corriente eléctrica.
- t es el tiempo en segundos (s) durante el cual ha estado circulando la corriente eléctrica

---

EJERCICIO 15.9

Calcular los gramos de Zn depositados en el cátodo al pasar una corriente de 1,87 A durante 42,5 minutos por una disolución acuosa de $ZnCl_2$, siendo la masa atómica del Zn = 65,4.

Reacción de reducción en el cátodo:

$$Zn^{2+} + 2e^- \rightarrow Zn$$

Cálculo de la cantidad de electricidad circulante:

$$Q = I^*t = 1,87 \cdot (42,5*60) = 4768,5 \text{ C}$$

Sabemos que la carga de 1 *mol* de electrones equivale a 1 F = 96500 C. Es decir:

$$\frac{1\,mol\,e^-}{96500\,C}$$

$$4768,5\,C \cdot \frac{1\,mol\,e^-}{96500\,C} \cdot \frac{1\,mol\,Zn}{2\,mol\,e^-} \cdot \frac{65,4\,g\,Zn}{1\,mol\,Zn} = 1,61 \text{ g de } Zn$$

15.6.1.2 Segunda ley de Faraday

Para una determinada cantidad de electricidad Q, la masa m depositada de un elemento químico en un electrodo, es directamente proporcional al peso equivalente del elemento.

$$m = \frac{Q}{F} \cdot \frac{M}{z}$$

donde:
- Q es la cantidad de electricidad que ha circulado a través del electrolito.
- F es la constante de Faraday. $1F = 96500$ C.
- M es la masa molar en gramos por *mol*.
- z es la valencia o número de oxidación del elemento ionizado.
- M/z es el peso equivalente del elemento ionizado.

Un *Faraday* (96500 C) es la cantidad de electricidad necesaria para depositar por electrolisis 1 equivalente-gramo de cualquier elemento químico.

La carga de 1 *mol* de electrones equivale a $1F = 96500$ C

15.7 Potenciometría

La **potenciometría** es una técnica electroanalítica con la que se puede determinar la concentración de una especie electroactiva en una disolución empleando un electrodo de referencia (un electrodo con un potencial conocido y constante con el tiempo) y un electrodo indicador (un electrodo sensible a la especie electroactiva) y un potenciómetro.

Los métodos potenciométricos de análisis se basan en las medidas del potencial de celdas electroquímicas en ausencia de corrientes apreciables.

Las técnicas potenciométricas se utilizan:
- Para la detección de los puntos finales en los métodos volumétricos de análisis.
- Para determinar las concentraciones de los iones por medida directa del potencial de un electrodo de membrana selectiva de iones. Tales electrodos están relativamente libres de interferencias y proporcionan un medio rápido y conveniente para estimaciones cuantitativas de numerosos aniones y cationes importantes.

Una celda típica para el análisis potenciométrico se puede representar como:

Electrodo de referencia ‖ Puente salino ‖ Disolución del analito ‖ Electrodo indicador

El **electrodo de referencia** es una semicelda cuyo potencial de electrodo E_{ref} se conoce con exactitud y es independiente de la concentración del analito u otros iones en la disolución de estudio.

Química general

Por convenio, el electrodo de referencia siempre se considera como el de la izquierda en las medidas potenciométricas.

El **electrodo indicador** es el que se sumerge en la disolución del analito, adquiere un potencial E_{ind} que depende de la actividad del propio analito.

Muchos electrodos indicadores que se emplean en potenciometría son selectivos en su respuesta (electrodos selectivos de iones, ESI).

El **puente salino** impide que los componentes de la disolución de analito se mezclen con los del electrodo de referencia.

En la superficie de contacto de cada extremo del puente salino se desarrolla un potencial de unión líquida E_j que es suficientemente pequeño para no ser tenido en cuenta en los los métodos electroanalíticos.

El potencial de unión y su incertidumbre pueden ser factores que limiten la exactitud y precisión de la medida.

El *KCl* es un electrolito para el puente salino casi ideal, ya que la movilidad de los iones K^+ y Cl^- es prácticamente idéntica. Por tanto, el potencial neto a través del puente salino E_j se reduce a unos pocos milivoltios.

El **potencial de la celda potenciométrica** viene dado por la ecuación:

$$E_{celda} = E_{ind} - E_{ref} + E_j$$

Para la determinación potenciométrica de un analito debe medirse el potencial de celda (E_{celda}), corregirlo respecto de los potenciales de referencia (E_{ref}) y de unión (E_j), y calcular la concentración del analito a partir del potencial del electrodo indicador (E_{ind}).

La calibración apropiada del sistema de electrodos es la única forma de determinar la concentración del analito en disoluciones de concentración desconocida.

16 Química del carbono

La **Química Orgánica** estudia los compuestos de carbono. El nombre de Química Orgánica empezó a utilizarse en el siglo XIX, cuando los compuestos se dividían en inorgánicos (los que se encuentran en los minerales) y orgánicos (los que forman parte de los seres vivos). Estos últimos tenían en común la presencia del carbono. La denominación que se considera actualmente más correcta para designar esta parte de la Química es la de química del carbono.

16.1 Fórmulas

Tipos de fórmula en química orgánica:
- **Formula empírica** indica la relación más sencilla entre los átomos de los elementos que componen la molécula.
- **Fórmula molecular** indica la relación exacta entre el número de átomos de cada uno de los elementos que forman la molécula.
- **Fórmula semidesarrollada** indica los enlaces entre los carbonos y el resto de los átomos se agrupan en el carbono que le corresponde.
- **Fórmula desarrollada** indica cómo están unidos entre sí todos los átomos que constituyen la molécula. Se representan en el plano todos los enlaces de la molécula. Los ángulos se consideran de 90°, aunque en realidad son de 109,5° (geometría tetraédrica).
- **Fórmula geométrica** es la representación tridimensional de la molécula. Se representa con línea continua los enlaces situados en el plano del papel, con línea gruesa los enlaces que salen por delante del plano y en línea discontinua se representan los enlaces por detrás del plano del papel.

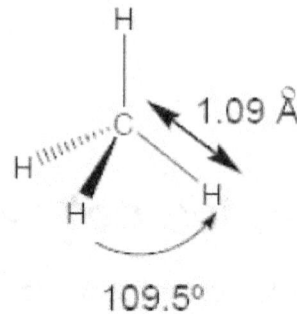

EJEMPLO

16.2 Enlaces del átomo de carbono

La configuración electrónica basal del carbono es $1s^2 2s^2 2p^2$ por lo que dispone de 4 electrones para compartir en un enlace covalente (y rodearse de un total de 8 electrones), lo que le permite formar largas cadenas donde los átomos de carbono se unen mediante enlaces sencillos, dobles y triples.

Para explicar la formación de cuatro enlaces sencillos iguales por el C hay que recurrir al concepto hibridación de orbitales atómicos ya mencionada anteriormente.

Por tanto, la configuración electrónica del carbono pasa a ser de $1s^2 2s^2 2p^2$ (estado basal) a $1s^2 2s^1 2p^1_x 2p^1_y 2p^1_z$ (estado excitado). Ésta última configuración electrónica del carbono le permite formar los siguientes orbitales híbridos:

- La **hibridación sp³** es la combinación de un orbital s con tres orbitales p (p_x, p_y y p_z) para formar cuatro orbitales híbridos sp^3 con un electrón cada uno y con un ángulo máximo de separación aproximado de 109,5°. Este enlace se da en los alcanos.

- La **hibridación sp²** es la combinación de un orbital s con dos orbitales p (p_x y p_y). Esto permite formar tres orbitales híbridos sp^2 y un orbital p sin hibridar con un electrón cada uno. Formando un ángulo máximo de separación aproximado de 121,7° entre cada enlace simple y cada enlace doble.. Este enlace se da en los alquenos.

- La **hibridación sp** es la combinación de un orbital s con un orbitales p (p_x). Esto permite formar dos orbitales híbridos sp y dos orbitales p sin hibridar con un electrón cada uno. Formando un ángulo máximo de separación aproximado de 180° entre cada enlace simple y cada enlace triple. Este enlace se da en los alquinos.

16.3 Efecto inductivo y efecto mesómero

La distinta electronegatividad del carbono y de los los grupos funcionales en las moléculas orgánicas provocan el desplazamiento de la cargas eléctrica en los enlaces, dando lugar a una polarización en los enlaces y a la aparición de un momento dipolar.

16.3.1 Efecto inductivo

Efecto inductivo *I* es el desplazamiento de la densidad electrónica de un enlace σ hacia el átomo más electronegativo originando una distribución asimétrica de la carga eléctrica.

El efecto inductivo afecta sólo al enlace σ y no afecta al enlace π. Por tanto, el efecto inductivo aparece sólo en los enlaces sencillos.

El efecto inductivo disminuye rápidamente con la distancia, de modo que no es perceptible a distancia de mas de 3 átomos de carbono.

Dependiendo de la electronegatividad del grupo funcional el efecto inductivo puede ser:

- **efecto inductivo positivo +I** cuando se produce un desplazamiento de los electrones del enlace σ hacia el átomo de hidrógeno más electronegativo.
- **efecto inductivo negativo -I** cuando se produce un desplazamiento de los electrones del enlace σ hacia sí.

EJEMPLO

$$H-\underset{H}{\overset{H}{\underset{|}{\overset{|}{C}}}}{}^{\delta+}-\underset{H}{\overset{H}{\underset{|}{\overset{|}{C}}}}{}^{\delta+}-Cl^{\delta-}$$

16.3.2 Efecto mesómero

Efecto mesómero *M* es el desplazamiento del par de electrones de un enlace π de un doble o triple enlace hacia un átomo más electronegativo originando una polarización del enlace en la molécula, la cual puede describirse como un híbrido de resonancia entre dos estructuras resonantes.

Química general

El efecto mesómero aparece en enlaces múltiples a través de sus electrones o también a través de pares de electrones no enlazantes.

El efecto mesómero aparece siempre que intervengan enlaces múltiples π (dobles o triples) y exista una deslocalización electrónica por resonancia a través de formas resonantes, las cuales contribuyen, en menor o mayor grado, a la explicación de la verdadera estructura de una molécula.

La deslocalización electrónica aparecerá siempre que haya:
- Enlaces múltiples conjugados o alternados en una molécula.
- Un enlace múltiple (doble o triple) entre los átomos de diferente electronegatividad.
- Pares de electrones no enlazantes en un átomo unido a otro con un enlace múltiple.

El efecto mesómero se extiende en la molécula tanto como lo permita la existencia de enlaces múltiples conjugados. En otras palabras, la extensión del efecto mesómero aumento al aumentar el grado de deslocalización por efecto de la resonancia.

Existe un **efecto mesómero negativo -M** de un sustituyente, en una forma resonante de una molécula, cuando el desplazamiento electrónico es hacia dicho sustituyente.

EJEMPLO

efecto - M

Sustituyentes que producen une efecto mesómero negativo:
- $-NO_2$ (nitro)
- $-SO_3H$ (sulfonio)
- $-CN$ (ciano)
- $-COOR$ (éster)
- $-COOH$ (carboxilo)
- $-CO$ (carbonilo)

Química general

Existe un **efecto mesómero negativo +M** de un sustituyente, en una forma resonante de una molécula, cuando el desplazamiento electrónico es en dirección contraria a la posición del sustituyente.

EJEMPLO

efecto + M

Sustituyentes que producen une efecto mesómero positivo:
- -NH$_2$ (amino)
- -OH (hidroxi)
- -X (halógeno)
- -OR (alcoxi)
- -CONHR (amido)
- -R (alquilo)

16.4 Isomería

Dos compuestos químicos son isómeros cuando teniendo la misma fórmula molecular difieren en su fórmula estructural.

Tipos de isomería:

a) **Isomería estructural** o **isomería plana**. Los isómeros son compuestos que presentan la misma fórmula molecular pero cuyos átomos están enlazados de forma diferente, es decir, difieren en su estructura química

Tipos: de cadena, de osición y de función.

b) **Esteroisomería** o **isomería espacial**. Los isómeros son compuestos que presentan la misma fórmula molecular pero cuyos átomos presentan una distinta disposición espacial.

Tipos: geométrica (cis-trans), y óptica.

16.4.1 Isomería estructural

Isomería constitucional o **estructural** es una forma de isomería, donde los compuestos con la misma fórmula molecular tienen una diferente distribución de los enlaces entre sus átomos.

16.4.1.1 Isomería estructural de cadena

Isomería estructural de cadena se da en compuestos con el mismo grupo funcional pero diferente estructura de su cadena.

Los isómeros de cadena suelen tener propiedades químicas muy similares, difiriendo algo más en sus propiedades físicas.

EJEMPLO

4-metilpent-1-ino: $CH\equiv C-CH_2-CH(CH_3)-CH_3$

3-metilpent-1-ino: $CH\equiv C-CH(CH_3)-CH_2-CH_3$

hex-1-ino: $CH\equiv C-CH_2-CH_2-CH_2-CH_3$

F. molecular: C_6H_{10}

16.4.1.2 Isomería estructural de posición

Isomería estructural de posición se da en compuestos con el mismo grupo funcional pero en diferente posición.

También se aplica a isómeros que se diferencian en la posición de los sustituyentes en torno a un anillo

Los isómeros de posición suelen tener propiedades químicas muy similares, difiriendo algo más en sus propiedades físicas.

EJEMPLO

pentan-1-amina: $CH_3-CH_2-CH_2-CH_2-CH_2-NH_2$

pentan-2-amina: $CH_3-CH_2-CH_2-CH(NH_2)-CH_3$

pentan-3-amina: $CH_3-CH_2-CH(NH_2)-CH_2-CH_3$

F. molecular: $C_5H_{13}N$

Los isómeros de posición que derivan de la distinta distribución de dos sustituyentes en torno a un anillo bencénico se denotan mediante los prefijos **orto** (o-), **meta** (m-) y **para** (p-)

EJEMPLO

o-dimetilbenceno (o-xileno)   m-dimetilbenceno (m-xileno)   p-dimetilbenceno (p-xileno)

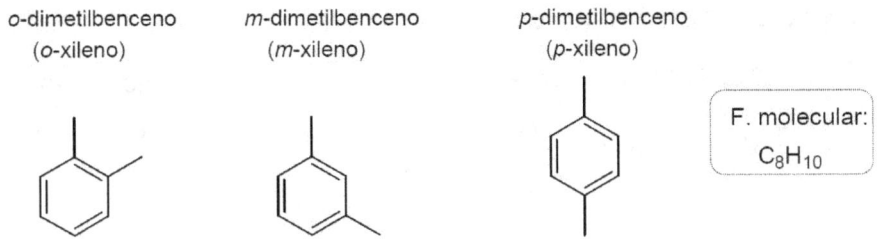

F. molecular: C_8H_{10}

Los metámeros son un tipo especial de isómeros de posición.

En la **metamería** o **isomería de compensación**, un grupo funcional bivalente está sustituido de formas distintas en una misma cadena, manteniéndose la longitud total de la misma.

La metamería se dan en: cetonas, éteres, aminas secundarias.

EJEMPLO

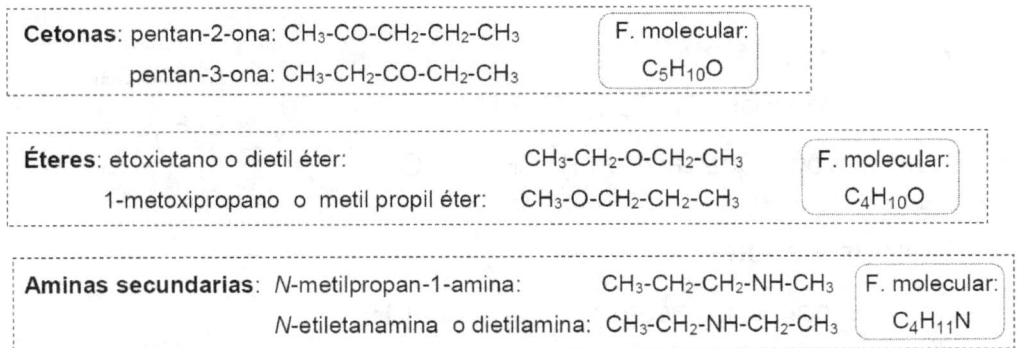

Cetonas: pentan-2-ona: $CH_3-CO-CH_2-CH_2-CH_3$
pentan-3-ona: $CH_3-CH_2-CO-CH_2-CH_3$
F. molecular: $C_5H_{10}O$

Éteres: etoxietano o dietil éter: $CH_3-CH_2-O-CH_2-CH_3$
1-metoxipropano o metil propil éter: $CH_3-O-CH_2-CH_2-CH_3$
F. molecular: $C_4H_{10}O$

Aminas secundarias: N-metilpropan-1-amina: $CH_3-CH_2-CH_2-NH-CH_3$
N-etiletanamina o dietilamina: $CH_3-CH_2-NH-CH_2-CH_3$
F. molecular: $C_4H_{11}N$

16.4.1.3 Isomería estructural de función

Isomería estructural de función se da en compuestos con distinto grupo funcional.

Los isómeros de función son los que más difieren entre sí. Presentan propiedades físicas y químicas muy diferentes

Química general

EJEMPLO

Alquenos y cicloalcanos:

propeno: $CH_3-CH=CH_2$

ciclopropano:

F. molecular: C_3H_6

Alcoholes y éteres:

etanol: CH_3-CH_2OH

dimetil éter: CH_3-O-CH_3

F. molecular: C_2H_6O

Ácidos carboxílicos y ésteres:

ácido acético: CH_3-COOH

formiato de metilo: $H-COO-CH_3$

F. molecular: $C_2H_4O_2$

Aldehídos y cetonas:

propanal: CH_3-CH_2-CHO

propanona (acetona): $CH_3-CO-CH_3$

F. molecular: C_3H_6O

Cetonas y enoles:

propanona (acetona): $CH_3-CO-CH_3$

propen-2-ol: $CH_3-C(OH)=CH_2$

F. molecular: C_3H_6O

Los **tautómeros** son isómeros de función que se encuentran en equilibrio químico por la migración de un átomo o grupo atómico.

EJEMPLO

$$R-\underset{\underset{forma\ ceto}{}}{\overset{O}{\underset{\|}{C}}}-CH_2-R' \rightleftharpoons R-\underset{\underset{forma\ enol}{}}{\overset{OH}{\underset{|}{C}}}=CH-R'$$

Química general

Las aminas primarias, secundarias y terciarias con la misma fórmula molecular son isómeros de función.

EJEMPLO

hexan-1-amina: $CH_3-CH_2-CH_2-CH_2-CH_2-CH_2-NH_2$

N-propilpropan-1-amina: $CH_3-CH_2-CH_2-NH(CH_2-CH_2-CH_3)$

N-etil-N-metilpropan-1-amina: $CH_3-CH_2-CH_2-N(CH_3)(CH_2-CH_3)$

F. molecular: $C_6H_{15}N$

Las amidas primarias, secundarias y terciarias con la misma fórmula molecular son isómeros de función.

EJEMPLO

hexanamida: $CH_3-CH_2-CH_2-CH_2-CH_2-CO-NH_2$

N-propilpropanamida: $CH_3-CH_2-CO-NH(CH_2-CH_2-CH_3)$

N-etil-N-metilpropanamida: $CH_3-CH_2-CO-N(CH_3)(CH_2-CH_3)$

F. molecular: $C_6H_{13}N$

16.4.2 Estereoisomería o isomería espacial

Los isómeros espaciales o estereoisómeros presentan los mismos átomos enlazados en el mismo orden, pero difieren en su disposición espacial.

Se distinguen dos tipos de isomería espacial o estereoisomería:
a) Isomería espacial geométrica o isomería cis-trans.
b) Isomería espacial óptica: enantiómeros y quiralidad.

Diastereoisómeros son todos los estereoisómeros (no sólo los ópticos), que no son enantiómeros..

16.4.2.1 Isomería espacial geométrica o isomería cis-trans

La isomería geométrica es típica de los alquenos y cicloalcanos, en los que existen enlaces carbono-carbono con rotación impedida. Si cada uno de estos carbonos está unido a dos sustituyentes distintos, existen dos disposiciones espaciales posibles, que se suelen denominar cis/tras (aunque es más adecuada la notación Z/E, sobre todo si hay tres sustituyentes distintos en torno a los dos carbonos).

Química general

NOMENCLATURA CIS - TRANS

El isómero cis es aquel en que los dos grupos de cadena más larga están en el mismo lado del doble enlace. Por su parte, los isómeros trans son aquellos que lados diferentes del doble enlace.

EJEMPLO

cis-buteno

trans-buteno

NOMENCLATURA E - Z

Las letras E-Z vienen del alemán, donde E es *entgegen* que en español es «separados» y la letra Z viene de *zusammen* que significa «juntos».

Si los sustituyentes de mayor prioridad de cada carbono están orientados en el mismo sentido con respecto a doble enlace se trata del isómero Z. En caso contrario se trata del isómero E.

EJEMPLO

E-2-clorobut-2-eno

Z-2-clorobut-2-eno

Química general

> La nomenclatura Z/E no se corresponde con cis/trans, sino con el orden de prioridad de los grupos unidos a cada carbono, según las reglas de Cahn, Ingold y Prelog.

16.4.2.2 Reglas de prioridad de *Cahn*, *Ingold* y *Prelog*.

Las reglas de *Cahn-Ingold-Prelog*, usadas en química orgánica, establecen la prioridad de los sustituyentes unidos a un átomo, habitualmente carbono. Esto nos sirve para designar de forma inequívoca la configuración, la disposición espacial, de estereoisómeros tales como enantiómeros y diastereoisómeros o en el caso de los alquenos en la notación Z/E.

Las prioridades de los grupos unidos a un átomo se establecen siguiendo unas reglas de prioridad (o reglas de secuencia):

- La prioridad se establece según el número atómico del átomo sustituyente. Un átomo tiene prioridad sobre otros de número atómico menor. Así pues, el hidrógeno es el que tiene una prioridad más baja. En caso de isótopos, el de mayor masa atómica tiene prioridad.
- Si entre dos o más sustituyentes existe coincidencia en el número atómico del átomo unido directamente a la posición cuya configuración se quiere establecer, se avanza a lo largo de la cadena de cada sustituyente hasta poder asignar un orden de prioridades.

EJEMPLO

Por ejemplo, la prioridad del grupo metilo (-CH_3) es menor que la del grupo etilo (-CH_2CH_3), ya que el metilo solo tiene átomos de hidrógeno unidos al primer carbono mientras que el etilo tiene un átomo de carbono con un número atómico mayor y por tanto con una prioridad más alta.

16.4.2.3 Isomería espacial óptica: enantiómeros y quiralidad

En las moléculas orgánicas cada átomo de carbono puede estar enlazado a cuatro grupos de átomos o grupos funcionales, que se distribuyen en los vértices de un tetraedro imaginario. Si los cuatro grupos funcionales son diferentes se dice que el carbono es asimétrico y son posibles dos disposiciones espaciales distintas, que son imágenes especulares entre sí, y no son superponibles (de forma similar a lo que ocurre con nuestras manos derecha e izquierda):

Química general

Quilaridad

A este fenómeno se le denomina quiralidad.

Las moléculas que presentan esta propiedad se denominan moléculas quirales.

El carbono asimétrico que la origina se denomina carbono quiral o centro quiral.

Las dos imágenes especulares no superponibles de una molécula quiral se denominan enantiómeros.

Los enantiómeros son, por tanto, un tipo de isómeros espaciales o estereoisómeros que son imágenes especulares uno del otro, y no son superponibles entre sí.

Los enantiómeros son tan similares que tienen idénticas propiedades físicas y químicas, excepto si estas están relacionadas con factores de simetría espacial.
- Físicamente, se diferencian en el sentido (derecha o izquierda) en que desvían el plano de la luz polarizada (aquella en la que las ondas electromagnéticas oscilan sólo en un plano determinado). Según sea este sentido, los enantiómeros se denominan dextrógiros (+) o levógiros (-). Por este motivo, los enantiómeros se denominan también isómeros ópticos.
- Químicamente, se diferencian en su reactividad frente a otras moléculas quirales.

Por tanto, una molécula quiral sólo se manifiesta como tal cuando interacciona con la luz polarizada o con otras moléculas quirales.

Para distinguir los enantiómeros se nombran según la disposición espacial relativa de sus grupos. Existen dos sistemas de nomenclatura: L/D y R/S (estas notaciones no están relacionadas con la dirección en que se desvía la luz polarizada, sino con la disposición relativa de los grupos).

Cuando en una reacción química ordinaria se genera un compuesto que por su estructura química es quiral (es decir, que puede presentar enantiómeros), éste se forma como una mezcla equimolar de los dos enantiómeros (50% de cada uno de ellos), ya que

Química general

por lo general no hay ningún factor que favorezca la formación de un enantiómero sobre el otro. A estas mezclas equimolares de enantiómeros se les denomina **mezclas racémicas** y no son ópticamente activas (no desvían el plano de la luz polarizada, ya que cada enantiómero lo desvía el mismo ángulo pero en un sentido contrario, por lo que globalmente no se produce desviación).

Las biomoléculas más importantes son quirales (los aminoácidos existen sólo en su forma L y la ribosa y desoxirribosa de los ácidos nucleicos existen sólo en su forma D).
A este fenómeno se le denomina **bioquiralidad**.

La quiralidad natural afecta a todas las interacciones entre las enzimas y sus respectivos sustratos y por tanto tiene enormes consecuencias en la industria farmacéutica y en general en todas las industrias bioquímicas. La mayoría de los fármacos son moléculas quirales y sólo uno de sus enantiómeros es biológicamente activo. El otro, en el mejor de los casos, es inactivo, pero en ocasiones puede resultar incluso muy perjudicial.

Los carbonos quirales no son la única fuente de quiralidad en moléculas orgánicas. Existen otras situaciones estructurales que también pueden dar lugar a la formación de enantiómeros (estereoisómeros que son imágenes especulares no superponibles).

Pueden existir isómeros ópticos que no son enantiómeros entre sí (es decir, que no son imágenes especulares uno del otro). Esto ocurre cuando hay más de un centro quiral en la molécula y los isómeros no difieren entre sí en la configuración de todos los centros quirales (y por tanto no son imágenes especulares uno del otro). A estos isómeros ópticos que no son enantiómeros (no son imágenes especulares), se les denomina **diastereoisómeros**.

EJEMPLO

16.5 Grupo funcional

Grupo funcional es un átomo o conjunto de átomos unido a una cadena carbonada, representada en la fórmula general por *R* para los compuestos alifáticos y como *Ar* para los compuestos aromáticos y que son responsables de la reactividad y propiedades químicas de los compuestos orgánicos.

El grupo funcional se asocia siempre con enlaces covalentes al resto de la molécula.

Grupo funcional:
- Aldehido: *-COH*
- Amido: *-CONH$_2$*
- Amino: *-NH$_2$*
- Carbonilo: *-CO-*
- Carboxilo: *-COOH*
- Éster: *-COO-*
- Haluro: *-X*
- Hidroxilo: *-OH*
- Nitro: *-NO$_2$*
- Oxi: *- O -*
- Sulfhidrilo: *-SH*

Aquellos compuestos químicos orgánicos que poseen el mismo grupo funcional con distinta masa molecular y que tienen propiedades físicas y químicas parecidas forman una **serie homóloga**.

16.6 Reacciones orgánicas

Una reacción química orgánica es un proceso en el que se rompen enlaces covalentes y se forman otros, de forma que las sustancias originales (reactivos) dan lugar a otras nuevas (productos).

Las reacciones químicas orgánicas pueden clasificarse atendiendo a los siguientes criterios:

a) Según la forma de ruptura o formación de los enlaces se identifican: reacciones homolíticas y reacciones heterolíticas

b) Según la reactividad de los reactivos se identifican: reactivos nucleófilos y reactivos electrófilos.

Química general

c) Según la relación existente entre los reactivos y los productos de la reacción.

d) Según la molecularidad.

16.6.1 Reacciones químicas homolíticas y reacciones químicas heterolíticas

En cualquier reacción orgánica se produce la rotura y la formación de nuevos enlaces. Se rompen algunos enlaces en los compuestos iniciales y se forman otros en los productos.

Desde el punto de vista electrónico, para romper un enlace covalente no hay más que dos formas: ruptura simétrica, quedando en cada fragmento un electrón de los dos que componían el enlace covalente, y ruptura asimétrica, los dos electrones del enlace quedan en el mismo fragmento.

En una **reacción homolítica** (homo-lisis = igual-ruptura) el enlace covalente se rompe de forma simétrica originando productos con electrones desapareados (radicales libres).

EJEMPLO

$$\begin{array}{c} H \\ H:C:H \\ H \end{array} \rightarrow \begin{array}{c} H \\ H:\overset{..}{C}\cdot \\ H \end{array} + H\cdot$$

En una **reacción heterolítica** (hetero-lisis = diferente-ruptura) el enlace covalente se rompe de forma asimetrica. El par de electrones del enlace se queda en un producto y en el otro producto el orbital se queda vacío, produciéndose dos tipos de iones: carbocationes y carbaniones.

EJEMPLO

$$\begin{array}{c} H \\ H:C:X: \\ H \end{array} \rightarrow \begin{array}{c} H \\ H:C^+ \\ H \end{array} + :X:^-$$

16.6.2 Reactivos nucleófilos y reactivos electrófilos

$$A^+ \; + \; :B^- \longrightarrow A-B$$

Electrodeficiente   Rico en electrones   Enlace nuevo
Electrófilo   Nucleófilo

Reacción nucleófila es aquella en la que un reactivo es nucleófilo. Es decir, aporta un par de electrones al otro reactivo.

Un reactivo nucleófilo es una sustancia "ávida" de núcleos que posee un átomo rico en electrones y puede formar un enlace donando un par de electrones a un átomo con deficiencia en electrones.

Las bases de *Lewis* son donadoras de electrones y se comportan como reactivos nucleófilos.

Un reactivo nucleófilo puede tener carga neutra o negativa.

EJEMPLO

Reactivo nucleófilo neutro: H_2O, NH_3, etc.
Reactivo nucleófilo negativo: OH^-, CN^-, Br^-, etc

Reacción electrófila es aquella en la que un reactivo es electrófilo deficiente en electrones que forma enlaces aceptando un par de electrones de un reactivo nucleófilo.

Los ácidos de *Lewis* son aceptores de electrones y se comportan como electrófilos

Un reactivo electrófilo es una sustancia "ávida" de electrones.
Los electrófilos pueden ser neutros o tener carga positiva.

EJEMPLO

Reactivo electrófilo neutro: $AlCl_3$, etc.
Reactivo electrófilo positivo: $H+$ NO_2^+, SO_3^+, etc

Química general

16.6.3 Relación existente entre los reactivos y los productos de la reacción

Principales tipos de reacciones orgánicas según la relación existente entre los reactivos y los productos de la reacción:

a) Reacción de sustitución.

b) Reacción de adición.

c) Reacción de eliminación.

d) Reacción de condensación.

e) Reacción redox.

16.6.4 Reacción de sustitución

En la **reacción de sustitución** un átomo o grupo de átomos se sustituye por otro átomo o grupo de átomos.

$$R\text{-}X + E \rightarrow R\text{-}E + X$$

Tipos de reacciones de sustitución:

a) Sustitución electrófila aromática en anillos aromáticos.

b) Sustitución nucleófila en haloalcanos.

c) Sustitución nucleófila en alcoholes.

16.6.4.1 Sustitución electrófila aromática en anillos aromáticos

Nitración, por reacción con HNO_3 en presencia de H_2SO_4 como catalizador

EJEMPLO

$$C_6H_6 + HNO_3 \xrightarrow{H_2SO_4 \text{ (cat.)}} C_6H_5NO_2 + H_2O$$

Halogenación, por reacción con Cl_2 en presencia de $AlCl_3$ como catalizador, o Br_2 en presencia de $FeBr_3$ como catalizador

EJEMPLO

C₆H₆ + Cl₂ →[AlCl₃ (cat.)] C₆H₅Cl + HCl

C₆H₆ + Br₂ →[FeBr₃ (cat.)] C₆H₅Br + HBr

16.6.4.2 Sustitución nucleófila en haloalcanos

Sustitución de halógeno por hidroxilo, por reacción con KOH o NaOH.

EJEMPLO

$CH_3Br + KOH \rightarrow CH_3OH + KBr$

Estas reacciones están en competencia con la eliminación (deshidrohalogenación, ver más adelante), ya que el anión hidróxido es una base además de un nucleófilo. La eliminación se favorece en caliente y para sustratos secundarios y terciarios.

Sustitución de halógeno por amino, por reacción con NH3.

EJEMPLO

$CH_3-CH_2Cl + NH_3 \rightarrow CH_3-CH_2NH_2 + HCl$

Sustitución de halógeno por un grupo ciano, por reacción con *KCN* o *NaCN*.

EJEMPLO

$CH_3-CH_2Br + KCN \rightarrow CH_3-CH_2CN + KBr$

16.6.4.3 Sustitución nucleófila en alcoholes

Sustitución nucleófila en alcoholes por reacción con haluros de hidrógeno, para dar haloalcanos.

EJEMPLO

$CH_3-CH_2OH + HBr \rightarrow CH_3-CH_2Br + H_2O$

16.6.5 Reacción de adición

Una reacción de adición es una reacción donde una o más especies químicas se unen a otra (substrato) que posee al menos un enlace múltiple, formando un único producto, e implicando en el substrato la formación de dos nuevos enlaces y una disminución en el orden o multiplicidad de enlace.

Tipos de reacciones de adición:

a) Adición de agua a alquenos para dar alcoholes
b) Adición de haluros de hidrógeno a alquenos y alquinos para dar halo- o dihaloalcanos
c) Halogenación de alquenos y alquinos por reacción con halógenos, para dar dihalo- o tetrahaloalcanos
d) Hidrogenación de alquenos y alquinos por reacción con H_2 en presencia de Pd o Pt como catalizador, para dar alcanos
e) Hidrogenación de cetonas y aldehídos por reacción con H_2 en presencia de Pd o Pt como catalizador, para dar alcoholes

16.6.5.1   Adición de agua a alquenos para dar alcoholes

Adición de agua a alquenos para dar alcoholes, prediciendo el producto resultante según la Regla de Markovnikov: el H se enlaza al átomo de C menos sustituido (con más hidrógenos).

EJEMPLO

$$CH_3-CH=CH_2 + H_2O \rightarrow CH_3-CHOH-CH_3$$

16.6.5.2   Adición de haluros de hidrógeno a alquenos y alquinos para dar halo- o dihaloalcanos

Adición de haluros de hidrógeno a alquenos y alquinos para dar halo- o dihaloalcanos, prediciendo el producto resultante según la Regla de Markovnikov.

EJEMPLO

$$CH_3-CH=CH_2 + HBr \rightarrow CH_3-CHBr-CH_3$$
$$CH_3-C\equiv CH + 2HCl \rightarrow CH_3-CCl_2-CH_3$$

Con alquinos se produce la doble adición. Se indicarán dos moles del haluro de hidrógeno.

16.6.5.3   Halogenación de alquenos y alquinos por reacción con halógenos, para dar dihalo- o tetrahaloalcanos

Halogenación de alquenos y alquinos por reacción con halógenos, para dar dihalo- o tetrahaloalcanos.

EJEMPLO

$$CH_3-CH=CH_2 + Br_2 \rightarrow CH_3-CHBr-CH_2Br$$

Química general

$$CH_3-C\equiv CH + 2Br_2 \rightarrow CH3-CBr2-CHBr2$$

Con alquinos se produce la doble adición. Se indicarán dos moles del reactivo halógeno.

16.6.5.4 Hidrogenación de alquenos y alquinos por reacción con H_2 en presencia de P_d o P_t como catalizador, para dar alcanos

Hidrogenación de alquenos y alquinos por reacción con H_2 en presencia de P_d o P_t como catalizador, para dar alcanos.

EJEMPLO

$$CH_3-CH=CH_2 + H_2 \xrightarrow{Pd\ (cat.)} CH_3-CH_2-CH_3$$

$$CH_3-C\equiv CH + 2H_2 \xrightarrow{Pt\ (cat.)} CH_3-CH_2-CH_3$$

Con alquinos se produce la doble adición. Se indicarán dos moles de H2 como reactivo.

16.6.5.5 Hidrogenación de cetonas y aldehídos por reacción con H2 en presencia de Pd o Pt como catalizador, para dar alcoholes

Hidrogenación de cetonas y aldehídos por reacción con H2 en presencia de Pd o Pt como catalizador, para dar alcoholes.

EJEMPLO

$$CH_3-CO-CH_2-CH_3 + H_2 \xrightarrow{Pd\ (cat.)} CH_3-CHOH-CH_2-CH_3$$

$$CH_3-CHO + H_2 \xrightarrow{Pd\ (cat.)} CH_3-CH_2OH$$

ciclopentanona + H₂ —Pt (cat.)→ ciclopentanol

16.6.6 Reacción de eliminación

En la reacción de eliminación se forman enlaces múltiples.

Deben indicarse siempre los subproductos de reacción (*NaBr, H₂O*...)

La reacción de eliminación se produce fundamentalmente en los derivados halogenados y los alcoholes.

Química general

16.6.6.1 Deshidrohalogenación de haloalcanos promovida por un medio básico (KOH o NaOH).

Deshidrohalogenación de haloalcanos promovida por un medio básico (KOH o NaOH).

Se forman los dos isómeros posibles, siendo el mayoritario el que sigue la Regla de Saytzeff: el H se elimina del átomo de C más sustituido (con menos hidrógenos).

EJEMPLO

$$CH_3-CH_2-CHBr-CH_3 + NaOH \xrightarrow{\Delta} [\;CH_3-CH=CH-CH_3 + CH_3-CH_2-CH=CH_2\;] + NaBr + H_2O$$
mayoritario — minoritario

$$CH_3-CH(CH_3)-CHCl-CH_3 + NaOH \xrightarrow{\Delta} [\;CH_3-C(CH_3)=CH-CH_3 + CH_3-CH(CH_3)-CH=CH_2\;] + NaCl + H_2O$$
mayoritario — minoritario

Estas reacciones están en competencia con las de sustitución, ya que el anión hidróxido es también un buen nucleófilo. La eliminación se favorece en caliente, por lo que en las condiciones de reacción se indicará que se suministra calor, mediante el símbolo Δ.

16.6.6.2 Deshidratación de alcoholes

Deshidratación de alcoholes promovida por un medio ácido en caliente (H^+, 180°C). Se forman los dos isómeros posibles, siendo el mayoritario el que sigue la Regla de Saytzeff: el H se elimina del átomo de C más sustituido (con menos hidrógenos).

EJEMPLO

$$CH_3-CH_2-CHOH-CH_3 \xrightarrow[180\;°C]{H^+\;(cat.)} [\;CH_3-CH=CH-CH_3 + CH_3-CH_2-CH=CH_2\;] + H_2O$$
mayoritario — minoritario

$$C(CH_3)_3OH \xrightarrow[180\;°C]{H^+\;(cat.)} CH_2=C(CH_3)_2 + H_2O$$

cyclohexanol $\xrightarrow[180\;°C]{H^+\;(cat.)}$ cyclohexeno $+ H_2O$

16.6.7 Reacción de condensación

En las reacciones de condensación dos moléculas de sustrato se unen dando lugar a otra mayor, con pérdida de una molécula de H_2O (debe indicarse la formación de H2O como subproducto de reacción).

Reacciones de condensación:

a) Esterificación.
b) Amidación.
c) Síntesis de éteres.

16.6.7.1 Esterificación

Esterificación: se forma un éster por condensación de un ácido carboxílico y un alcohol.

EJEMPLO

$CH_3\text{-}COOH + CH_3\text{-}CH_2\text{-}CH_2OH \rightarrow CH_3\text{-}CO\text{-}O\text{-}CH_2\text{-}CH_2\text{-}CH_3 + H_2O$

$CH_3\text{-}CH_2\text{-}COOH + CH_3\text{-}CH_2OH \rightarrow CH_3\text{-}CH_2\text{-}CO\text{-}O\text{-}CH2\text{-}CH_3 + H_2O$

16.6.7.2 Amidación

Amidación: se forma una amida por condensación de un ácido carboxílico y una amina.

EJEMPLO

$CH_3\text{-}COOH + CH_3\text{-}CH_2\text{-}CH_2NH_2 \rightarrow CH_3\text{-}CO\text{-}NH\text{-}CH_2\text{-}CH_2\text{-}CH_3 + H_2O$

$CH_3\text{-}CH_2\text{-}COOH + CH_3\text{-}CH_2NH_2 \rightarrow CH_3\text{-}CH_2\text{-}CO\text{-}NH\text{-}CH_2\text{-}CH_3 + H_2O$

16.6.7.3 Síntesis de éteres

Síntesis de éteres por condensación de dos alcoholes, promovida por medio ácido.

EJEMPLO

H+ (cat.)

$2CH_3\text{-}CH_2OH \rightarrow CH_3\text{-}CH_2\text{-}O\text{-}CH_2\text{-}CH_3 + H_2O$

Estas reacciones se suelen realizar con alcoholes primarios, ya que los alcoholes secundarios y terciarios en estas condiciones suelen sufrir deshidratación para dar alquenos.

Química general

16.6.8 Reacciones Redox

Reacciones redox:

a) Combustión.
b) Oxidación de alcoholes primarios a ácidos carboxílicos.
c) Oxidación de alcoholes secundarios a cetonas.
d) Reducción de aldehídos y cetonas a alcoholes, con $NaBH_4$ o $LiAlH_4$.
e) Reducción de ésteres y ácidos carboxílicos a alcoholes con $LiAlH_4$.

16.6.8.1 Combustión

Combustión (un hidrocarburo o un compuesto orgánico oxigenado reaccionan con O_2 para dar CO_2 y H_2O).

EJEMPLO

$$CH_3-COOH + 2O_2 \rightarrow 2CO_2 + 2H_2O$$
$$CH_3-CH_2-CH_2-CH_3 + 13/2 O_2 \rightarrow 4CO_2 + 5H_2O$$
$$CH_3-CH_2-COO-CH_2-CH_3 + 13/2 O_2 \rightarrow 5CO_2 + 5H_2O$$

16.6.8.2 Oxidación de alcoholes primarios a ácidos carboxílicos

Oxidación de alcoholes primarios a ácidos carboxílicos con agentes oxidantes como $KMnO_4$, $K_2Cr_2O_7$ o CrO_3 (estas reacciones suelen llevarse a cabo en medio ácido).

EJEMPLO

$$CH_3-CH_2-CH_2-CH_2OH \xrightarrow{K_2Cr_2O_7,\ H+} CH_3-CH_2-CH_2-COOH$$

$$CH_3-CH_2-CH_2-CH_2OH \xrightarrow{KMnO_4,\ H+} CH_3-CH_2-CH_2-COOH$$

$$CH_3-CH_2-CH_2-CH_2OH \xrightarrow{CrO_3,\ H+} CH_3-CH_2-CH_2-COOH$$

16.6.8.3 Oxidación de alcoholes secundarios a cetonas

Oxidación de alcoholes secundarios a cetonas con agentes oxidantes como $KMnO_4$, $K_2Cr_2O_7$ o CrO_3 en medio ácido. En este caso no se puede producir la oxidación hasta ácido carboxílico, por lo que ésta se detiene en la cetona:

Química general

EJEMPLO

$$CH_3\text{-}CHOH\text{-}CH_3 \xrightarrow{K_2Cr_2O_7,\ H^+} CH_3\text{-}CO\text{-}CH_3$$

16.6.8.4 Reducción de aldehídos y cetonas a alcoholes, con *NaBH₄* o *LiAlH₄*

Reducción de aldehídos y cetonas a alcoholes, con *NaBH₄* o *LiAlH₄* indistintamente.

EJEMPLO

$$CH_3\text{-}CH_2\text{-}CH_2\text{-}CHO \xrightarrow{NaBH_4} CH_3\text{-}CH_2\text{-}CH_2\text{-}CH_2OH$$

$$CH_3\text{-}CH_2\text{-}CO\text{-}CH_3 \xrightarrow[2)\ H^+,\ H_2O]{1)\ LiAlH_4,\ éter} CH_3\text{-}CH_2\text{-}CHOH\text{-}CH_3$$

16.6.8.5 Reducción de ésteres y ácidos carboxílicos a alcoholes con *LiAlH₄*

EJEMPLO

$$CH_3\text{-}CH_2\text{-}CH_2\text{-}COO\text{-}CH_3 \xrightarrow[2)\ H^+,\ H_2O]{1)\ LiAlH_4,\ éter} CH_3\text{-}CH_2\text{-}CH_2\text{-}CH_2OH + CH_3OH$$

$$CH_3\text{-}CH_2\text{-}CH_2\text{-}COOH \xrightarrow{1)\ LiAlH_4,\ éter} CH_3\text{-}CH_2\text{-}CH_2\text{-}CH_2OH$$

17 Nomenclatura química orgánica

Las sustancias orgánicas se clasifican en bloques que se caracterizan por tener un átomo o grupo atómico definido (grupo funcional) que le confiere a la molécula sus propiedades características. Una serie homóloga es el conjunto de compuestos orgánicos que tienen el mismo grupo funcional.

Los compuestos orgánicos se pueden clasificar en función de los grupos funcionales de la siguiente manera:
- **Compuestos hidrogenados**. Sólo existen en la molécula átomos de carbono e hidrógeno. Son los hidrocarburos, que pueden ser de cadena cerrada o abierta, y a su vez pueden ser saturados (enlaces simples), o insaturados (enlaces dobles o triples).
- **Compuestos halogenado**s. En la molécula hay átomos de carbono, hidrógeno y uno o más halógenos.
- **Compuestos oxigenados**. En la molécula existen átomos de carbono, oxígeno e hidrógeno. Son alcoholes, aldehídos, cetonas, ácidos, éteres y ésteres.
- **Compuestos nitrogenados**. Las moléculas están constituidas por átomos de carbono, nitrógeno e hidrógeno y a veces de oxígeno. Son amidas, aminas y nitroderivados y nitrilos.

Es habitual que en un mismo compuesto existan a la vez varias funciones denominándose compuestos polifuncionales. En estos casos hay que tener en cuenta el siguiente orden de preferencia de los grupos funcionales:

ácidos > ésteres > amidas = sales > nitrilos > aldehídos > cetonas > alcoholes > aminas > éteres > insaturaciones (dobles > triples) > hidrocarburos saturados

> La IUPAC ha establecido la siguiente regla de carácter general para la nomenclatura y formulación de compuestos orgánicos que tendremos en cuenta siempre: la cadena principal es la más larga que contiene al grupo funcional más importante.

17.1 Compuestos hidrogenados

Compuestos hidrogenados:

- **Alcanos** son compuestos formados por carbono e hidrógeno unidos por enlaces simples.
- **Alquenos** son compuestos formados por carbono e hidrógeno unidos por al menos un enlace doble.
- **Alquinos** son compuestos formados por carbono e hidrógeno unidos por al menos un enlace triple.

17.1.1 Alcanos lineales no ramificados

Los alcanos lineales no ramificados se nombran con un prefijo latino o griego que indica el número de átomos de carbono, seguido del sufijo **ano**.

nº carbonos	nombre	fórmula	nº carbonos	nombre
1	met**ano**	CH_4	14	tetradec**ano**
2	et**ano**	$CH_3\text{-}CH_3$	15	pentadec**ano**
3	prop**ano**	$CH_3\text{-}CH_2\text{-}CH_3$	16	hexadec**ano**
4	but**ano**	$CH_3\text{-}CH_2\text{-}CH_2\text{-}CH_3$	17	heptadec**ano**
5	pent**ano**	$CH_3\text{-}CH_2\text{-}CH_2\text{-}CH_2\text{-}CH_3$	18	octadec**ano**
6	hex**ano**	$CH_3\text{-}(CH_2)_4\text{-}CH_3$	19	nonadec**ano**
7	hept**ano**	$CH_3\text{-}(CH_2)_5\text{-}CH_3$	20	eicos**ano**
8	oct**ano**	$CH_3\text{-}(CH_2)_6\text{-}CH_3$	21	heneicos**ano**
9	non**ano**	$CH_3\text{-}(CH_2)_7\text{-}CH_3$	22	docos**ano**
10	dec**ano**	$CH_3\text{-}(CH_2)_8\text{-}CH_3$	23	tricos**ano**
11	undec**ano**	$CH_3\text{-}(CH_2)_9\text{-}CH_3$	24	tetracos**ano**
12	dodec**ano**	$CH_3\text{-}(CH_2)_{10}\text{-}CH_3$	30	triacont**ano**
13	tridec**ano**	$CH_3\text{-}(CH_2)_{11}\text{-}CH_3$	40	tetracont**ano**

17.1.2 Alcanos ramificados

Para nombrar los alcanos ramificados es preciso definir antes lo que se entiende en nomenclatura por grupos alquilo.

Los **grupos alquilo** se forman a partir de un alcano por pérdida de un átomo de *H* y se nombran reemplazando la terminación ano por **il(o)**.

EJEMPLO

-CH_3 metilo, -CH_2CH_3 etilo, -$CH_2CH_2CH_3$ propilo.

Algunos grupos alquilo ramificados poseen nombres comunes (admitidos por la IUPAC), como por ejemplo el isopropilo -$CH(CH_3)_2$.

Reglas para nombrar los alcanos ramificados:

a) Regla I. Encontrar y nombrar la cadena más larga de la molécula. El resto de grupos unidos a la cadena principal y que no sean H se denominan sustituyentes. Si la molécula tiene dos o más cadenas de igual longitud, la cadena principal será la cadena con mayor número de sustituyentes.

b) Regla II. Nombrar todos los grupos unidos a la cadena principal como sustituyentes alquilo.

c) Regla III. Se numera de un extremo a otro, asignando los números más bajos posibles a los carbonos con cadenas laterales. Si coinciden por ambos lados, se usa el orden alfabético para decidir cómo numerar la cadena principal.

d) Regla IV. El nombre del alcano se escribe comenzando por el de los sustituyentes en orden alfabético, cada uno precedido por el número de C al que está unido (localizador) y un guión y a continuación se añade el nombre de la cadena principal. Si una molécula contiene más de un sustituyente alquilo del mismo tipo, su nombre irá precedido del prefijo di, tri, tetra, penta, etc. Estos prefijos no se tienen en cuenta a la hora de ordenar alfabéticamente los sustituyentes, excepto cuando estos forman parte de un sustituyente complejo (no tratados en este texto).

e) Regla V. En el nombre final del compuesto, recordar que entre letra y número se escribe un guión, y entre dos números se escribe una coma.

Química general

EJEMPLO

a) 2,2-dimetilhexano $CH_3C(CH_3)_2CH_2CH_2CH_2CH_3$
b) 3-etil-2,2-dimetilhexano $CH_3C(CH_3)_2CH(CH_2CH_3)CH_2CH_2CH_3$
c) 4-isopropil-2,3-dimetilnonano $CH_3CH(CH_3)CH(CH_3)CH(CH(CH_3)_2)CH_2CH_2CH_2CH_2CH_3$
d) 2,4,6-trimetil-5-propildecano $CH_3CH(CH_3)CH_2CH(CH_3)CH(CH_2CH_2CH_3)CH(CH_3)(CH_2)_3CH_3$

17.1.3 Alcanos cíclicos

Los alcanos cíclicos se nombran anteponiendo el prefijo **ciclo** al nombre del alcano de cadena abierta del mismo número de carbonos.

Para alcanos cíclicos sustituidos hay que numerar los carbonos del anillo si hay más de un sustituyente. Se busca una secuencia numérica que asigne los valores más bajos a los sustituyentes. Si son posibles dos de estas secuencias, el orden alfabético de los sustituyentes adquiere prioridad.

EJEMPLO

etilciclohexano   1,2-dimetilciclopentano   ciclooctano

17.1.4 Alquenos

Los alquenos se nombran igual que los alcanos pero con la terminación **eno**.
El alqueno más pequeño conserva su nombre común etileno (eteno).

Reglas para nombrar los alquenos:
a) Regla I. Para nombrar la raíz, se busca la cadena más larga que incluya los dos carbonos del doble enlace. La molécula puede presentar cadenas más largas pero se ignoran.
b) Regla II. Cuando sea necesario, se indica la posición del doble enlace en la cadena mediante un número, empezando por el extremo más cercano al doble enlace, es decir, el doble enlace debe de tener el número más bajo.
c) Regla III. El localizador del doble enlace se coloca antes de la terminación -**eno**.
d) Regla III. Los sustituyentes y sus posiciones se añaden delante del nombre del alqueno. Si hay más de un doble enlace, se indica con la terminación dieno, trieno, etc.

Química general

EJEMPLO

a) $CH_3-CH=CH-CH_2-CH_2-CH_3$, hex-2-eno.

b) $CH_3-CH(CH_3)-CH=CH-CH_3$, 4-metilpent-2-eno.

c) $CH_3-CH=CH-CH_2-CH=CH-CH_2-CH_3$, octa-2,5-dieno.

17.1.5 Alquinos

Los alquinos se nombran igual que los alcanos pero con la terminación **ino**.

El alquino más pequeño conserva su nombre común acetileno (etino).

Cuando hay dobles y triples enlaces en la cadena, la cadena se nombra de forma que los localizadores de las insaturaciones sean lo más bajos posible, sin distinguir entre dobles o triples enlaces. Si la numeración coincidiera, tiene preferencia el doble enlace frente al triple enlace.

EJEMPLO

a) pent-2-ino $\qquad$ $CH_3-C\equiv C-CH_2-CH_3$
b) hepta-1,4-diino $\qquad$ $CH_3-CH_2-C\equiv C-CH_2-C\equiv CH$
c) pent-1-en-4-ino $\qquad$ $CH_2=CH-CH_2-C\equiv CH$
d) hex-4-en-1-ino $\qquad$ $CH_3-CH=CH-CH_2-C\equiv CH$

17.2 Compuestos halogenados

Los compuestos halogenados son compuestos hidrocarbonados en los que se sustituye uno o varios átomos de hidrógeno por uno o varios átomos de halógenos (*F, Cl, Br, I*).

Los compuestos halogenados se nombran y representan igual que el hidrocarburo del que procede indicando previamente el lugar y nombre del halógeno como si fuera un sustituyente alquílico.

Se conservan algunos nombres comunes como el cloroformo $CHCl_3$ (triclorometano). Otro nombre común es el cloruro de metilo (clorometano).

Química general

EJEMPLO

a) 2-bromo-4-cloroheptano $CH_3CHBrCH_2CHClCH_2CH_2CH_3$
b) 4-clorohex-2-eno $CH_3CH=CHCHClCH_2CH_3$

a) [estructura con Br y Cl]

b) $CH_3-CH=CH-\underset{\underset{Cl}{|}}{CH}-CH_2-CH_3$

17.3 Compuestos aromáticos

Los compuestos aromáticos son compuestos cíclicos derivados del benceno.

Los compuestos aromáticos se nombran utilizando prefijos para indicar la posición de los sustituyentes.

Se utilizan los prefijos **orto-** (**o**), **meta-** (**m**) y **para-** (**p**) para las posiciones 1,2; 1,3; y 1,4.

Los sustituyentes se citan en orden alfabético.

Se conservan algunos nombres comunes como tolueno (metilbenceno).

EJEMPLO

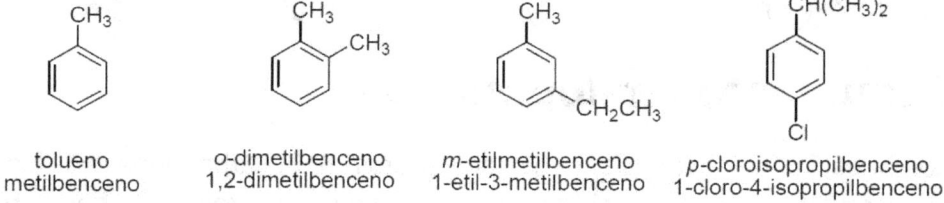

tolueno
metilbenceno

o-dimetilbenceno
1,2-dimetilbenceno

m-etilmetilbenceno
1-etil-3-metilbenceno

p-cloroisopropilbenceno
1-cloro-4-isopropilbenceno

17.4 Alcoholes (*R-OH*)

El grupo funcional de un alcohol es el grupo hidroxilo (*-OH*).

Los alcoholes se nombran como derivados de los alcanos con la terminación **ol**.

En sistemas ramificados más complejos, el nombre del alcohol deriva de la cadena más larga que contiene el OH, que no tiene por qué ser la más larga de la molécula. La cadena se numera empezando por el extremo más cercano al OH (independientemente de que haya enlaces múltiples).

Si hay más de un grupo –OH se utilizan los términos diol, triol, etc, según el número de grupos hidroxilo presente, eligiéndose como cadena principal, la cadena más larga que contenga el mayor número de grupos –OH, de forma que se le asignen los localizadores más bajos.

El localizador se coloca justo antes de la terminación **ol**.

Cuando el grupo –OH se encuentra unido a un anillo aromático (benceno) el compuesto recibe el nombre de fenol. Cuando el grupo –OH no es el grupo principal, se nombra como sustituyente utilizando el prefijo **hidroxi**.

EJEMPLO

pentan-2-ol $CH_3-CH(OH)-CH_2-CH_2-CH_3$
3-metilhexan-1-ol $CH_2OH-CH_2-CH(CH_3)-CH_2-CH_2-CH_3$
butano-1,3-diol $CH_3-CH(OH)-CH_2-CH_2OH$
pent-3-en-1-ol $CH_2OH-CH_2-CH=CH-CH_3$
fenol (hidroxibenceno)

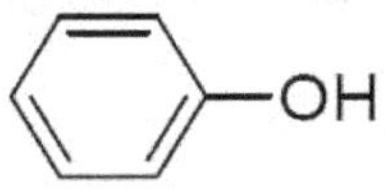

17.5 Éteres (*R-O-R'*)

El grupo funcional de un éter es el grupo éter (-O-).

Los éteres se nombran como derivados de los alcanos con la terminación **alcoxi**.

En un éter se considera como estructura fundamental al grupo más complejo (R), mientras que el otro (R') se considera como sustituyente (R'O-) y se nombra como alcoxialcano.

También puede nombrarse un éter nombrando los radicales unidos al oxígeno en orden alfabético añadiendo la terminación éter.

EJEMPLO

metoxietano etil metil éter $CH_3-O-CH_2-CH_3$
etoxietano dietil éter $CH_3-CH_2-O-CH_2-CH_3$
etoxibenceno etil fenil éter

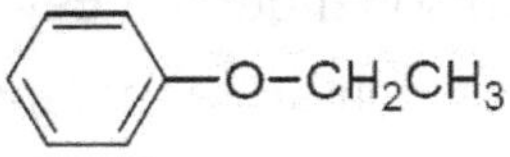

17.6 Aldehídos (*R-CHO*)

El grupo funcional de un aldehído es el grupo carbonilo (-*CHO*).

La IUPAC trata a los aldehídos como derivados de alcanos con la terminación **al**.

Los sustituyentes de la cadena se numeran empezando por el grupo carbonilo. Es decir, el grupo carbonilo impone la prioridad al numerar la cadena.

Para evitar confusiones nunca se representa los aldehídos como *RCOH*, sino como *RCHO*.

El grupo carbonilo se localiza siempre en un carbono terminal, en un extremo de la cadena, y por ello no es necesario asignarle un localizador numérico.

Si existen dos grupos –*CHO* se elegirá como cadena principal la que contiene a dichos grupos y se nombran de igual manera que en el caso anterior finalizando con el sufijo dial y si además hay presentes insaturaciones se les debe asignar los localizadores más bajos.

Cuando el grupo –*CHO*, siendo el grupo principal, se encuentra unido a un sistema cíclico el nombre se formará indicando el sistema cíclico seguido de la terminación **carbaldehído**.

Cuando el grupo –*CHO* no es grupo principal entonces se nombra con el prefijo **formil**.

EJEMPLO

3-hidroxibutanal $CH_3-CH(OH)-CH_2-CHO$
hexanodial $CHO-CH_2-CH_2-CH_2-CH_2-CHO$
pent-2-enal $CH_3-CH_2-CH=CH-CHO$
ciclopentanocarbaldehído   ⬠—CHO

17.7 Cetonas (*R-CO-R'*)

El grupo funcional de una cetona es el grupo carbonilo (-*CO*-).

La cetona se nombra añadiendo la terminación **-ona** al hidrocarburo correspondiente.

El grupo funcional carbonilo (-*CO*-) impone prioridad al numerar la cadena del hidrocarburo.

Química general

El grupo funcional carbonilo (-CO-) se localiza en un carbono secundario y por ello hay que localizar su posición.

Se asigna el número más bajo al carbonilo de la cadena sin tener en cuenta la presencia de otros sustituyentes o grupos funcionales como -OH o enlace múltiple (o cualquier otro con menor prioridad).

Cuando el grupo carbonilo se encuentra como grupo sustituyente en una cadena y no es el grupo principal, entonces se nombra con el prefijo **oxo**.

EJEMPLO

butanona [1] CH_3-CO-CH_2-CH_3
pentan-2-ona CH_3-CO-CH_2-CH_2-CH_3
hexano-2,4-diona CH_3-CO-CH_2-CO-CH_2-CH_3
4-oxoheptanal   CHO-CH_2-CH_2-CO-CH_2-CH_2-CH_3

[1] No es necesario indicar un número localizador, porque sólo existe una butanona.

17.8 Ácidos carboxílicos (*R-COOH*)

El grupo funcional de un ácido carboxílico es el grupo carboxilo (-COOH).

El ácido carboxílico se nombra añadiendo al hidrocarburo correspondiente el prefijo **ácido-** y la terminación **-ico**.

El grupo carboxilo (-*COOH*) tiene prioridad al numerar la cadena del hidrocarburo.

El grupo carboxilo (-*COOH*) se localiza siempre en un carbono terminal, en un extremo de la cadena, y por ello no es necesario asignarle un localizador numérico.

Los ácidos cíclicos saturados se nombran como ácidos cicloalcanocarboxílicos.

Los ácidos dicarboxílicos se nombran con la terminación dioico.

EJEMPLO

ácido butanoico CH_3-CH_2-CH_2-COOH
ácido 3-oxopentanoico CH_3-CH_2-CO-CH_2-COOH
ácido 2-formilbutanodioico HOOC-CH(CHO)-CH_2-COOH
ácido bencenocarboxílico
(ácido benzoico)   ⌬-COOH

17.9 Sales orgánicas (*R-COOM*)

Las sales orgánicas se nombran como el ácido del cual derivan, eliminando la palabra ácido, cambiando la terminación **oico** por **oato** y seguida del nombre del metal que sustituye al H del grupo –OH del ácido.

EJEMPLO

butanoato de sodio $\quad$ $CH_3-CH_2-CH_2-COONa$

bencenocarboxilato de potasio
(benzoato de potasio) $\quad$ C$_6$H$_5$–COOK

17.10 Ésteres (*R-COO-R'*)

Los ésteres se nombran como alcanoatos de alquilo, es decir, se nombran a partir del ácido del cual derivan, eliminando la palabra ácido, cambiando la terminación **oico** por **oato** y seguida del nombre del radical que sustituye al H del grupo –OH del ácido.

EJEMPLO

etanoato de propilo
(acetato de propilo) $\quad$ $CH_3COOCH_2CH_2CH_3$

propanoato de etenilo $\quad$ $CH_3CH_2COOCH=CH_2$

benzoato de metilo $\quad$ C$_6$H$_5$–COOCH$_3$

butanoato de fenilo $\quad$ $CH_3CH_2CH_2COO$–C$_6$H$_5$

17.11 Amidas

El grupo funcional de una amida es el grupo amida (-*CONH$_2$*).

Si la amida es primaria, es decir R-*CONH$_2$*, se nombra a partir del ácido del cual deriva, eliminando la palabra ácido, cambiando la terminación **oico** por **amida**. Se trata de un grupo terminal.

Si el grupo -*CONH$_2$* se encuentra unido a un anillo, siendo grupo principal, entonces se nombra como **carboxamida**.

Química general

Si las amidas son secundarias (R–CONHR´) o terciarias (R–CONR´R´´) los sustituyentes que reemplazan a los hidrógenos se localizan empleando la letra N delante del nombre del sustituyente por orden alfabético.

Cuando existen otros grupos funcionales de mayor prioridad se nombra con el prefijo **carbamoil**.

EJEMPLO

etanamida (acetamida)	CH_3CONH_2
N-metilpropanamida	$CH_3CH_2CONHCH_3$
N,N-dimetilbutanamida	$CH_3CH_2CH_2CON(CH_3)_2$
ciclohex-2-enocarboxamida	⟨cyclohexenyl⟩—$CONH_2$
ácido 3-carbamoilbutanoico	$CH_3CH(CONH_2)CH_2COOH$

17.12 Aminas

Las aminas son derivados del amoniaco NH_3 y se forman al sustituir 1, 2 o 3 átomos de H por radicales resultando en aminas primarias (-NH_2), aminas secundarias (-NH-) y aminas terciarias (-N-), respectivamente.

Para nombrar una amina se reemplaza la terminación **o** del alcano por la terminación **amina**. La posición del grupo funcional se indica mediante un localizador que designa el átomo de C al cual está unido, como en los alcoholes.

En el caso de aminas secundarias y terciarias, el sustituyente alquílico más complejo del nitrógeno se escoge como raíz. Los demás se nombran usando la letra N- seguida de los sustituyentes adicionales. Si la amina no es el grupo principal, entonces se utiliza el prefijo **amino**, como sustituyente de la cadena de alcano.

EJEMPLO

etanamina	$CH_3-CH_2NH_2$
hexano-2,4-diamina	$CH_3-CH(NH_2)-CH_2-CH(NH_2)-CH_2-CH_3$
N,N-dimetilbutanamina	$CH_3CH_2CH_2CH_2N(CH_3)_2$
3-aminobutanal	$CH_3CH(NH_2)CH_2CHO$

17.13 Nitrilos (*R-CN*)

Los nitrilos se nombran como alcanonitrilos.

El menor se llama acetonitrilo (*CH₃CN*). La cadena se numera como en los ácidos carboxílicos, ya que este grupo debe ir en el extremo de la cadena.

Cuando no es el grupo principal, el sustituyente *CN* se denomina **ciano**.

En sistemas cíclicos se nombran como cicloalcanocarbonitrilos.

EJEMPLO

propanonitrilo	CH_3-CH_2CN
hex-3-enonitrilo	$CH_3-CH_2-CH=CH-CH_2-CN$
3-cianobutanoato de metilo	$CH_3CH(CN)CH_2COOCH_3$

17.14 Nitroderivados (*R-NO₂*)

Los compuestos que contienen grupo NO_2 se designan mediante el prefijo nitro. Nunca se considera a dicha función como grupo principal, es decir, siempre se nombra como sustituyente.

EJEMPLO

nitroetano	$CH_3-CH_2NO_2$
1-nitropent-2-eno	$CH_3-CH_2-CH=CH-CH_2-NO_2$
3-nitropropanoato de etilo	$CH_2(NO_2)CH_2COOCH_2CH_3$
2-cloro-3-nitropropanal	$CH_2(NO_2)CHClCHO$

17.15 Resumen nomenclatura química orgánica

Tabla resumen para nombrar compuestos heterofuncionales			
Grupo Funcional[1]	**Fórmula**	**Sufijo**[2]	**Prefijo**[3]
ácido carboxílico	-COOH	ácido ......-oico ácido.......-carboxílico	carboxi-
éster	-COOR	-oato (de R) -carboxilato (de R)	alcoxicarbonil-
amida	$-CONH_2$	-amida -carboxamida	carbamoil-
nitrilo	-CN	-nitrilo	ciano-
aldehído	-CHO	-al	formil-
cetona	-CO-	-ona	oxo-
alcohol, fenol	-OH	-ol	hidroxi-
amina	$-NH_2$	-amina	amino-
éter	-OR		alcoxi- ((R)-oxi)
alqueno[4]	$\diagdown$C=C$\diagdown$	-eno	alquenil-
alquino[4]	—C≡C—	-ino	alquinil-

[1] El orden de prioridad disminuye en la columna de arriba abajo (ver página 2 de este documento).
[2] Usamos el sufijo cuando el grupo funcional tiene mayor prioridad
[3] Usamos el prefijo cuando el grupo funcional no es el de mayor prioridad, es decir, lo tratamos como si fuese un sustituyente
[4] Ver la prioridad de estos dos grupos en el apartado 3 de este documento

Química general

18 Anexos

18.1 Glosario

Difusión. Proceso por el cual una sustancia se distribuye uniformemente en el espacio que la encierra o en el medio en que se encuentra.

Efusión. Flujo de partículas de gas a través de orificios estrechos o poros.

Energía de enlace. Mínima energía necesaria para descomponer un objeto en cada una de sus partes.

Magnitud. Todo aquello que puede ser medido. Por ejemplo una longitud, la temperatura, la intensidad de la corriente eléctrica, la fuerza… etc.

Magnitud física. Toda propiedad de la materia que se puede cuantificar, es decir, traducir a números, y por lo tanto medir.

Masa. Cantidad de materia contenida en un volumen.

Medir. Proceso en el que se compara una cantidad de una magnitud con otra cantidad de la misma magnitud que tomamos como referencia, y que llamamos unidad.

Nucleón. Nombre colectivo para el neutrón y el protón.

Peso. La acción de la gravedad de un cuerpo celeste (tierra, luna, etc) sobre una cantidad de materia.

Unidad. Cualquier cantidad de magnitud que consideramos arbitrariamente como referencia de comparación.

Sistema de unidades es el conjunto ordenado de magnitudes básicas y unidades a partir de las cuales podemos establecer las demás.

Sistema Internacional de Unidades (SI). Sistema adoptado por la XI Conferencia General de Pesos y Medidas (París, 1960) En 1971 se añadió el *mol* como unidad.

Temperatura. Magnitud escalar intensiva relacionada con la energía interna de un sistema termodinámico y definida por el principio cero de la termodinámica.

Química general

18.2 Sistema internacional de unidades

Magnitud física	Unidad básica	Símbolo
Actividad catalítica	Katal	*kat*
Cantidad de sustancia	Mol	*mol*
Carga eléctrica	Culombio	*C*
Corriente eléctrica	Amperio	*A*
Densidad	Kilogramo por metro cúbico	kg/m^3
Energía	Julio	*J*
Frecuencia	Hercio	*Hz*
Intensidad luminosa	Candela	*cd*
Longitud	Metro	*m*
Masa	Kilogramo	*kg*
Temperatura termodinámica	*Kelvin*	*K*
Potencia	Vatio	*W*
Presión	Pascal	*Pa*
Tiempo	Segundo	*s*
Volumen	Metro cúbico	m^3

Química general
18.3 Tabla de potenciales estándar de reducción

Semirreacción producida en el electrodo	Potencial estándar reducción, $E°(V)$	Comportamiento de la especie o del electrodo
$F_2 + 2e \leftrightarrow 2F^-$	2,87	ESPECIES OXIDANTES FRENTE AL ELECTRODO DE HIDRÓGENO. PRODUCEN LA REACCIÓN $H_2 \leftrightarrow 2H^+ + 2e$ Y EN EL PROCESO SE REDUCEN (SEMIRREACCIÓN DE REDUCCIÓN: CÁTODO) — PODER OXIDANTE
$Co^{3+} + 1e \leftrightarrow Co^{2+}$	1,82	
$H_2O_2 + 2H^+ + 2e \leftrightarrow 2H_2O$	1,78	
$MnO_4^- + 4H^+ + 3e \leftrightarrow MnO_2 + 2H_2O$	1,68	
$Ce^{4+} + 1e \leftrightarrow Ce^{3+}$	1,61	
$MnO_4^- + 8H^+ + 5e \leftrightarrow Mn^{2+} + 4H_2O$	1,49	
$ClO_4^- + 8H^+ + 8e \leftrightarrow Cl^- + 4H_2O$	1,37	
$Cl_2 + 2e \leftrightarrow 2Cl^-$	1,36	
$Cr_2O_7^{2-} + 14H^+ + 6e \leftrightarrow 2Cr^{3+} + 7H_2O$	1,33	
$Au^{3+} + 3e \leftrightarrow Au$	1,31	
$O_2 + 4H^+ + 4e \leftrightarrow 2H_2O$	1,23	
$MnO_2 + 4H^+ + 2e \leftrightarrow Mn^{2+} + 2H_2O$	1,21	
$2IO_3^- + 12H^+ + 10e \leftrightarrow I_2 + 6H_2O$	1,19	
$IO_3^- + 6H^+ + 6e \leftrightarrow I^- + 3H_2O$	1,08	
$Br_{2(l)} + 2e \leftrightarrow 2Br^-$	1,06	
$NO_3^- + 4H^+ + 3e \leftrightarrow NO + 2H_2O$	0,96	
$2Hg^{2+} + 2e \leftrightarrow Hg_2^{2+}$	0,90	
$ClO^- + H_2O + 2e \leftrightarrow Cl^- + 2OH^-$	0,90	
$Hg^{2+} + 2e \leftrightarrow Hg$	0,85	
$Ag^+ + e \leftrightarrow Ag$	0,80	
$Hg_2^{2+} + 2e \leftrightarrow 2Hg$	0,80	
$NO_3^- + 2H^+ + 1e \leftrightarrow NO_2 + H_2O$	0,78	
$Fe^{3+} + 1e \leftrightarrow Fe^{2+}$	0,77	
$O_2 + 2H^+ + 2e \leftrightarrow H_2O_2$	0,68	
$MnO_4^- + 1e \leftrightarrow MnO_4^{2-}$	0,56	
$I_2 + 2e \leftrightarrow 2I^-$	0,53	
$Cu^+ + 1e \leftrightarrow Cu$	0,52	
$Cu^{2+} + 2e \leftrightarrow Cu$	0,34	
$Cu^{2+} + 1e \leftrightarrow Cu^+$	0,16	
$Sn^{4+} + 2e \leftrightarrow Sn^{2+}$	0,15	
$2H^+ + 2e \leftrightarrow H_2$	0,00	Electrodo referencia hidrógeno Potencial 0,00V tomado arbitrariamente
$Fe^{3+} + 3e \leftrightarrow Fe$	-0,04	ESPECIES REDUCTORAS FRENTE AL ELECTRODO DE HIDRÓGENO. PRODUCEN LA REACCIÓN DE $2H^+ + 2e \leftrightarrow H_2$ Y EN EL PROCESO SE OXIDAN (SEMIRREACCIÓN DE OXIDACIÓN, ÁNODO) — PODER REDUCTOR
$Pb^{2+} + 2e \leftrightarrow Pb$	-0,13	
$Sn^{2+} + 2e \leftrightarrow Sn$	-0,14	
$Ni^{2+} + 2e \leftrightarrow Ni$	-0,23	
$Co^{2+} + 2e \leftrightarrow Co$	-0,28	
$Cd^{2+} + 2e \leftrightarrow Cd$	-0,40	
$Cr^{3+} + 1e \leftrightarrow Cr^{2+}$	-0,41	
$Fe^{2+} + 2e \leftrightarrow Fe$	-0,44	
$Cr^{3+} + 3e \leftrightarrow Cr$	-0,74	
$Zn^{2+} + 2e \leftrightarrow Zn$	-0,76	
$Mn^{2+} + 2e \leftrightarrow Mn$	-1,03	
$Al^{3+} + 3e \leftrightarrow Al$	-1,67	
$Ce^{3+} + 3e \leftrightarrow Ce$	-2,33	
$Mg^{2+} + 2e \leftrightarrow Mg$	-2,37	
$Na^+ + 1e \leftrightarrow Na$	-2,71	
$Ca^{2+} + 2e \leftrightarrow Ca$	-2,76	
$Ba^{2+} + 2e \leftrightarrow Ba$	-2,90	
$K^+ + 1e \leftrightarrow K$	-2,92	
$Li^+ + 1e \leftrightarrow Li$	-3,04	

Química general

18.4 Tabla periódica de los elementos IUPAC

18.5 Valencias de los elementos

Tabla periódica de los elementos

Química general

18.6 Configuración electrónica de los elementos

Número atómico	Elemento	Configuración electrónica
1	Hidrógeno	$1s^1$
2	Helio	$1s^2$
3	Litio	$1s^2 2s^1$
4	Berilio	$1s^2 2s^2$
5	Boro	$1s^2 2s^2 2p^1$
6	Carbono	$1s^2 2s^2 2p^2$
7	Nitrógeno	$1s^2 2s^2 2p^3$
8	Oxígeno	$1s^2 2s^2 2p^4$
9	Flúor	$1s^2 2s^2 2p^5$
10	**Neón**	**$1s^2 2s^2 2p^6$**
11	Sodio	[Ne] $3s^1$
12	Magnesio	[Ne] $3s^2$
13	Aluminio	[Ne] $3s^2 3p^1$
14	Silicio	[Ne] $3s^2 3p^2$
15	Fosforo	[Ne] $3s^2 3p^3$
16	Azufre	[Ne] $3s^2 3p^4$
17	Cloro	[Ne] $3s^2 3p^5$
18	**Argón**	**[Ne] $3s^2 3p^6$**
19	Potasio	[Ar] $4s^1$
20	Calcio	[Ar] $4s^2$
21	Escandio	[Ar] $3d^1 4s^2$
22	Titanio	[Ar] $3d^2 4s^2$
23	Vanadio	[Ar] $3d^3 4s^2$
24	Cromo	[Ar] $3d^4 4s^2$
25	Manganeso	[Ar] $3d^5 4s^2$
26	Hierro	[Ar] $3d^6 4s^2$
27	Cobalto	[Ar] $3d^7 4s^2$
28	Niquel	[Ar] $3d^8 4s^2$
29	Cobre	[Ar] $3d^9 4s^2$
30	Zinc	[Ar] $3d^{10} 4s^2$
31	Galio	[Ar] $3d^{10} 4s^2 4p^1$

Química general

Número atómico	Elemento	Configuración electrónica
32	Germanio	[Ar] $3d^{10}4s^24p^2$
33	Astato	[Ar] $3d^{10}4s^24p^3$
34	Selenio	[Ar] $3d^{10}4s^24p^4$
35	Bromo	[Ar] $3d^{10}4s^24p^5$
36	**Kriptón**	**[Ar] $3d^{10}4s^24p^6$**
37	Rubidio	[Kr] $5s^1$
38	Estroncio	[Kr] $5s^2$
39	Itrio	[Kr] $4d^15s^2$
40	Zirconio	[Kr] $4d^25s^2$
41	Niobio	[Kr] $4d^35s^2$
42	Molibdeno	[Kr] $4d^45s^2$
43	Tecnecio	[Kr] $4d^55s^2$
44	Rutenio	[Kr] $4d^65s^2$
45	Rodio	[Kr] $4d^75s^2$
46	Paladio	[Kr] $4d^85s^2$
47	Plata	[Kr] $4d^95s^2$
48	Cadmio	[Kr] $4d^{10}5s^2$
49	Indio	[Kr] $4d^{10}5s^25p^1$
50	Estaño	[Kr] $4d^{10}5s^25p^2$
51	Antimonio	[Kr] $4d^{10}5s^25p^3$
52	Telurio	[Kr] $4d^{10}5s^25p^4$
53	Yodo	[Kr] $4d^{10}5s^25p^5$
54	**Xenón**	**[Kr] $4d^{10}5s^25p^6$**
55	Cesio	[Xe] $6s^1$
56	Bario	[Xe] $6s^2$
57	Lantano	[Xe] $4f^16s^2$
58	Cerio	[Xe] $4f^26s^2$
59	Praseodimio	[Xe] $4f^36s^2$
60	Neodimio	[Xe] $4f^46s^2$
61	Prometio	[Xe] $4f^56s^2$
62	Samario	[Xe] $4f^66s^2$
63	Europio	[Xe] $4f^76s^2$
64	Gadolinio	[Xe] $4f^86s^2$
65	Terbio	[Xe] $4f^96s^2$

Química general

Número atómico	Elemento	Configuración electrónica
66	Disprosio	[Xe] $4f^{10}6s^2$
67	Holmio	[Xe] $4f^{11}6s^2$
68	Erbio	[Xe] $4f^{12}6s^2$
69	Tulio	[Xe] $4f^{13}6s^2$
70	Iterbio	[Xe] $4f^{14}6s^2$
71	Lutecio	[Xe] $4f^{14}5d^{1}6s^2$
72	Hafnio	[Xe] $4f^{14}5d^{2}6s^2$
73	Tántalo	[Xe] $4f^{14}5d^{3}6s^2$
74	Wolframio	[Xe] $4f^{14}5d^{4}6s^2$
75	Renio	[Xe] $4f^{14}5d^{5}6s^2$
76	Osmio	[Xe] $4f^{14}5d^{6}6s^2$
77	Iridio	[Xe] $4f^{14}5d^{7}6s^2$
78	Platino	[Xe] $4f^{14}5d^{9}6s^1$
79	Oro	[Xe] $4f^{14}5d^{10}6s^1$
80	Mercurio	[Xe] $4f^{14}5d^{10}6s^2$
81	Talio	[Xe] $4f^{14}5d^{10}6s^26p^1$
82	Plomo	[Xe] $4f^{14}5d^{10}6s^26p^2$
83	Bismuto	[Xe] $4f^{14}5d^{10}6s^26p^3$
84	Polonio	[Xe] $4f^{14}5d^{10}6s^26p^4$
85	Astato	[Xe] $4f^{14}5d^{10}6s^26p^5$
86	**Radón**	**[Xe] $4f^{14}5d^{10}6s^26p^6$**
87	Francio	[Rn] $7s^1$
88	Radio	[Rn] $7s^2$
89	Actinio	[Rn] $6d^{1}7s^2$
90	Torio	[Rn] $6d^{2}7s^2$
91	Protactinio	[Rn] $5f^{2}6d^{1}7s^2$
92	Uranio	[Rn] $5f^{3}7s^2$
93	Neptunio	[Rn] $5f^{4}6d^{1}7s^2$
94	Plutonio	[Rn] $5f^{6}6d^{1}7s^2$
95	Americio	[Rn] $5f^{7}7s^2$
96	Curio	[Rn] $5f^{7}6d^{1}7s^2$
97	Berkelio	[Rn] $5f^{8}6d^{1}7s^2$
98	Californio	[Rn] $5f^{9}6d^{1}7s^2$
99	Einstenio	[Rn] $5f^{11}7s^2$

Química general

Número atómico	Elemento	Configuración electrónica
100	Fermio	[Rn] $5f^{12}7s^2$
101	Mendelevio	[Rn] $5f^{13}7s^2$
102	Nobelio	[Rn] $5f^{14}7s^2$
103	Laurencio	[Rn] $5f^{14}6d^17s^2$
104	Rutherfordio	[Rn] $5f^{14}6d^27s^2$
105	Dubnio	[Rn] $5f^{14}6d^37s^2$
106	Seaborgio	[Rn] $5f^{14}6d^47s^2$
107	Bohrio	[Rn] $5f^{14}6d^57s^2$
108	Hasio	[Rn] $5f^{14}6d^67s^2$
109	Meitnerio	[Rn] $5f^{14}6d^77s^2$
110	Darmstatio	[Rn] $5f^{14}6d^87s^2$
111	Roentgenio	[Rn] $5f^{14}6d^97s^2$
112	Copernicio	[Rn] $5f^{14}6d^{10}7s^2$
113	Nihonio	[Rn] $5f^{14}6d^{10}7s^27p^1$
114	Flerovio	[Rn] $5f^{14}6d^{10}7s^27p^2$
115	Moscovio	[Rn] $5f^{14}6d^{10}7s^27p^3$
116	Livermorio	[Rn] $5f^{14}6d^{10}7s^27p^4$
117	Teneso	[Rn] $5f^{14}6d^{10}7s^27p^5$
118	**Oganesón**	**[Rn] $5f^{14}6d^{10}7s^27p_6$**

18.7 Radio atómico de los elementos

En la tabla siguiente figuran los valores en ángstroms publicados por J. C. Slater,[7] con una incertidumbre de 0.12 Å:

1	2	3	4	5	6	7	8	9	10	11	12	13	14	15	16	17	18
H 0.25																	He
Li 1.45	Be 1.05											B 0.85	C 0.7	N 0.65	O 0.6	F 0.50	Ne
Na 1.80	Mg 1.50											Al 1.25	Si 1.12	P 1	S 1	Cl 1	Ar
K 2.2	Ca 1.8	Sc 1.6	Ti 1.407	V 1.35	Cr 1.407	Mn 1.407	Fe 1.407	Co 1.35	Ni 1.35	Cu 1.35	Zn 1.35	Ga 1.3	Ge 1.25	As 1.15	Se 1.15	Br 1.15	Kr
Rb 2.35	Sr 2	Y 1.8	Zr 1.55	Nb 1.45	Mo 1.45	Tc 1.35	Ru 1.3	Rh 1.35	Pd 1.4	Ag 1.6	Cd 1.55	In 1.55	Sn 1.45	Sb 1.45	Te 1.4	I 1.4	Xe
Cs 2.6	Ba 2.15	*	Hf 1.55	Ta 1.45	W 1.35	Re 1.35	Os 1.3	Ir 1.35	Pt 1.35	Au 1.35	Hg 1.5	Tl 1.9	Pb 1.8	Bi 1.6	Po 1.9	At 1.4	Rn
Fr	Ra 2.15	**	Rf	Db	Sg	Bh	Hs	Mt	Ds	Rg	Cn	Nh	Fl	Mc	Lv	Ts	Og

*Lantánidos: La 1.95, Ce 1.85, Pr 1.85, Nd 1.85, Pm 1.85, Sm 1.85, Eu 1.85, Gd 1.8, Tb 1.75, Dy 1.75, Ho 1.75, Er 1.75, Tm 1.75, Yb 1.75, Lu 1.75

**Actínidos: Ac 1.95, Th 1.8, Pa 1.8, U 1.75, Np 1.75, Pu 1.75, Am 1.75, Cm, Bk, Cf, Es, Fm, Md, No, Lr

Química general

18.8 Constante físicas y químicas

- Aceleración de la gravedad. $g = 9,80655$ m/s2 ($ = 9,81$ m/s^2).
- Carga del electrón. $e = 1,6022 \cdot 10^{-19}$ C ($= 1,6 \cdot 10^{-19}$ C).
- Constante de la gravitación universal. $G = 6,67 \cdot 10^{-11}$ N $\cdot$ m$_2$/kg^2.
- Constante de Planck. $h = 6,6265 \cdot 10^{-34}$ J $\cdot$ s
- Constante universal de los gases. $R = 0,0831 \dfrac{atm \cdot L}{K \cdot mol} = 8,3144 \dfrac{J}{K \cdot mol}$
- Densidad máxima del agua (a 4°C). $\rho = 0,999972$ g/cm^3 ($= 1$ g/cm^3).
- Faraday. $F = 965000$ C.
- Número de Avogadro. $N_0 = 6,022045 \cdot 10^{23}$ partículas/mol ($= 6,02 \cdot 10^{23}$ partículas/mol).
- Velocidad de la luz en el vacío. $c = 2,9979 \cdot 10^8$ m/s^2 ($= 3 \cdot 10^8$ m/s^2).
- Volumen de un gas ideal en condiciones normales. $V = 22,41383$ dm^3/mol ($= 22,4$ dm^3/mol).

18.9 Fracciones

Una fracción o número fraccionario, es la expresión de una cantidad dividida entre otra cantidad.

Suma y resta de fracciones

Para sumar o restar fracciones, se distinguen dos casos.

Si tienen el mismo denominador, entonces se suman o se restan los numeradores y se deja el denominador común.

$$\frac{a}{b} \pm \frac{c}{b} = \frac{a \pm c}{b}$$

Si tienen distinto denominador, hay que obtener fracciones equivalentes a las fracciones dadas, para que tengan denominador común y luego sumar o restar.

$$\frac{a}{b} \pm \frac{c}{d} = \frac{a \cdot d}{b \cdot d} \pm \frac{b \cdot c}{b \cdot d} = \frac{a \cdot d \pm b \cdot c}{b \cdot d}$$

Multiplicación de fracciones

Para multiplicar dos fracciones, basta multiplicar los numeradores por una parte y los denominadores por otra.

$$\frac{a}{b} \cdot \frac{c}{d} = \frac{a \cdot c}{b \cdot d}$$

División de fracciones

En la división de fracciones, el numerador de la fracción resultante es el producto del numerador de la fracción dividendo por el denominador de la fracción divisor, mientras que el denominador es igual al denominador de la fracción dividendo multiplicado por el numerador de la fracción divisor.

Otra manera de imaginarlo es que dividir entre un número es lo mismo que multiplicar por el inverso de ese número, por lo que la división de dos fracciones es igual a la multiplicación de la primera fracción por el inverso de la segunda:.

$$\frac{\frac{a}{b}}{\frac{c}{d}} = \frac{a}{b} \cdot \frac{d}{c} = \frac{a \cdot d}{b \cdot c}$$

18.10 Potencias

La potenciación es la multiplicación de un número por sí mismo repetidas veces.

El número que vamos a multiplicar se llama base; la cantidad de veces que lo vamos a multiplicar lo define el número que se llama exponente.

$$a^n$$

Cualquier número elevado a cero es igual a la unidad. $a^0 = 1$

Cualquier número elevado a la unidad da por resultado el mismo número. $a^1 = a$

$$a^{-1} = \frac{1}{a}$$

$$a^{m/n} = \sqrt[n]{a^m}$$

Multiplicación de potencias

$$a^m \cdot a^n = a^{m+n}$$

$$a^m \cdot b^m = (a \cdot b)^m$$

División de potencias

$$\frac{a^m}{a^n} = a^{m-n}$$

$$\frac{a^m}{b^m} = \left(\frac{a}{b}\right)^m$$

Potenciación de potencias

$$\left(a^m\right)^n = a^{m \cdot n}$$

18.11 Logaritmos

El logaritmo en base b de un número real positivo n, es el exponente x de b para obtener n:

$$\log_b n = x$$
$$b^x = n$$

Los logaritmos más utilizados son:
- el logaritmo natural cuya base es e. El logaritmo natural suele denotarse por $\ln(x)$ o $\log_e(x)$. El número e es un número irracional cuyo valor aproximado es 2,718281828459.
- el logaritmo común cuya base es 10.
- el logaritmo binario cuya base es 2.

El logaritmo de 1 en cualquier base es cero. $\log_b 1 = 0$

Suma de logaritmos

La suma de dos logaritmos de la misma base es igual a un logaritmo de la misma base cuyo argumento es el producto de los logaritmos que se suman.

$$\log_c a + \log_c b = \log_c(a \cdot b)$$

Resta de logaritmos

La resta de dos logaritmos de la misma base es igual a un logaritmo de la misma base cuyo argumento es la división de los logaritmos que se restan.

$$\log_c a - \log_c b = \log_c(a/b)$$

Logaritmo de un producto

El logaritmo de un producto es igual a la suma de los logaritmos de los factores

$$\log_b(x \cdot y) = \log_b x + \log_b y$$

Química general

Logaritmo de un cociente

El logaritmo de un cociente es igual al logaritmo del numerador menos el logaritmo del denominador.

$$\log_b\left(\frac{x}{y}\right) = \log_b x - \log_b y$$

Logaritmo de una potencia

El logaritmo de una potencia es igual al producto entre el exponente y el logaritmo de la base de la potencia.

$$\log_b(x^y) = y \cdot \log_b x$$

Logaritmo de una *raíz*

El logaritmo de una raíz es igual al producto entre la inversa del índice y el logaritmo del radicando.

$$\log_b\left(\sqrt[y]{x}\right) = \frac{1}{y} \cdot \log_b(x)$$

18.12 Ecuaciones

Una **ecuación** es una igualdad algebraica en la cual aparecen letras (incógnitas) con valor desconocido.

El **grado de una ecuación** viene dado por el exponente mayor de la incógnita.

Solucionar una ecuación es determinar el valor o valores de las incógnitas que transformen la ecuación en una identidad.

Dos **ecuaciones** son **equivalentes** si tienen las mismas soluciones.

Para conseguir ecuaciones equivalentes, sólo se pueden efectuar alguna de las siguientes propiedades:

- Propiedad 1: Sumar o restar a las dos partes de la igualdad una misma expresión.
- Propiedad 2: Multiplicar o dividir las dos partes de la igualdad por un número distinto de cero.

18.12.1 Ecuaciones de primer grado con una incógnita

Procedimiento para resolver una ecuación de 1r grado:

1. Quitar denominadores: multiplicando ambas partes de la ecuación por el mínimo común múltiplo de los denominadores. (Propiedad 2)
2. Quitar paréntesis. (Propiedad distributiva)
3. Transposición de términos. Conseguir una ecuación de la forma $a \cdot x = b$. (Propiedad 1).
4. Despejar la incógnita. (Propiedad 2).
5. Comprobar la solución.

18.12.2 Ecuaciones de primer grado con dos incógnitas

Una ecuación de primer grado con dos incógnitas es una expresión de la forma:

$$a \cdot x + b \cdot y = c$$

donde:
- x, y son las incógnitas
- a y b son los coeficientes
- c el término independiente

Una solución de la ecuación es un par de valores reales que al sustituirlos por las incógnitas x, y, transformen la ecuación en una identidad.

Las ecuaciones de primer grado con dos incógnitas tienen infinitas soluciones.

La representación gráfica de estas soluciones es una recta.

18.12.3 Sistemas de ecuaciones lineales

Un sistema lineal de dos ecuaciones con dos incógnitas es un conjunto de ecuaciones de primer grado que se cumplen a la vez. La expresión general es la siguiente:

$$a \cdot x + b \cdot y = c$$
$$d \cdot x + e \cdot y = f$$

Un sistema de ecuaciones lineales se puede resolver algebraicamente por tres métodos: Igualación, sustitución y reducción.

Un sistema de ecuaciones lineales se puede resolver gráficamente.

Cada una de las ecuaciones, $y = m \cdot x + n$, representa una recta en el plano.

Posibilidades:
- Si el sistema tiene una solución las dos rectas se cortan en un punto que es la solución del sistema (x, y).
- Si son rectas coincidentes el sistema tiene infinitas soluciones, los infinitos puntos de la recta.
- El sistema no tiene solución si la rectas son paralelas.

18.12.4 Ecuaciones de segundo grado

Una ecuación de segundo grado es de la forma: $ax^2 + bx + c = 0$
tal que $a \neq 0$.

Las soluciones de la ecuación de segundo grado son las siguientes:

$$x = \frac{-b+\sqrt{b^2-4\cdot a\cdot c}}{2\cdot a}$$

$$x = \frac{-b-\sqrt{b^2-4\cdot a\cdot c}}{2\cdot a}$$

donde:
- $\Delta = b^2 - 4\cdot a\cdot c$
- A Δ se de denomina discriminante.

El número de soluciones de la ecuación depende del signo del discriminante:
- Si $\Delta > 0$, la ecuación tiene dos soluciones reales diferentes (existe la raíz cuadrada)
- Si $\Delta = 0$, la ecuación tiene una solución real doble (la raíz cuadrada és cero)
- Si $\Delta < 0$, no tiene solución real(la raíz cuadrada no existe)

18.12.5 Ecuaciones racionales con una incógnita

Una ecuación se llama racional si tiene fracciones con incógnitas en los denominadores.

Método de resolución:
1. Multiplicar las dos partes de la ecuación por el mcm de los denominadores
2. Quitar denominadores.
3. Resolver la ecuación resultante.
4. Comprobar que las soluciones no anulan algún denominador. (En este caso la solución es válida).

18.12.6 Ecuaciones irracionales con una incógnita

Una **ecuación** es **irracional** si tiene incógnitas dentro del radicando de alguna raíz cuadrada.

Método de resolución:
1. Despejar un radical.
2. Elevar al cuadrado las dos partes de la igualdad.
3. Resolver la ecuación resultante.
4. Comprobar que la solución o soluciones satisfacen la ecuación inicial

18.13 Cifras significativas

Ninguna medida, por muy bien realizada que esté, puede estar libre de incertidumbre (error). La incertidumbre experimental es inherente al proceso de medida.

Al facilitar el resultado de una medida, se debe especificar cuál es su incertidumbre asociada y este concepto nos lleva directamente al concepto de cifras significativas.

Para expresar el resultado de una medida daremos la mejor estimación posible de la cantidad, y el intervalo dentro del cual se tiene la convicción en que se halla dicha cantidad.

El número de cifras significativas de una medida viene determinado por la incertidumbre asociada a esa medida, de manera que la última cifra significativa está afectada del error correspondiente.

Las **cifras significativas** de una medida son las que aportan alguna información.

En general, es muy fácil determinar cuantas cifras significativas hay en un numero si siguen las siguientes reglas:
- En números que no contienen ceros, todas las cifras son significativas. Por ejemplo, 3684 tiene cuatro cifras significativas
- Todos los ceros entre dígitos significativos son significativos. Por ejemplo, 36046, tiene 5 cifras significativas
- Los ceros a la izquierda del primer dígito distinto de cero son no significativos. Por ejemplo, 0,000028 tiene 2 cifras significativas.
- En un número con cifras decimales, los ceros finales a la derecha del punto decimal son significativos. Por ejemplo, 5263,00 tiene 6 cifras significativas.
- En un número sin cifras decimales, los ceros finales situados a la derecha pueden ser significativos o no, en función de la sensibilidad del instrumento de medida. En este caso, utilizaremos la notación científica para indicar lo ceros significativos: la mantisa tendrá tantos dígitos como cifras significativas.

Cuando usamos cantidades con incertidumbre para calcular otras cantidades, el resultado estará también afectado de incertidumbre.

Química general

Para el cálculo de la incertidumbre (cifras significativas) en cálculos seguiremos las siguientes reglas:

- Al multiplicar o dividir cantidades, el resultado no puede tener más cifras significativas que el factor con menos cifras significativas. Así el resultado de multiplicar 3,2 x 1,65 x 3,1416 debe contener 2 cifras significativas; finalizaremos con el redondeo: el resultado (16,587648 obtenido en calculadora) es 17.

- Cuando sumamos o restamos cantidades, lo que importa es la ubicación del punto decimal, no el número de cifras significativas. El resultado no puede tener más decimales que el sumando que menos tenga. Finalizaremos con el redondeo.

- El logaritmo de un número tiene tantas cifras significativas como el número inicial. Finalizaremos con el redondeo.

18.14 Redondeo

El **redondeo** es el proceso de descartar cifras en la expresión decimal (o más generalmente, posicional) de un número.

Pare redondear un número:
a) Decide cuál es la última cifra que queremos mantener
b) Aumentar en 1 si la cifra siguiente es 5 o más (esto se llama redondear arriba)
c) Déjala igual si la siguiente cifra es menos de 5 (esto se llama redondear abajo)

Método estándar de redondeo:
1. Decidir el número de dígitos significativos.
2. Se escoge el número más cercano que tenga la cantidad de dígitos significativos escogida.
3. Si hay dos números igual de cercanos, se escoge el que tiene como último dígito significativo un número par (múltiplo de 2).

EJEMPLO

Número	Dígitos	Redondeo	
13.95	2	14	14 es más cercano que 13.
13.95	3	14.0	13.95 es igual de cercano a 14.0 y 13.9 así que se escoge el que tiene el último dígito significativo par -el 0-.
22 805	2	23 000	22 805 está más cerca de 23 000 que de 22 000
22 805	3	22 800	22 805 está más cerca de 22 800 que de 22 900
22 805	4	22 810	22 805 es igual de cercano a 22 800 y 22 810 así que se escoge el que tiene el último dígito significativo par

www.ingramcontent.com/pod-product-compliance
Lightning Source LLC
Chambersburg PA
CBHW080450220526
45465CB00006B/2218